作战无人机系统
和全球作战无人机

[美]诺曼·弗里德曼（Norman Friedman） 著

毛翔 杨晓波 译 殷华 审校

UNMANNED COMBAT AIR SYSTEMS
A NEW KIND OF CARRIER AVIATION

上海三联书店

9 世界各地的军用无人飞行器

本章将尽可能全面地收录各国曾经开发、现役或正处于开发中的大型军事无人飞行器（飞行器全重 50 千克以上）；此外，为力求全面，在叙述中也包括一些各国军方正在使用或近期使用的小型无人飞行器。一些较不常见的飞行器开发项目、样机，具有历史意义的、引领潮流的无人飞行器也包括在其中。在介绍各国所开发的不计其数的无人飞行器时，读者可能会发现，很多现在的无人飞行器在外形上很难与以往的飞行器（几十年前曾部署过的）相区别开来，然而，仔细考察会发现两者之间存在着非常重要的差别，这种差别更多在于其内部配置、控制系统以及传感器。例如，美国陆军早期使用的无人侦察机，它们搭载着胶片相机，须返回基地后才能获取侦察信息；但现在其装备的无人飞行器，在完成相同的侦察任务后则通过数据链实时地将侦察所得发送回后方。类似地，现在所使用的全数字式的飞行控制系统，与几十年前无人机所采用的模拟控制系统也存在着本质的区别，前者可以自行决定飞行器如何飞行到达指定路径点或目标区域，即使飞行途中有强风或其他影响，还是能自动控制飞行器完成起飞、着陆这样的复杂操作；而后者则更像是自动驾驶仪，它们缺乏对飞行途中出现的种种复杂情况作出判断和选择的能力。

在选择本书收录的无人飞行器时，也排除了很大一部分无人靶机，虽然其中很多后来也被改装成无人飞行器（在介绍各国的无人飞行器时，涉及此类靶机的也有所描述）。

阿布扎比 / 阿拉伯联合酋长国　

阿布扎比无人机研究技术中心（以下简称"中心"）与韩国优康（UCON）系统公司进行合作，研发了一系列微型及战术无人机。2004 年 8 月，阿拉伯联合酋长国武装部队与韩国优康系统公司签署了关于合作开发一套无人机地面控制站的合同；2005 年 4 月，中心与优康系统公司还签署了合作备忘录。在 2007 年的国际防务展和国际防务会议（IDEX）上，中心在阿联酋和韩国分别展示了其无人机系统——韩国"遥控眼"（Remote Eye）002、006 和 015。优康系统公司为奥地利西贝尔公司（Schiebel）"坎姆考普特"（Camcopter）无人直升飞行器生产的新型发射器也用在了阿联酋的无人机系统上——阿联酋将这套系统命名为"军刀"（Al Saber）。

另外，阿联酋的阿德康（ADCOM）集团在 1992 年新设了一个称作"高级目标指示系统"的分部。该集团在 2005 国际防务展上展示了其改进的目标指示无人飞行器"雅波恩（Yabhon）-M"，随后集团又先后推出"雅波恩 -R"和"雅波恩 -RX"无人飞行器。据调查，该系列飞行器的最初型号应为"雅波恩 -H"。该机采用了翼身混合设计，带后掠翼和前置水平鸭翼，后掠翼两端及尾部设有双垂尾和方向舵。"雅波恩 -H"采用后置活塞发动机，光电传感器安置于鼻端。"雅波恩 -M"与之相似，只是体积更大（且带有襟翼和降落装置），可携带普通光电传感器和热成像仪或激光测距仪。与之相比，"雅波恩 -RX"采用了常规双尾撑布局设计，主要执行远程长时间巡航侦察任务。该机的具体型号为 RX-6。后来阿德康集团在此基础上开始研制 1250 千克的 RX-18 中空长航时无人机。

在 2009 年 2 月的国际防务展上，阿德康集团还展示了其生产的最大无人机："智

"雅波恩 -H"

翼展： 3.28 米

机身： 长 2.50 米

全重： 62.5 千克（载荷 5 千克）

续航时间： 8 小时（最大航速 174 千米 / 时，巡航速度 155 千米 / 时，盘旋速度 68 千米 / 时）

实用升限： 3048 米

"雅波恩 -M"

翼展： 5.70 米

机身： 长 4.30 米

全重： 280 千克（载荷 30 千克，空重 180 千克）

续航时间： 12 小时（最高速度 240 千米 / 时，巡航速度 210 千米 / 时）

实用升限： 4572 米

"雅波恩 -RX"

翼展： 9.68 米

机身： 长 5.56 米

全重： 535 千克（载荷 60 千克）

续航时间： 42 小时（最大航速 310 千米 / 时，巡航速度 280 千米 / 时，盘旋速度 97 千米 / 时）

实用升限： 7468 米

上图："雅波恩–H"无人飞行器，"雅波恩–M"与之类似。（高级目标指示系统公司）

能眼"（Smart Eye）高空长航时无人飞行器（翼展 21 米）。该机的研发始于 2002 年，定型于 2008 年。"智能眼"无人飞行器与"雅波恩 –RX"一样采用了发动机后置、双尾撑结构，动力由主发动机（推进螺旋桨）和辅助加力喷气发动机提供；该机的续航时间为 125 小时（最大航速 220 千米 / 时），实用升限 5486 米（打开喷气发动机后实用升限为 7925 米）。在 2009 年国际防务展上，阿德康公司称已为"智能眼"找到了一个客户（尽管此时该飞行器还未试飞），并计划制造三架原型机。

阿根廷

2007 年，阿根廷海军发起了一项为期两年的无人机发展计划："保卫者"（Guardian）无人侦察飞行器计划。2007 年 8 月，阿方完成了飞行器平台的制造。该飞行器采用箱式机身和桁架尾撑

"保卫者"无人侦察飞行器

翼展： 5 米

全重： 77 千克（载荷 30 千克）

任务半径： 50 千米（巡航速度 120 千米 / 时）

实用升限： 3048 米

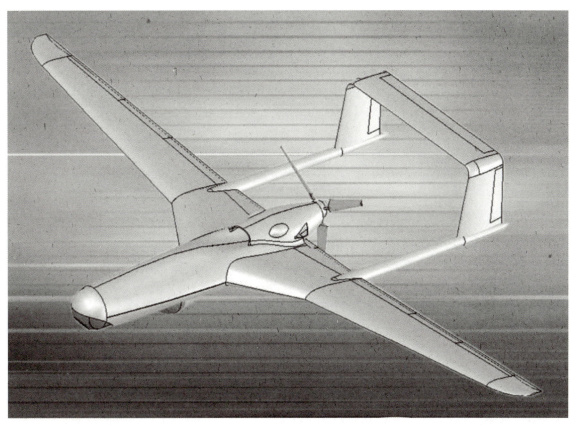

结构设计，动力为一台 17 马力的推进式螺旋桨。不过，直到 2009 年，该计划依然没有完成，这显然只是阿根廷海军的内部计划。

上图："雅波恩 –RX"无人飞行器。（高级目标指示系统公司）

　　阿根廷陆军研发机构自 1996 年开始研制"利潘（Lipán）M3"旅级战术无人飞行器，据报道该无人机已于 2007 年服役。"利潘 M3"飞行器使用常规的双尾撑布局机身和倒置 V 形垂尾，动力系统为后置式螺旋桨发动机，传感器悬挂在机头下的固定式吊塔中。整个系统由 3 架无人飞行器和一个地面控制站组成。M3 为该机的作战版本，定型于 2006 年 7 月。在飞行中，可对 M3 重新编程。第一套"利潘 M3"无人系统于 2007 年 12 月交付阿根廷陆军第 601 作战情报特遣队，随后的 2008 年、2009 年和 2010 年分别又有三套系统交付。

"利潘 M3"旅级战术无人飞行器

翼展： 4.38 米

机身： 长 3.43 米

全重： 60 千克（载荷 20 千克）

续航时间： 5 小时（任务半径 39 千米，最高速度 168 千米 / 时、盘旋速度 79 千米 / 时）

实用升限： 1981 米

LIPAN

LIPAN 2

上图：2008 年 5 月 23 日，在阿根廷陆军装备展上展出的阿根廷"利潘Ⅱ"飞行器。（作者收集）

　　除官方的无人机研发外，阿根廷的诺斯特莫（Nostromo）公司还研发了多种小型无人飞行器："卡布瑞"（Cabure）、"亚伽"（Yagua）和"亚哈拉"（Yahará）。其中，"卡布瑞"是一种可重新编程飞行器，原本打算向阿根廷执法部门提供，不过后来阿根廷空军和海军陆战队也对其进行了评估测试。2009 年，公司共制造了 10 架"卡布瑞"无人飞行器，加上其他未完成的订单共计 28 架。"亚伽"是一种特种部队使用的微型无人飞行器，最初公布于 2007 年，设计航程为 30 千米。"亚哈拉"的研制工作始于 2005 年 6 月，是一种小型战术无人飞行器；首架"亚哈拉"交付时间为 2006 年 8 月，该机也是拉美国家第一种出口国外的无人系统（出口到美国）。"亚哈拉"首次现身时间为 2006 年 8 月的阿根廷空军展，美国一位神秘的顾客在 2006 年购买了两套该系统，随后的 2007 年，一家阿根廷石油公司和美国国防部分别购买了一套。2008 年，公司共售出 12 架该型飞行器（订单为 14 架）。据推测，美国那位购买两套系统的神秘顾客很可能只是扮演中间人的角色，这两套无人飞行器可能最终被送往中美或南美（很可能是哥伦比亚）遂行特种作战任务。"亚哈拉"无人飞行器采用单体桁架，发动机安放在机身前部的机翼塔架上。

奥地利

奥地利西贝尔公司研制的"坎姆考普特"S-100 是一种重 200 千克的无人直升飞行器，已出口到至少 3 个国家，其中阿联酋订购了 40 套（含 80 架飞行器）。西贝尔公司 2005 年 10 月生产了 9 架"坎姆考普特"原型机，2006 年 3 月完成飞行验证测试。2006 年年底，公司生产交付了第一批 30 架飞行器，其中有两架部署到了阿富汗战场上的阿联酋军队。此外，泰雷兹防务公司（Thales）希望引进该飞机并将其出售给皇家海军，德国海军也对该飞机表现出浓厚兴趣，并于 2008 年成功完成了该飞机的飞行测试。在 2009 年的巴黎国际航展上，"坎姆考普特"进行了飞行表演，这也是该机型第一次在航展上飞行。"坎姆考普特"S-100 系统由一个地面控制站和两架飞行器构成。航展上，西贝尔公司还为 S-100 两边的悬架上挂载了两枚轻型多用途导弹，这种导弹是短程"喷枪"（Blowpipe）/"标枪"/"星纹"（Starstreak）系列短程高速导弹的衍生型号。S-100 首飞于 2004 年中期，西贝尔公司于 2006 年制订了新设工厂的计划，预计年产该型飞机 100~150 架，但订单数量似乎很难支持该工厂的正常运转。

西贝尔公司还生产了一种体积更小的无人直升机——"坎姆考普特"5.1 型，主要用于评估无人直升机在反恐作战中的价值，

"亚哈拉"无人飞行器

翼展：3.98 米

机身：长 2.47 米

全重：30 千克（载荷 5 千克）

续航时间：6 小时（最大航速 146 千米/时，巡航速度 115 千米/时，任务半径 50 千米）

实用升限：约 3048 米

S-100 无人直升机

旋翼：直径 3.40 米

机身：长 3.09 米

起飞重量：200 千克

载荷：50 千克

空重：100 千克

续航时间：6 小时（携带 25 千克载荷）

实用升限：5486 米

航速：222 千米/时

2008 年 12 月，在维也纳附近的艾伦斯泰格军事训练区，奥地利军队驾驶西贝尔公司的 S-100"坎姆考普特"无人机参加演习。（西贝尔公司）

"坎姆考普特" 5.1 无人机

功率： 发动机输出功率 22 马力

主旋翼直径： 3.09 米

机身： 长 2.5 米

全重： 68 千克（包括燃油在内的载荷为 25 千克）

续航时间： 6 小时（巡航速度 90 千米/时、采用标准数据链的任务半径为 9.3 千米）

实用升限： 3048 米（悬停升限 1707 米）

美国陆军将该系统用于地雷探测。美国陆军共购买了 3 套该系统用于测试，此外法国军队、埃及海军（两套 Mk2 系统）和德国陆军（主要用于其空中地雷监视技术项目）也购买了该系统。泰雷兹防务公司采购了 3 套该系统用于载荷演示。"坎姆考普特" 5.1 型较 1998 年产的早期 5.0 版本更为先进（包括更强大的发动机、轮式着陆装置、更先进的地面控制站），2000 年初西贝尔公司还宣称"坎姆考普特" 5.1 型的 Mk2 型已经研发完毕。Mk2 型采用了输出功率为 38 马力的发

动机，使得其悬停升限提高到 3810 米，同时还可搭载卫星通信链设备。

比利时

比利时陆军采购的是国产"食雀鹰"（Spervier）战术无人飞行器，该无人机根据北约标准于 1964 年 3 月开始研发，1965 年 4 月 24 日，原型机进行了首次演示飞行（代号 X-1 原型机）。1969 年 7 月 11 日，比利时政府拨款进行改进。据报道，"食雀鹰"的原型机为美国无线电飞机公司（Radioplane）一款不成功的设计（RP-99，1962 年）。1974 年，该飞机获得了第一批 43 架订单，并于 1976 年交付，装备于比利时陆军驻德国的两个排。该飞机的非北约国家出口型号名为"Asmodeé"，但没有吸引到任何订单。1999 年 9 月 3 日，"食雀鹰"飞行器完成了最后一次作战飞行，随后被"B-猎人"（B-Hunter）无人机取代。"食雀鹰"无人飞行器采用裁切的三角形机身，翼尖带有两个垂直安定面，采用常规垂直尾翼，动力由一个小型喷气发动机提供（卢卡斯 CT3201 型发动机，最大推力 50 千克），通过无线电进行遥控操作，使用胶片式普通照相机或夜间照相机作为传感器（在夜间行动时，"食雀鹰"可携带 16 枚照明弹）。"食雀鹰"无人飞行器由比利时 MBLE 公司制造，该公司还曾参与比利时早期的航空电子研发项目。

加拿大

通过一系列无人机研发活动，加拿大在无人机研发方面可谓经验十足。2008 年，加拿大宣布参与下一代"联合监视与目标识别无人飞行器系统"（JUSTAS）的竞标，该计划最初旨在为阿富汗战争中的联军提供高性能无人机系统，当时参加竞标的机型包括："捕食者 A"（Predator A）、"苍鹭"（Heron）和"赫尔墨斯"（Hermes）450。

"食雀鹰"无人飞行器

翼展： 1.72 米

机身： 长 2.38 米

起飞重量： 147 千克（载荷 20 千克）

续航时间： 超过 25 分钟（意味着该机不可进行盘旋侦察）

有效控制距离： 约 92 千米

巡航速度： 500 千米 / 时

对页图：2009 年巴黎国际航展上展出的"坎姆考普特"S-100 无人直升机。（作者收集）

加拿大在无人机研发领域起步较早，也推出了不少实用的无人机产品。最初，加拿大航空公司（后来的庞巴迪公司）负责研制北约标准无人侦察机：CL-89/289。这两种机型均为预编程可回收式无人机，采用胶片记录设备。德国和英国打算联合购买并共享 282 架 CL-89 "蠓蚋"（Midge）无人机（根据 AN 系列命名规则，其编号为 USD-501）。加拿大航空公司从 1961 年开始进行研制，最初得到了加拿大和英国政府的资金支持。德国在 1965 年也加入该无人机计划（1964 年开始进行飞行测试）。CL-89 于 20 世纪 70 年代初期开始投产。CL-89 带有十字形飞行翼，其外形更像是一枚导弹。加拿大航空公司一共制造了 20 套系统、40 套发射架和超过 500 架无人机，提供给加拿大、德国、英国、意大利和法国。CL-89 是一种可回收的师级无人机，可装载白天或夜间用照相机，通过倾斜的发射架在火箭推进器的作用下发射，升空后由一台 "威廉姆斯" WR2-6 喷气发动机提供动力（推力 57 千克）。1991 年，英国陆军曾在波斯湾部署 CL-89 无人机。

下图：1986 年 8 月，德国梅本靶场（Meppen Range）上进行发射测试的 CL-289 无人机。（美国陆军）

CL-89"蠓蚋"无人机的下一代为体积更大的 CL-289 无人机（也称 USD-502）。在该无人机的研发项目中，加拿大航空公司的合作伙伴为德国多尼尔公司。CL-289 是一个由加拿大、法国和德国三国共同参与的项目，法国和德国军方采购了该飞机（加拿大决定不予采购）。CL-289 无人机先后于 1990 年和 1992 年进入德国和法国陆军服役。1995 年，法国陆军第 7 炮兵团有 4 组 CL-289 无人机系统（含 54 架无人机）。这些飞机曾在前南斯拉夫执行过飞行任务，一般执行 400 千米的任务持续时间为 30~40 分钟。当无人机出现在地面控制站人员可视范围内时，会自动将航拍到的图像通过数据链传回并存入胶片。2001 年 2 月，法国军队在阿富汗开始使用 CL-289 无人系统。2002 年，意大利陆军用新一代的 CL-289 取代了老式的 CL-89 无人机（其购买的 20 架 CL-289 无人飞行器是其加入欧洲快速反应部队计划的一项内容）。2001 年 1 月，德国多尼尔公司与北约签署了一项合同，为德国和法国的 160 架 CL-289 无人飞行器系统加装 GPS 设备及升级飞行控制软件，订单交付从 2003 年 4 月开始。升级后的 CL-289 采用了数字化数据链，可在线传输和利用无人机收集到的红外图像。到 2007 年，法国和德国的 CL-289 无人机已执行了 1000 多次飞行任务，法国在 2011 年 12 月之前一直使用该无人机系统。

除这种类似导弹的无人机外，加拿大航空公司（庞巴迪公司）还生产了一系列直升机型无人机，如 CL-227"哨兵"（Sentinel）、CL-327"保卫者"（Guardian）和 CL-427 等，不过这些无人直升机并未吸引到什么买家。

CL-89"蠓蚋"无人机

翼展： 0.94 米

机身： 长 3.73 米

全重： 108 千克（载荷 17~20 千克）

最大航速： 741 千米/时

实用升限： 3048 米

航程： 59 千米（带增程油箱时航程为 70 千米）

续航时间： 12 分钟

CL-289 无人机

翼展： 1.32 米

机身： 长 3.61 米

全重： 220 千克

实用升限： 1188 米

航程： 200 千米

续航时间： 40 分钟

克罗地亚

克罗地亚在 1991—1992 年的内战期间成功研发了 MAH–1 无人机，据报道研发过程中得到了以色列马拉特（Malat）公司的帮助。该机的初始型号首飞于 1992 年，使用胶片照相机。1993 年，克罗地亚对该无人机的传感器系统进行升级，用实时传送的光电传感器取代了胶片照相机，升级后的 MAH–1 在 1995 年的"风暴"进攻中首次投入作战（至少执行了一次投放传单的任务）。

1998 年，克罗地亚宣布了新的研发计划，意在研制战术和战役级的无人机系统（可能采用中空长航时无人机），不过目前似乎没有制造出任何的实体飞机。

克罗地亚 Sono ZI 公司还推出了一款旨在执行地雷探测、普通侦察和火炮支援任务的无人机——B4 无人飞行器。

B4 无人飞行器

翼展：4.2 米
最大起飞重量：200 千克（载荷 50 千克）
续航时间：10 小时（航速 120 千米 / 时）
任务半径：150～200 千米

"索卡Ⅲ /TVM3.12" 无人机

翼展：4.5 米
机身：全长 3.8 米（其中机体长 2.5 米）
最大起飞重量：145 千克（空重 97 千克、载荷 25 千克）
续航时间：4.5 小时
任务半径：100 千米
航速：160 千米 / 时
实用升限：4000 米

捷克

捷克布拉格空军研究所（VTUL a PVO Praha）推出的"索卡（Sojka）Ⅲ / TVM3.12"无人机采用发动机后置、双尾撑结构，主要用于战术侦察。"索卡Ⅲ"无人机源于捷克 20 世纪 80 年代的一个无人机项目，研制中主要参考了以色列推出的新型无人机。1986 年，研发团队首先推出 E50 无人靶机并开始进行测试，1990 年开始对其改进版 E80 靶机 / 无人侦察机进行测试。1993 年，捷克在 E80 的基础上研制的"索卡Ⅲ"战术无人机已作好生产准备，最初的研究工作由布拉格空军研究所进行，在华约组织解体后，匈牙利也参与了研制，但最终并未购买该无人机系统。合作研发期间，捷

克负责航空器、载荷和发射装置的研制，匈牙利则负责地面控制站的研制。捷克陆军于 1995 年对该机进行了作战效能评估，1996 年该机还参与了捷克防空军举行的防空演习。1998 年，"索卡Ⅲ"定型并开始列装。该机的 TVM 升级版于 2001 年开始列装部队。在1996 年举行的"朵哈"（Duha）防空演习期间，至少有一架"索卡Ⅲ"无人机执行任务。2004 年，捷克开始对"索卡Ⅲ"进行升级，主要希望增加一个载荷模块。

上图：2009 年 7 月 4 日，在沃丁顿（Waddington）拆卸待运的"索卡Ⅲ"无人机。（南威尔士飞机集团公司）

　　"索卡Ⅲ"的整套系统由 3～4 架无人机和一个地面控制站构成。"索卡Ⅲ /TVM3.12"无人机系统主要装备捷克陆军和空军。

　　2008 年 9 月，在北约防务装备日（NATO DAY）的展览上，捷克跟踪系统公司（Track System）展示了"英雄"（Heros）无人直升机，该机于 2007 年开始研发。该机采用共

"英雄"无人直升机

旋翼直径： 4.21 米

机身： 长 4.675 米

全重： 465 千克（载荷 120 千克）

续航时间： 4 小时

最大悬停时长： 2.5 小时

最大航速： 180 千米 / 时

巡航速度： 139 千米 / 时

任务半径： 250 千米

MASS 系统无人机

翼展：1.5 米

机身：长 1.05 米

全重：3 千克（载荷 0.5 千克）

续航时间：60～70 分钟（操作距离
10～15 千米）

最大航速：120 千米／时

巡航速度：60 千米／时

飞行高度：50～150 米

下图：2009 年巴黎国际航展上展出的芬兰帕特里亚公司 MASS 无人机。（作者收集）

轴旋翼，因此无需安装尾旋翼。"英雄"无人直升机装备了公司独有的飞行控制系统和先进的防碰撞系统（据称能对小到 10 厘米级别大小的物体进行识别）。

芬兰

芬兰陆军使用的无人机为帕特里亚公司推出的微型无人机，该机为"微型无人机模块化机载传感器系统"（MASS）的一部分。该机由帕特里亚公司在 2004 年开始研发，于 2006 年首次在巴黎国际航展上展示，2007 年 6 月开始接受批量订单。芬兰陆军最初计划购买一套 MASS 系统（由 6 架无人

机构成），但最终却购买了两套系统（每套系统由 5 架无人机构成）。

在此之前，芬兰还曾计划研发另一套无人机系统，但因购买美国 F/A-18 战斗机花费太多而搁置。随后芬兰计划购买现货，主要备选无人机包括美国的"警卫"（Outrider）、瑞士厄立孔公司（Oerlikon）的"游骑兵"（Ranger）、法国萨基姆公司（SAGEM）的"食雀鹰"战术无人机和玛特拉（Matra）公司的"图坎"（Tucan）无人机，最终厄立孔公司"游骑兵"无人机经过测试后，于 1999 年 8 月赢得了订单。

帕特里亚公司的无人机采用了高单翼、V 形尾翼和后置式发动机的普通配置。该机的载荷包括核生化探测器，所有衍生型均固定搭载"可视防碰撞"照相机。整套系统由 1 ~ 3 架无人机构成，需要两个人操作。

法国

20 世纪 60 年代左右，法国宇航公司（Aerospatiale）在 CT20 喷气式无人靶机的基础上研制了 R20 型无人侦察机，该机量产时间为 1958—1962 年（瑞典也以 CT20 靶机为基础研制出了舰载型 Rb08 反舰导弹）。CT 20/R20 无人机形似一架小型喷气式战斗机，采用带箱的翼尖和 V 形尾翼。R20 可携带标准的北约照相机（通常装 3 台照相机），拍摄出的地形图为条状，每次飞行可对 200 平方千米地域进行拍摄。根据无线数据传输链的性能，该无人机也可采用线扫描传感器或电视传感器。发射之后，在 100 千米距离处的目标侦察精度为 300 米。在 1976 年终止生产前，法国宇航公司总共向法国陆军提供了 62 架 R20 无人机。尚不清楚 R20 无人机是否与比利时产"食雀鹰"无人飞行器一样，参照了北约标准参数进行研发。后来，法国宇航公司还在广告中宣传了其后续无人靶机 C22 的侦察机版本，不过并未找

> ### CT 20/R20 无人机
>
> **翼展**：3.72 米
>
> **机身**：长 5.71 米
>
> **发射重量**：850 千克（含助推器，载荷为 150 千克）
>
> **使用高度**：200 ~ 10000 米（通常在 1000 米高度使用）
>
> **作战半径**：160 千米（低空）

"马特 II" 无人侦察机

翼展：3.4 米

机身：长 3.2 米

全重：110 千克（载荷 25 千克）

续航时间：4 小时

航速：220 千米/时（巡航速度 89~120 千米/时）

实用升限：3048 米

任务半径：100 千米

"马特 –S" 无人机

翼展：3.4 米

机身：长 3.0 米

全重：144 千克（载荷 30 千克）

航速：180 千米/时

任务半径：150 千米

续航时间：7 小时

到买家。

1991 年海湾战争期间，法国军队使用了奥特（ALTEC）公司的"马特 II"（MART II）无人侦察机，这也是海湾战争中欧洲军队使用的唯一一种无人机。"马特 II"无人机开发于 20 世纪 80 年代，在 1989 年列装法国陆军第 8 炮兵团的一个炮兵排，在 1991 年 2 月随部队部署于沙特阿拉伯。"马特 II"可携带视频、胶片照相机、红外或线扫描传感器，也可携带干扰器或通信中继装置。其升级版"马特 –S"（MART–S）无人机于 1996 年 5 月末试飞。根据海湾战争的经验，法国军方急切希望获得战术无人机，并在其后采购了"红隼"（Crécerelle）战术无人机，该机为"海妖"（Banshee）靶机的改型。

2003 年，法国希望拥有一批临时性的中空长航时无人飞行器，即 SIDM（中型中空长航时无人系统），于 2004 年初取代原有的"猎人"（Hunter）无人飞行器。法国最终选择了以色列的"苍鹭"（Heron）系列无人系统。根据合约，这批为数 12 架的"苍鹭"飞行器在 2010 年前交货完毕。后来，荷兰也参与了该无人机计划，该计划最终被更大的欧洲无人机采购计划取代。2008 年，法国达索公司、泰雷兹公司和西班牙的英德拉公司联合宣布推出了被称作 SDM（中空长航时无人机）的以色列"苍鹭"TP 无人机改型。2009 年 2 月，法国宣布将已经采购的 3 套 SIDM 无人机系统部署于巴格拉姆基地（阿富汗喀布尔以北地区），这批无人机将由法国空军操控（法国陆军则操控尺寸稍小的"食雀鹰"无人机）。

法国的航空装备公司还推出了一系列高空长航时无人机，包括：法国宇航公司的"弗雷格特"（Frégate）和沙诺海尔（Sarohale）

无人飞行器，以及达索公司的高空长航时无人飞行器。大概在 2005
年，法国军事情报局表示希望在 2012 年前能拥有 5 套高空长航时
无人系统。此外，法国军方还对长航时的无人飞行器感兴趣，意在
通过该长航时无人机对其"反导型"的 SAMP-T 防空系统进行支援；
2006 年末，法国国防装备采购局（DGA）提出了采购 MIRADOR
（红外探测与监视快速反导无人系统）的建议。

　　2005 年，法国国防装备采购局还对运用小型无人飞行器进行
"接触作战"做了演示。在演示中，国防装备采购局将小型无人机
区分为 3 种："小型"无人机（由两名士兵操纵，重 10 千克以下，
任务半径 10 ~ 15 千米，续航时间 1.5 小时）、"迷你"无人飞行
器（5 千克以下，尺寸小于 0.7 米，任务半径 1 ~ 3 千米，续航时间
15 ~ 45 分钟）和"微型"无人飞行器（任务半径 100 米，重不超
过 0.05 千克，尺寸不超过 0.15 米）。根据国防装备采购局的需求，
"达克 II"（DRAC II）无人飞行器的后继型号于 2012 年装备部队，
该机可能为垂直起降机型。而现有的"盘旋眼"（Hover Eye）演示
样机将被 MAVDEM（"迷你"演示样机）取代，接着将被 2010 年

下图："盘旋眼"微型无人飞
行器。（伯蒂公司）

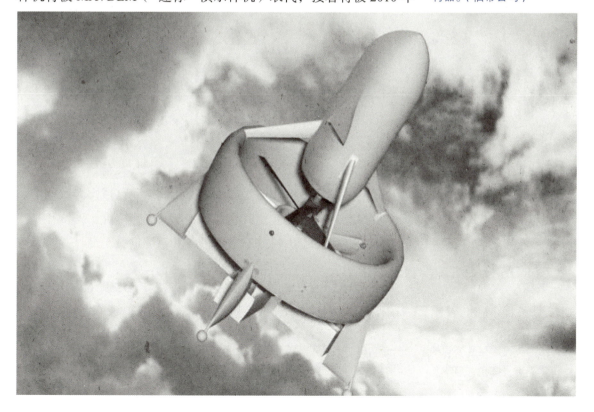

"盘旋眼"涵道风扇无人飞行器

涵道直径：0.4 米

机身：高 0.6 米

全重：3.5 千克

载荷：0.2 千克，携带昼 / 夜照相机

任务半径：2 千米

航速：36 千米 / 时（巡逻速度为 10 千米 / 时）

续航时间：0.5 小时

的某型演示样机取代。据当时规划，2015 年一种城市用"迷你"无人飞行器将列装部队；2020 年，"微型"无人飞行器进入部队服役。

2004 年 12 月，法国近距侦察无人机采购计划"达克"（DRAC）签下合同。其中，"盘旋眼"在 2005 年试飞，在 2007 年中期交由法国陆军测试。根据之前如"盘旋眼"、MAVDEM 和 DRAC 等无人机演示样机的开发经验，法国在无人机演示样机的基础上，于 2015 年研发出了具有实战能力的"迷你"无人系统。

2005 年，根据法国陆军需求，法国国防装备采购局希望从 2009 年开始一项为期 3 年的无人飞行器开发计划。该计划除研制常规无人机外，还将对纳米扑翼无人机演示样机（MAV4G-1）进行资助。纳米扑翼无人飞行器的研发始于 2003 年，其扑翼动力由人造肌肉提供，其性能参数为：翼展 6 厘米，全重 0.12 克，单侧机翼由 18 万条人造肌肉构成。

此外，法国国防装备采购局还在当时制订了 2010 年研制出"战士"（Solider）无人机系统的计划——作为 DRAC 无人机计划后继机型。该计划为法国"装备与通信一体化步兵"（FELIN）未来步兵系统计划的一部分，法国 FELIN 未来步兵系统计划由 31000 套系统组成，其中的 22588 套子系统将在未来直接交付法国陆军步兵使用，其余的近 9000 套系统交付步兵支援单位使用。FELIN 未来步兵系统可以看作对美国步兵自动化概念（包括个人数据链和能在单兵头盔显示器上显示的实时战术图）的模仿。2008 年，法国对首批交付的 350 套 FELIN 未来步兵系统进行了测试。该系统中，一个士兵一般将携带一个 24 千克重的战术包，内置电源可支撑 72 小时。除单兵装备外，FELIN 未来步兵系统还包括车辆，主要有 VBCI 8×8 轮式步兵战车、VAB 6×6 轮式装甲人员输送车和 AMX-10P 履带式步兵战车。此外，未来步兵系统的相关项目中还包括无人地面车辆和纳米无人机。2002 年，法国萨基姆公司和泰雷兹公司获得"定义及设计"的研发合同。2004 年 3 月，法国萨

对页图：法国诺瓦登公司的四旋翼无人直升机，最下为军用型。（诺瓦登公司）

基姆公司获得一项为期 30 个月的研发和生产合同。2008 年 6 月，法国军方完成了对 40 套 FELIN 系统的试用，随后的 7 月，军方又收到 358 套 FELIN 系统，并计划在未来的 9 个月中进行试用。法国计划在 2009 年 7 月为一个团装备 FELIN 系统，在 2009 年底完成首批 4 个团的换装，所有 FELIN 系统的生产在 2013 年完成。

　　在 FELIN 系统中，将在步兵连、排甚至班一级部队装备无人机。其基本装备为法国伯蒂公司（Bertin）的"盘旋眼"涵道风扇无人飞行器，该飞行器主要为机械化步兵单位作战侦察而设计，该机使用涵道式共轴反转旋翼提供升力，垂直升空后，涵道式旋翼将翻转然后向前飞行。"盘旋眼"飞行稳定性极佳，可接受高层级的导航指令（即可以不需要地面操作员遥控）；该机还装备有雷达防碰撞系统。伯蒂公司于 1999 年开始研制此类无人机，2001 年研制出第一架原型机"智能球"，不过其抗风性能不足，遇到强风便会被刮走。国防装备采购局看到该设计的未来前景，在其支援下，伯蒂公司于 2004 年研制出了更为稳定的"盘旋眼"无人机。此外，"盘旋眼"还是萨基姆—伯蒂联合研制的"奥丁"（ODIN）无人机系统的基础机型。

　　法国后来决定购买诺瓦登公司（Novadem）的 NX110m 无人系统（而非"奥丁"无人机系统），该无人系统由法国诺瓦登公司与国立格勒诺布尔综合理工学院联合研制，是 MAVDEM（"迷你"演示样机）的两种备选机型之一；其速度较"奥丁"系统中的"盘旋眼"无人机更高，达 72 千米 / 时，有效距离为 1 千米（续航时间 25 分钟，电池供电）；采用了彩色电视摄像机。

上图：法国萨基姆公司的"墨林"轻型无人飞行器。（萨基姆公司）

而落选的另一备选机型为外形较为普通的共轴旋翼无人直升机。

伯蒂公司还研发了更小的"迷你"侦察无人飞行器。

萨基姆公司也提供了一种名为"墨林"（Merlin）、用于开阔地形的轻型无人飞行器。该机采用双尾撑结构，机翼纵向排列，带较小尾翼，机体很短且下挂一个传感器舱。该机动力由电动机驱动的推进式螺旋桨提供（外观不详）。萨基姆公司称采用纵向排列的机翼可使飞机结构更为牢固。

法国航空航天研究院（ONERA）也研制推出过一款名为"米拉多"（Mirador）的"迷你"无人飞行器，该无人机与以色列"蚊"（Mosquito）式无人机和美国"黄蜂"无人机属于一个级别。"米拉多"的独特之处在于其电动机的动力由燃料电池提供（续航时间为20分钟）。

在2008年6月举行的萨托里欧洲防务展上，泰雷兹防务公司展出了一种超轻型的无人机——"间谍之箭"（Spy Arrow），特意设置的实心机舱使其看起来更像是一架普通飞机模型。泰雷兹公司称该无人机采用全

"墨林"轻型无人飞行器

翼展：1.6 米

机身：长1米

全重：6千克（载荷 0.8 千克）

续航时间：超过1小时（巡航速度为 55～75 千米／时）

任务半径：约为7千米（受下行数据链有效距离的限制）

"米拉多"迷你无人飞行器

翼展：0.25 米

机身：长0.25 米

任务半径：超过1千米

自动操作，可由一个无须专门训练的人员轻松操作，且该机可携带昼/夜照相机或核生化探测器。由于外形与普通飞机接近，因此很容易迷惑敌方，使敌方认为这是一架飞行距离很远的常规飞机。

此外，法国还同意大利、挪威和西班牙一道参与了 MAVDEM 无人飞行器计划。

2003 年时，法国海军计划到 2006 年开始启动一项海上垂直起降战术无人机计划，以便在新型多任务护卫舰（FREMM）上使用。竞争者包括"奥卡"（Orka）无人直升机、泰雷兹公司与波音合作研制的"小鸟"（Little Bird）无人直升机（MD-530 的无人机版本）和萨基姆/贝尔直升机德事隆公司（Bell Textron）的"鹰眼"（Eagle Eye）偏转旋翼无人机。

"红隼"/"食雀鹰"

1993 年，法国萨基姆公司在"海妖"无人靶机的基础上研制出了"红隼"战术无人机。该机主要基于萨基姆公司提出的"自动战术攻击与侦察系统"（ATAOS）研制。"红隼"无人机于 1994 年列装法国陆军，曾在 1995 年 11—12 月的波斯尼亚行动和 1999 年

下图：正由士兵手持放飞的泰雷兹防务公司的"间谍之箭"无人飞行器。（泰雷兹公司）

的科索沃战争中使用，行动中法国共部署了两个无人机作战排（12
架无人机）。1999 年，法国国防部又向萨基姆公司订购了新一批
"红隼"无人机以便重编一个无人机通信干扰排。在科索沃战争中，
法国一共损失了 3 架"红隼"无人机和两架 CL-289 无人机。1999
年 7 月 1 日，法国陆军第 61 炮兵团开始接收"红隼"无人机和"皮
维"（Piver）无人机。在马其顿，"红隼"在与加拿大 CL-289 和德
国"月神"（LUNA）无人机并肩作战过程中，暴露出其速度偏低
和航程有限的不足。

　　"红隼"无人飞行器还成为荷兰陆军"食雀鹰-A"（CU-161）
无人机计划的基础，赢得了荷兰陆军的中远程无人机系统采购竞
标。与"红隼"不同，"食雀鹰"拥有两个垂直尾翼、宽大的进气
道和改进的发动机〔美捷特公司曾推出了采用相似配置的无人靶

下图：2009 年法国巴黎国
际航展上，安放于发射器上
的"食雀鹰"无人机。（作者
收集）

机"鬼怪"（Spectre）]。"食雀鹰"无人机系统的交付工作自 2002 年开始，共 4 套系统，每套系统含 3 架无人机（早期也有报道称每套系统由 9 架无人机构成）。荷兰在 2006 年将"食雀鹰"无人机系统部署到了阿富汗，作战中至少损失了两架该型无人机。

法国国防装备采购局随后完成了新一代 SDTI（中型战术无人机系统）的研制，"食雀鹰 -A"在与玛特拉公司的"游骑兵"无人机和"银箭"（Silver Arrow）的竞争中胜出，成为该系统采用的无人机。法国最初计划采购 15 套 SDTI 无人机系统（每套系统由

一个地面控制站和 3 架无人机构成，且为 15 套系统预留了 5 架备用无人机），后来，采购规模缩减到 4 套系统、18 架无人机。2003 年，法国开始在军队试用 SDTI 无人机系统。2004 年，两套 SDTI 无人机系统交付部队试用。2006 年，法国陆军第 61 炮兵团正式用该系统取代原有的"红隼"无人机系统。至此，该炮兵团共有 4 个炮兵连装备无人机系统：两个炮兵连装备加拿大 CL-289 PIVER 无人机，两个炮兵连装备"红隼 -A"无人机；其中，每个炮兵连均装备两套无人机系统共 9 架无人机。法国后来又从加拿大购买了 6 架二手"食雀鹰"无人机，并在 2009 年 6 月从萨基姆公司增订了 3 架。2009 年秋，法国驻阿富汗派遣军使用 4 架"食雀鹰"无人机和一具发射器遂行任务，截至 2009 年 11 月，法国总共部署到阿富汗的 18 架"食雀鹰"中，有 7 架已经损坏。部队抱怨称，"食雀鹰"的光电探测器窗口在弹射发射或崎岖地面着陆时非常容易损坏。

法国防务装备的 2003—2009 年发展计划中，提出了研发新型"多任务长航时无人飞行器"（MCMM）项目。由于各种原因，该计划最终流产，并被新的 SDTT 无人机计划取代。萨基姆公司参与了该计划。萨基姆公司在 2005 年巴黎国际航展上展出了携带以色列拉菲尔公司的"长钉"（Spike）反坦克导弹的"食雀鹰"无人机；随后又在 2006 年萨托里欧洲防务展上展出了携带武器的"食雀鹰 -B"无人机。2006 年 6 月，萨基姆公司对更长航程的"食雀

"红隼"无人机

翼展： 3.3 米

机身： 长 2.75 米

最大起飞重量： 115 千克（空重 45.4 千克，载荷 35 千克）

续航时间： 3 小时

航速： 250 千米/时

任务半径： 80 千米

实用升限： 3048 米

鹰 –B"无人机进行了测试。同年，萨基姆公司接到来自芬兰的订单，为芬兰陆军制造一架携带"长钉"导弹的"食雀鹰 –B"无人机（作为"猎杀飞机"）演示样机。2003 年，法国陆军原本打算未来订购 80 架 MCMM 无人机，但由于计划流产而取消。

1997 年年底，瑞典订购了 3 套"食雀鹰"无人机系统，并命名为"猫头鹰"（Ugglan），首套系统于 1998 年交付，随后两套系统于 1999 年交付，并计划在营或旅级单位中使用。丹麦也购买了 3 套"食雀鹰"无人机系统（含 10 架无人机）并在 2001 年投入使用，在 2006 年的伊拉克战场上经历了一系列故障后，丹麦将这批无人机转售给了加拿大。2003 年，加拿大还直接从法国采购了两套"食雀鹰"无人机系统（含 6 架无人机）。法国后来将较老型号的"食雀鹰"换装为加拿大所购无人机相同的型号。此外，希腊在 2002 年也从法国订购了 8 架"食雀鹰"无人机，交付时间为 2003—2004 年，每年交付 4 架。

1993—1996 年在波斯尼亚和 1998—1999 年在科索沃作战中，法国军队使用了"红隼"无人机。法国军队还在 2006 年的黎巴嫩和 2007 年的科索沃使用了"食雀鹰"无人机。加拿大和荷兰则主要在阿富汗战场上使用"食雀鹰"无人机。

2009 年，萨基姆公司将拥有更长航程的"食雀鹰 Mk Ⅱ"或"食雀鹰 ER"无人机投向市场。该改型拥有改善的使用性能、升级的传感器和更好的部署性。其翼展也由原来的 4.2 米增加到 6.2 米，并且带有鸭式操纵翼（延长的机翼和鸭式操纵翼主要针对"食雀鹰 –HV"而开发）。同年，萨基姆公司宣称已向 5 个国家提供了超过 20 套（120 多架）"食雀鹰 Mk Ⅱ"无人机系统，其中 3 个国家已经将其部署到阿富汗战场，分别是加拿大、法国和荷兰。

为研发"食雀鹰 –HV"型无人机，萨基姆公司和达索公司联合成立了"萨基姆—达索财团"。"食雀鹰 –HV"首次亮相于 2001 年巴黎国际航展。作为一种主要用于敌后侦察的无人机，该机采用了功率更为强大的涡

"食雀鹰 / 猫头鹰"无人机

翼展： 4.21 米

机身： 长 3.51 米

最大起飞重量： 330 千克（载荷 45 千克）

续航时间： 超过 6 小时

航速： 167 千米 / 时

任务半径： 180 千米

实用升限： 4572 米

轮增压喷气发动机（普通"食雀鹰"采用螺旋桨发动机）。因此"食雀鹰-HV"速度更快，可穿透敌方防御地带。国际上，其竞争者主要有欧洲宇航防务集团公司（EADS）从"米拉奇"（Mirach）演变而来的"快速反诱饵无人机"（CARAPAS）。根据2003—2009年法国防务装备发展计划，法国预计采购15套（含80架无人机）"食雀鹰-HV"系统。但由于法国国防装备采购局在2004年夏取消了原来的MCMM计划，也因此中止了对新版"食雀鹰"无人机系统的试用。2006年，法国国防装备采购局与萨基姆公司签订合约，要后者研发一种完全不同于"神经元"（Neuron）的无人作战飞机。

在视距外，"食雀鹰-B"可通过卫星数据链进行操控。与原来的"食雀鹰"不同，"食雀鹰-B"拥有鸭式操纵翼。

"食雀鹰-LE"可看成是"食雀鹰-B"的去鸭翼版本，而且两者的飞行性能接近。"食雀鹰-LE"于2001年首飞，可携带60千克武器（如"长钉"反坦克导弹）。

"奥卡-1200"

"奥卡-1200"为EADS推出的舰载型无人直升飞行器，该机参与了法国三军通用垂直起降无人飞行器项目竞标。1995年夏，法国海军测试了加拿大的CL-227"哨兵"（Sentinel）无人直升机。但由于法国国防装备采购局当时指示法国航空航天研究院对两种可能的海上无人机进行研究（计划一种装备航母和大型两栖舰艇，另一种装备护卫舰），前述三军通用垂直起降无人机项目

"食雀鹰-B"无人机

翼展：6.8米

机身：长3.9米

最大起飞重量：350千克

载荷：100千克

续航时间：12小时（航速148千米/时）

实用升限：6096米

"食雀鹰-LE"无人机（长航时版本）

翼展：6.5米

机身：长3.5米

最大起飞重量：350千克（载荷100千克）

续航时间：12小时

实用升限：6096米

"奥卡"无人直升机

旋翼直径：7.2米

机身：长6.22米

最大起飞重量：680千克（载荷180千克）

续航时间：8小时（航速195千米/时）

实用升限：不低于3600米

上图：欧洲宇航防务集团公司的"奥卡 –1200"无人直升飞行器。（EADS）

采购计划被推迟至 2002 年方得以重启。按照法国国防装备采购局的计划，法国军队在 2012 年拥有可列装的海上无人飞行器。2005 年 5 月，法国国防装备采购局就采购"魔鬼"（Devil）无人直升机（计划列装法国海军和陆军）发出征求建议的通知，并计划 2008 年将合适的系统装备部队。按照陆军和海军需求，新购无人机需达到的性能指标为：最大起飞重量 700 千克，载荷 150 千克，续航时间 14 小时，航速 167 千米 / 时——此时法国海军大型舰艇和护卫舰对无人机的需求已经融合，不再单独区分。

"奥卡"无人直升机由"卡布里 G2"小型直升飞行器演化而来。据报道，"奥卡 –1200"无人直升飞行器被德国海军优先采用，以取代未通过测试的"西摩斯"（Seamos）无人机。

"巡逻兵" / "鹭"

在 2009 年 6 月的巴黎国际航展上，萨基姆公司展出了一种长航时监视无人飞行器——"巡逻兵"（Patroller），并于 2009 年 6 月 10 日首飞。根据巴黎国际航展上提供的信息，该机并不属于任何政府研发项目。从外形上看，"巡逻兵"无人飞行器与早期用于海上监视"鵟"（Buzard）无人飞行器显然关系密切。"巡逻兵"飞行器的性能参数为：翼展18米，全重1100千克，续航时间25小时，巡航速度278千米/时。"鵟"为一种可有人驾驶的前置螺旋桨推进器无人飞行器（巴黎国际航展上展出的"巡逻兵"则不带驾驶舱）。宣传册介绍"巡逻兵"为法国萨基姆公司、法国航空航天研究院和德国斯泰默（Stemme）公司（主要从事高端轻型飞机制造）联合研制。除机身储物舱外，"鵟"飞行器的机翼上还设有两

"鵟"飞行器

翼展： 23米

全重： 980千克（载荷180千克）

续航时间： 18小时（平均续航时间为10小时，在7620米的高空、航程为200千米内、巡航时速150千米时续航时间可达20小时）；航程最远超过5000千米

实用升限： 7925米

下图：2009年巴黎国际航展上展出的"巡逻兵"无人飞行器，其翼下为"食雀鹰"无人飞行器。（作者收集）

个挂载点。"鹫"飞行器对地面目标的平均观测精度为 20 米，对运动目标可进行跟踪监视，飞机上带有机载图像时差分析设备，因此可返回感兴趣的区域进行反复监视。

"天蝎座"

"天蝎座"（Scorpio）为 EADS 与调查直升机（SurveyCopter）公司联合研制的小型战场监视无人直升飞行器。2004 年，"天蝎座 6 号"成为第一架在英国民航机场展出的无人飞行器。最初，该机被称作技术演示样机并且被当作公司"追踪者"（Tracker）无人机在 DRAC 计划中的补充。EADS 认为，在城市作战中，具有垂直起降和悬停能力的无人机具有重要价值［也许这也是美国购买"狼蛛鹰"（T-Hawk）的原因］。该机传感器舱（内含光电或红外传感器）采用了陀螺稳定装置，并且配有数据链路设备。

2002 年公布的"天蝎座 30 号"为较大尺寸版本，主要用于城市和海洋战场环境监视。

法国军队使用"天蝎座 30 号"的地区包括：阿富汗、科特迪瓦共和国（2006 年）、刚果民主共和国（2006 年）。"天蝎座 30 号"还曾出售给某些未公开身份的南美客户。英国国防部曾购买一套"天蝎座 30 号"无人直升机系统，用于其联合无人机试验项目。2003 年中期，EADS 共售出 38 架"天蝎座 30 号"无人飞行器。2005 年，法军特种部队采购了一套该无人系统。2008 年，EADS 宣布"西方某重要国家陆军"正在测试"天蝎座 30 号"的包括城市作战在内的诸任务性能。

调查直升机公司也推出了自己的"直升机 4"（Copter 4）无人直升机，其机身外形大致与"天蝎座 30 号"相似（不过未设置整流装罩）。沙特阿拉伯在 2007 年采购了一

"天蝎座 6 号"

旋翼：直径 1.8 米

机身：长 1.7 米

全重：13 千克

续航时间：1 小时（航速 35 千米/时）

实用升限：2134 米

"天蝎座 30 号"

旋翼直径：2.2 米

机身：长 2 米

全重：38 千克（载荷 15 千克）

航速：50 千米/时

续航时间：2 小时

实用升限：2134 米

上图：EADS 的"天蝎座"监视无人直升飞行器。(EADS)

些"直升机 4"无人直升机。2009 年，调查直升机公司为该无人机研发了新型数据链，将其有效任务半径从 8 千米增加到 30 千米——对用户而言，显然更大的任务半径拥有更大的吸引力。

　　除无人直升机外，调查直升机公司还生产了一种名为"DVF2000"的固定翼无人机。该机与 DRAC 相似，但只有单个发动机。"DVF2000"采用双尾撑结构，在机身尾部安有一部后推式螺旋桨（螺旋桨片可折叠）。由金属棒弯成的着陆装置安装在机身前端的下方。

"直升机 4"无人直升机

旋翼直径： 2.2 米

机身： 长 2 米

全重： 25 千克（最大载荷 10 千克）

续航时间： 15 小时（巡航速度 40 千米/时）

任务半径： 8 千米

实用升限： 1524 米

"DVF2000"固定翼无人机

翼展：3 米

机身：长 1.2 米

全重：不超过 7.8 千克（载荷 1 千克）

续航时间：1.5 小时（巡航速度 60 千米/时）

任务半径：4~8 千米

实用升限：2438 米

沙特阿拉伯在 2007 年左右采购了数架"DVF2000"无人机。

"测量员"600/2500/快速反诱饵无人机

EADS—伽利略公司联合推出的高性能喷气式无人机为"米拉齐（Mirach）-100/5"的改版，且与后者采用了相同的导航系统，差别在于其最大起飞重量从后者的 340 千克提高到了 450 千克。该机的推出旨在满足法国陆军"多功能多传感器无人飞行器"（MCMM）计划的需求。法国提出 MCMM 计划主要是寻找两种快/慢搭配的新型无人机来取代原有的"食雀鹰"和 CL-289 无人机。"测量员（Surveyor）600"无人机可满足法军对快速无人机的需求（用以替换 CL-289）。与 CL-289 不同的是，该机可在某一空域进行巡逻飞行，此外，它还携带电子支援（ESM）传感器，可对值得调查的辐射源进行探测。"测量员 600"首次现身于 2003 年巴黎国际航展。

2003 年，法国国防装备采购局资助了一项无人机研究计划，计划建造一架同时携带光电传感器和电子支援传感器的无人机。该原型机于 2005 年底进行首次演示飞行，且被命名为"快速反诱饵无人机"（CARAPAS），该无人机与意大利的"尼波罗"（Nibbio）无人机采用了相同的机身。

"测量员 600"飞行器

翼展：2.3 米

机身：长 4.06 米

最大起飞重量：450 千克（载荷 65 千克）

续航时间：3.5 小时

航速：481~848 千米/时之间（马赫数在 0.25~0.65 之间）

工作高度：91~10059 米

"测量员 600"飞行器的动力由一个涡轮增压 TMS 18 发动机提供。其载荷还包括机身下的船型雷达吊舱。该机除执行常见的监视和目标指示外，还执行电子干扰（ECM）、信号情报和在核生化环境下的采样和测量任务。与意大利"尼波罗"无人飞行器不同，"测量员 600/CARAPAS"飞行器搭载有实时数据链。

EADS 研发的长航时"测量员 2500"无人机为"测量员 600"的慢速搭档（用

于取代"食雀鹰"无人机）。该机最初亮相于 2003 年巴黎国际航展，基于动力航空（DynAero）公司的"MCR S4"有人驾驶轻型飞机制造，采用了前置螺旋桨的牵引式动力配置，可通过弹射器发射和跑道降落回收。

为竞标"多功能多传感器无人飞行器"（MCMM）项目，萨基姆公司也推出了相应机型，如前述"食雀鹰"的改进型。除此之外，萨基姆公司还于 2002 年推出了一架基于法国达索公司第 3 批次 AVEC"摩延－达克"（Moyen–Duc）无人机的隐身战术无人机。该隐身战术无人机可同时满足 MCMM 计划对快速和慢速的需求，既可以马赫数 1.6 的高速飞行，也可以 122 千米/时的速度巡逻 3~4 小时。这些数据可能有点儿夸张，另根据可靠资料显示该机的最高速度为 720 千米/时，最低速度为 260 千米/时，与前面介绍的"快速反诱饵无人机"

长航时"测量员 2500"无人机

翼展： 6.9 米

机身： 长 5.5 米

最大起飞重量： 450 千克（载荷 100 千克）

续航时间： 12 小时（航速 200 千米/时）

下图："测量员 2500"喷气无人机。（EADS）

上图：CARAPAS 反诱饵无人机。（EADS）

的速度范围差别不大。其续航时间大概为 3 小时，高速飞行时飞行高度约为 304 米。设计图中可发现该机采用了多面体机身、直方机翼和 V 形尾翼，喷气发动机进气道设在机身上方。全重约为 500 千克。不过，该机只存在于图纸设计阶段，萨基姆公司并未进行任何生产。

"追踪者 / 达克"

"追踪者"无人机由 EADS 制造。该机是法国"达克"无人飞行器项目的产物，所以在法国，该机更多情况下被称作"达克"，该机主要基于调查直升机公司的"跟踪者"无人机，由 EADS 与其联合研制。"追踪者"无人机采用双尾撑结构（每个尾撑安装一台牵引式螺旋桨发动机），机翼上设置一个装有传感器、飞行电子设备和数据链设备的设备舱。该机被法国军方当作是"远程望远镜"。每套系统由两架背包携行的无人机（单架无人机重约 8 千克）、一个双单元地面控制站和一个自动追踪天线构成。

当 EADS 在 2005 年 3 月获准研发该无人飞行器系统时，"追踪者"/DRAC 无人飞行器计划堪称当时欧洲最大的近距战场侦察系统采购计划。后来，"追踪者"击败 EMT/ 伯蒂公司的"阿拉丁"（Aladdin）飞行器、萨基姆公司的"墨林"飞行器和泰雷兹 / 阿科尔（Alcore）公司的"阿兹姆（Azimut）2"，赢得了竞标。法国国防装备采购局与 EADS 签订合同，让后者负责研发、测试并生产总数为 160 套的"追踪者"无人飞行器系统，每套系统包含两架无人机。第一批订单为 25 套系统。2008 年 7 月，EADS 又宣布接到 35 套系统的订单，使总订单的数量增至 60 套。在 2007 年 9 月至 2008 年 9 月期间，法国陆军第 7 装甲旅（27 架无人机）和第 2 装甲旅新建情报部队（4 套系统）对该系统进行了试用。2008 年 7 月—9 月，多国特遣部队下属的法国海军陆战队第 1 炮兵团也对该系统进行了测试（10 套系统）。2007 年，DRAC 无人系统出口到了沙特阿拉伯。据报道，DRAC 无人飞行器在阿富汗战场的表现并不尽如人意，根据 2009 年的战地调查显示，该机设计上的缺陷常影响发动机的正常工作。当时 EADS 共收到 110 套 DRAC 无人系统订单，其中 25 套系统已经交付，其余订单是否交付，一直没有对外公布。

DRAC 无人系统

翼展：3.3 米

机身：长 1.4 米

全重：8.2 千克（载荷 1 千克）

续航时间：2 小时（航程 19 千米、巡航速度 96 千米/时）

实用升限：2438 米

下图："追踪者"微型无人飞行器。（EADS）

德国

与北约其他国家一样，德国军队早在 20 世纪 60 年代就对战场无人侦察机产生了浓厚的兴趣。其中，德国多尼尔公司（Dornier）很早就参与了加拿大航空公司的 CL–89/289 无人机研发计划。德国最初参与该计划旨在为德国陆军获取 11 套 CL–289 无人机系统。1988 年，德国陆军就提出了该需求，但直到 1990 年 11 月 29 日才正式与多尼尔公司签订生产合同。1993 年 6 月，多尼尔公司完成了全部生产，德国陆军最终接收了 188 架无人机和计划的 11 套地面控制站。其中，德国在科索沃战争期间部署了 23 架，在执行侦察任务（共 237 次任务）时损失 5 架。其后，多尼尔公司还提出了增程型 KWS–289 无人机，但并未引起德军兴趣。

多尼尔公司还研发了一款名为"皮威特"（Peewit，Do–32/34）的系绳式无人直升机，但没有找到买家。1977 年，该公司展示了一款名为 UKF 的无人作战飞机模型，该型无人机被列为德国国防部的无人机采购备选机型，可执行攻击、电子战（包括防御性压制）和战术侦察任务。模型机采用了常规布局：机翼为高单翼配置，喷气发动机安装于机身上方，V 形尾翼，其翼展为 3.8 米，机身长为 6.5 米。UKF 项目在 1981 年被终止，但后来的"梭鱼"（Barracuda）无疑是其后继机型。

多尼尔公司在 1977 年还展示了一种小型无人机（在其后的十多年间还一直对该类无人机进行研发）。1978 年，多尼尔公司将该无人机提供给德国空军 / 联邦国防军（即德国陆军）的联合无人机计划，该计划旨在寻找一种可为炮兵提供反雷达、目标识别和火力控制侦察的无人机。多尼尔公司还与德州仪器公司合作，在德美联合"蝗虫"（Locust）反雷达开发项目中，将该无人机提供给了美国空军。该无人机的后续型号主要用于反坦克和反雷达任务——直到 1987 年，这些需求依然旺

"蝗虫"

翼展：2.10 米

机身：长 2 米

全重：70 千克（载荷 15 千克）

续航时间：3 小时

实用升限：3000 米

巡航速度：360 千米 / 时

盛。但多尼尔公司最终没有生产任何用于该任务的无人机。不过，该无人机显然是其后的"图坎"（Tucan）无人机计划的先驱。"图坎"采用了三角翼设计［与以色列的"哈比"（rlarpy）反雷达无人机类似］，动力由一台26马力后推式螺旋桨发动机提供。

20世纪80年代，德国国防部在其KZO（Kleingerät für Zielortung：目标定位小型设备）计划中，提出需要一种更大的无人机。多尼尔公司随之提供了"先锋"（Pioneer）的改型无人机。梅塞施密特－伯尔科－布洛姆（MBB）公司则提供了被称作"图坎"的RT–900无人机，并展示了其研制的两架原型机。随后，MBB公司在1979年11月对RT–900无人机进行了试飞（其后续型号RT–910主要为"蝗虫"计划而定制）。1985年，在经过近300架次研发验证飞行后，"图坎"无人机正式定型。该机采用直方机翼（无水平尾翼）配置，动力由一台22马力后推式活塞螺旋桨发动机提供。"图坎"无人机为KZO计划而定制的型号中，在垂直尾翼顶端带有一个供建立数据链接的圆形雷达天线罩。而机首则除安装有自稳定的前视红外线传感器外，还可选择安装机载处理和录制设备——不过，录制设备在实时下行数据链技术较为成熟的情况下很少采用。为实现精确导航，"图坎"无人机使用了带地图/图像匹配功能的极坐标（Rho/Theta）无线电导航系统。尽管其他性能参数与RT–900一致，其续航时间却缩短为约3.5小时。尽管MBB公司在1987年希望KZO版的"图坎"无人机能于1993年进入德军编制，但后来未收到德国国防部的任何订单。

1983年4月，MBB公司和法国的玛特拉（Matra）公司，共同研发一种新型的系统："布雷维尔"（Brevel）——欧洲无人机侦察系统，该系统主要针对快速机动部署的炮兵连需求而开发。"布雷维尔"侦察系统由MBB公司的"图坎"无人机和玛特拉地面控制站构成（玛特拉公司此时正为法国政府研发"天蝎座"无人机系统）。"布雷维尔"侦察系统后来成为德法联合开发"欧洲无人机

"图坎"无人机

翼展： 3.3 米

机身： 长 2.055 米

发射重量： 100～140 千克（载荷 30～50 千克）

续航时间： 4.5 小时（最高速度 250 千米/时）

实用升限： 3048 米

作战半径： 70 千米

计划"的基础。后来法国在 1997 年从"欧洲无人机计划"中撤出，但德国继续改进其"图坎"无人机，并称其为"布雷维尔"的精简版。

或许，欧洲无人机 /"图坎"无人机显然与最初德国国防部的KZO 计划差异巨大，其原因可能要归结于德国军费在 1989 年冷战结束后的大幅下调。

从德国海军的角度看，"欧洲鹰"（Euro Hawk）高空长航时无人机可取代其老化的"布雷盖－大西洋"（Breguet Atlantic）电子情报收集无人机。据报道，美国诺斯罗普·格鲁曼公司在此期间，还曾希望德国购买其带有图像拍摄和海上监视设备的"全球鹰"（Global Hawk）无人机，但事态的发展表明德国并未动心。德国希望通过"欧洲鹰"的购买，推动建立一个位于德国石勒苏益格—贾杰尔（Schleswig—Jagel）的"欧洲高空长航时无人机作战中心"，而该中心可能成为更大的"北约盟军地面监视计划"的一部分。为此，德国需要同时获取先进无人机和灵活无人机（如其后的"梭鱼"无人机）的演示样机。

当时，德国最为需要的显然是一种中空长航时的 SAATEG（战区纵深成像侦察）无人飞行器系统。该系统可填补高空长航时"欧洲鹰"无人机系统和 KZO 无人系统之间的空白。近年来，德国政府一直在寻找一种拥有实时成像侦察能力的无人飞行器，用以替代当前在阿富汗支援国际安全援助部队的"狂风"（Tornado）有人驾驶喷气式侦察机。2008 年，德国对两种符合要求的现货无人机进行了考察，但到 2009 年 4 月，德国国防部取消了购买计划，用租借的方式代替。这两种待选机型为"捕食者"无人机〔由美国通用原子公司和迪尔公司（Diehl）提供〕和"苍鹭－TP"无人机（由以色列航空工业公司、莱茵金属公司联合提供）。关于该采购计划，德国国防部在 2008 年 8 月上报国会的采购案中，提出的是购买"死神"（Reaper）无人机（即"捕食者 B"），原定购买 5 架飞行器和 4 套机动地面控制站。采购提案中，德国国防部对待购无人机的要求包括：实用升限 12192 米、续航时间不少于 24 小时。尽管用租借代替采购，"捕食者"和"苍鹭"无人机依然是德国的最佳选择，采用租借方式则意味着德国不必准备相关维护设施了。从国际上看，EADS 的先进无人机也受到德军的关注；而"苍鹭"无人机则提供了一个低成本的选项。负责提供无人机地面控制站的莱茵金属公司则声称，选择非美国制造的无人机可拥有技术获取方面的优势。

大约 2009 年初，德国武器装备采购局对所谓的"对单个及点目标防区外交战武器系统"（WAPEB）概念表现出兴趣，概念中所说的武器系统，具体就是指一种拥有 ISR（情报／监视／侦察）功能的无人机，该机可将在战区巡逻攻击的导弹引向目标，而被引导的导弹本身还带有末端制导传感器。在概念中，充当观测角色的无人机可能为莱茵金属的 KZO 无人机，而担当攻击平台的则可能为以色列的"哈比"反雷达巡逻导弹。

除了专门承担反雷达任务的无人机外，当时德国对通用的无人作战飞机并不感兴趣。不过，随着有人驾驶飞机成本的提高，德国也逐渐转变了这一观念。而且，德国在 2009 年秋天还承诺将其已有的 5 个欧洲战斗机联队削减为 4 个，未来该趋势很有可能会继续。随着"狂风"战斗机逐渐老化，越来越难以适应新型作战环境，在未来，对德国而言，无人作战飞机可能会变得更有吸引力。

德国海军曾对"西摩斯"无人直升机进行验证飞行，该机的飞行构造主要基于美国海军的老式 DASH（QH-50）无人直升机。多尼尔公司在 1992 年获得"西摩斯"无人机研发合同，并从 2002 年开始进行舰载飞行试验，但到 2003 年该无人直升机项目就被取消。此时德国海军考虑使用"奥卡"无人直升机或美国的"火力侦察兵"（Fire Sout）作为替代。另外，在 2008 年夏天和秋天，奥地利西贝尔公司的"坎姆考普特"无人直升机也开始在德国海军的军舰（包括 K130 级护卫舰）上进行演示飞行——有报道称德国为 K130 级护卫舰订购了 6 套 K-100 无人机，不过后来并未得到证实。西贝尔公司的这些演示飞行是该公司与德国迪尔公司缔结伙伴协议的产物。如果装备的话，那么其最初的搭载平台很可能是德国海军的 K-130 级护卫舰，该级护卫舰拥有承担对岸攻击任务的 RBS15 导弹，因此需要搭载无人直升飞行器（没有足够空间容纳有人驾驶飞机）。

上图："阿拉丁"Mk3 侦察无人飞行器。（EMT 公司）

"阿拉丁"

　　"阿拉丁"为"机载近距成像侦察无人机"的德文缩写"Aladdin"的音译。"阿拉丁"是为装甲和机械化侦察单位提供侦察的无人飞行器，该机也常与德国"非洲小狐"（Fennek）侦察车联系在一起。德国 EMT 公司的无人机赢得了竞标，并于 2002 年开始小规模生产（6套系统）。到 2005 年 4 月，公司又接到 115 套系统、总价 3200 万美元的订单。德国和荷兰驻阿富汗部队都装备了"阿拉丁"无人系统。其中，荷兰最初订购的 10 套系统是从专为德国驻阿富汗部队生产的定制系列中采购。2006 年 4 月，荷兰还订购了 6 套为本国部队定制的"阿拉丁"无人机系统。此外，挪威也采购了"阿拉丁"无人系统。到 2008 年 4 月，德国的"阿拉丁"飞行器已经执行了 2000 多次任务。

"阿拉丁"飞行器

翼展：1.46 米

机身：长 1.53 米

最大起飞重量：3.2 千克

续航时间：45 分钟（任务半径 45 千米、航速 45～90 千米 / 时）

飞行高度：30～200 米

EMT 公司的该小型无人飞行器由电力驱动，采用前置牵引螺旋桨和常规机身配置的设计。

"梭鱼" / "灵活"

EADS 为"梭鱼"无人机项目投入大量资金，旨在使之成为德国未来无人作战飞机的基础（德国也称其为无人侦察飞机，原计划在 2020—2025 年制造并装备部队）。在 EADS 的模块化研发策略中，"梭鱼"可作为研发必要技术的一大模块。该机的原型机在 2006 年 4 月 2 日首次试飞，参与研发的国家还包括西班牙和瑞士。在 2006 年 9 月 23 日的一次试飞中，"梭鱼"原型机坠毁，据说是因为飞行控制系统故障所致。2008 年 11 月，EADS 完成了第二架原型机，

"梭鱼"无人飞行器

翼展： 7.22 米

机身： 长 8.24 米

最大起飞重量： 3350 千克（载荷 300 千克、空重 2300 千克）

最高航速： 马赫数 0.85

实用升限： 6096 米

下图：德国和西班牙联合研制的"梭鱼"，秘密研制的 EADS "梭鱼"在德国制造，2006 在伊比利亚半岛遥远的工厂进行飞行试验。2006 年首架原型机坠毁，2009 年第二架原型机在加拿大拉布拉多的古斯湾军用基地飞行试验。（欧洲宇航防务集团，EADS）

上 图：2006 年 7 月 1 日，
德国柏林国际航展上展出
的"梭鱼"无人作战飞行器。
（EADS）

于 2009 年 7 月底试飞。法国、德国和西班牙曾制定联合研发双发动机模块化无人机的计划，"梭鱼"可能是该计划中的低端机型，而高端机型则可能为 EADS 的"延龄草"（Trillium）无人飞行器。

第二架原型机在制造时主要按照"灵活无人飞行器"（Agile）项目的要求，定位为能进行战术侦察和攻击的先进无人机。而其"先进无人机"版本的尺寸将是"梭鱼"第二架原型机的两倍，原计划在 2010 年完成，但实际上没有实现。"梭鱼"采用了后掠翼、水平尾翼面和 V 形尾翼的气动布局。其动力由机身尾部的喷气式发动机提供，发动机安装在 V 形尾翼之间，进气道在机身上方。该机通过常规着陆装置在飞行跑道进行回收。EADS 宣称，该机的后续机型将继续研发，可作为现有"欧洲战斗机"的补充甚至将其取代。

2009 年期间，EADS 和媒体极力推崇"梭鱼"无人飞行器（或"灵活"无人飞行器），把其看作现有"狂风"ECR 战斗机的替代机型，未来将主要用来执行压制敌防空系统的任务。不过，该机可能依然很难获得外部资金的支持。

"直升桨叶"

德国军队在 2006 年和 2007 年先后向 EMT 公司订购了两套预

产型垂直起降无人系统——"直升桨叶"（Fancopter）无人直升飞行器系统，然后又在2008年10月订购了19套量产系统。采用电力驱动的"直升桨叶"是一种背包式便携的无人系统，可用于城市建筑群间的侦察任务。当在高处停落时（旋翼停止转动），内部电子设备和数据链的工作时间将超过两小时。该机采用了两组非涵道式旋翼，一组位于机身下方的三条支脚间，一组位于机身上方三条支脚的延长部位，传感器件则分别设在两组旋翼的顶部和底部。EMT公司将"直升桨叶"飞行器定位为军民通用的微型无人直升飞行器。

"直升桨叶"无人直升飞行器系统

旋翼直径：0.5 米

机身：高 0.6 米

全重：1.3 千克

续航时间：25 分钟

任务半径：不小于 500 米

"图坎"/KZO

KZO/"图坎"无人飞行器系统是法德联合研发的"布雷维

下图："直升桨叶"背包式无人直升机。（EMT 公司）

上图：KZO 无尾式无人飞行器。（作者收集）

尔"——欧洲无人机项目的产物，其中法国在 1997 年退出该项目。"布雷维尔"项目中采用的无人飞行器即德国莱茵金属公司的 KZO（目标定位小型设备）无人机。该无人机采用了直方机翼和无尾设计，位于机首上部的垂直翼顶端设有圆盘状数据链设备。整套系统名为"STN 阿特拉斯图坎"（STN Atlas Tucan）。莱茵金属公司的 KZO 研发始于 1980 年，首飞时间为 1995 年。第 10 套 KZO 系统于 2009 年交付。"图坎"无人系统在 1998 年接到首批订单。每套系统由两个地面控制站和 10 架无人飞行器构成；最初德国计划采购 8 套系统（含 80 架飞行器），但最终只采购了 6 套（含 12 个地面控制站和 60 架飞行器），首套系统于 2005 年 11 月交付并于次年部署到了驻阿富汗德国部队。

德国政府还曾考虑将"布雷维尔"系统无人飞行器作为反雷达无人飞行器 ["泰番"（Taifun）] 和通信干扰无人机 ["缪克"（Mucke）] 的基础机型，不过随着 1997 年德国军费预算的削减这

两个设想都取消了。2005 年，莱茵金属公司
推出了 KZO 的改进机型——TARES（战术
先进侦察与攻击系统），该系统在光学传感
器和数据链的支持下，可对选定目标进行攻
击。TARES 在机腹下增设了垂直翼，而设
在背部的垂直翼（较原来的 KZO 无人机更
短）顶部设有电子设备舱，内装合成孔径雷
达。此外，TARES 还在机首集成了破片杀
伤弹头。尽管在机首集成了弹头，但若在任
务中未对目标进行攻击，TARES 依然可以
回收继续使用。

　　特里达因·布朗工程公司（Teledyn
Brown）取得了 KZO 无人飞行器在美国
的生产许可证，并重新命名为"探矿者"
（Prospector）无人飞行器。

"月神 X-2000"

　　EMT 公司的"月神"小型战术无人飞
行器于 2000 年进入德军编制序列，起初用
于火炮目标指示（列装炮兵侦察营），并在
科索沃战争中首次投入实战。该机源于 1995
年的德军"月神"无人飞行器计划，当时德
国陆军需要一种有效作战半径 10 千米的无
人机来支援地面部队。备选机型的提交时间截至 1997 年 4 月，此
时 EMT 公司已提交了两架"月神 X-2000"实验无人飞行器用于
旅级部队的作战支援测试。1997 年 10 月，EMT 公司凭借"月神
X-2000"无人飞行器击败了 7 家竞争对手（其中德国三家、法国两
家、英国和瑞典各一家）——最初德国还打算选出两种无人机进行
对决，但结果只有"月神 X-2000"坚持到了最后。"月神 X-2000"
原型机于 1996 年 9 月首飞成功。2000 年 3 月，"月神 X-2000"
被首次部署于科索沃战场，部署期间共执行 174 架次侦察支援任
务。2002 年 6 月，德国又在马其顿部署了 3 套"月神 X-2000"系

"STN 阿特拉斯图坎"

翼展： 3.42 米

机身： 长 2.25 米

最大起飞重量： 161 千克（载荷 35 千克）

续航时间： 3.5 小时（最大航速 220 千米/
时，巡航速度 150 千米/时）

任务半径： 超过 100 千米

实用升限： 3505 米

TARES（战术先进侦察与攻击系统）

翼展： 2.26 米

机身： 长 2.09 米，高 1.03 米

最大起飞重量： 150 千克

续航时间： 超过 4 小时

任务半径： 250 千米

航速： 269 千米/时

实用升限： 4000 米

"月神 X-2000" 无人飞行器

翼展：4.17 米

机身：长 2.36 米

全重：32 千克

续航时间：4 小时

任务半径：40 千米

实用升限：4000 米

最大航速：160 千米 / 时

熄火速度：70 千米 / 时

统，并为该地区的多国混编旅执行了超过 139 架次的支援任务。2003 年 4 月，"月神 X-2000" 又被部署到阿富汗（两套系统共 20 架无人机）。此外，该机还曾在伊拉克使用。截至 2009 年初，"月神 X-2000" 飞行器在巴尔干地区和阿富汗已执行超过 4300 架次飞行任务。2009 年，德国陆军制订了列装 13 个单位该型无人机系统的计划，每个单位装备 4 个地面控制站和 12 架飞行器。2009 年，德国陆军又订购了 4 套系统（含 40 架飞行器）。

"月神 X-2000" 无人飞行器采用了动力滑翔机设计，可关闭发动机静静地接近目标，在远离目标时可重启发动机。此外，"月神 X-2000" 还是德国唯一一种获准可在民用空域内飞行的无人飞行器（限人口稀疏地区）。

根据 2006 年 3 月媒体报道，巴基斯坦陆军也采购了 3 套"月神 X-2000" 无人飞行器系统。

下图："月神 X-2000" 微型无人飞行器。(EMT 公司)

每套"月神 X-2000"无人系统由两具弹射器、两个地面控制站和 10 架飞行器构成。系统中采用的"月神 X-2000"飞行器性能较单机略有调整。

EMT 公司还生产"天王"（Mikado）小型无人飞行器，该机为飞翼式结构，配置牵引式螺旋桨发动机和吊舱。吊舱中可容纳摄像机，可实时将拍摄视频通过数据链传回系统操作员。此外，EMT 公司也提供"缪斯"（Museo）无人直升飞行器。

"侦察与攻击自动驾驶旋翼飞行器"

EADS 的侦察与攻击自动驾驶旋翼飞行器是一种采用共轴双旋翼的直升机——注意不要与瑞典萨博公司的 SHARC 无人作战演示飞机混淆。侦察与攻击自动驾驶旋翼飞行器研发始于 2005 年，首飞于 2007 年 6 月 14 日，其旋翼布局取自夭折的"西摩斯"无人机（亦即取自美国 DASH 无人机）。显然，SHARC 主要针对德国海军需求设计。起飞和降落均实现了自动化。从名称上看，该机将不会仅限于执行侦察任务。按照 EADS 的官方说法，SHARC 还只是一架技术验证机。

X-13

X-13 为 EMT 公司研制的飞翼式无人机（采用后置式螺旋桨推进式动力），可在陆地和舰船上起降。该机通过弹射器发射，用阻拦网进行回收。2004 年，EMT 公司公布了该机的设计方案，同年 9 月进行了半比例模型机的试飞。

X-13 无人机可在 5 级海况下在舰船上起降（这表明 X-13 可

"月神 X-2000"无人飞行器

翼展： 4.17 米

机身： 长 2.28 米

全重： 40 千克（载荷 5 千克）

续航时间： 约 5 小时

速度： 巡逻速度 48 千米/时，巡航速度 70 千米/时，最高速度 130 千米/时

一般飞行高度： 500 米

实用升限： 4000 米

任务半径： 100 千米

"天王"小型无人飞行器

翼展： 0.5 米

最大起飞重量： 0.5 千克

续航时间： 15 分钟

任务半径： 500 米

SHARC 技术验证机

旋翼直径： 3.2 米

机身： 长 2.65 米

最大起飞重量： 200 千克（载荷 60 千克）

续航时间： 4 小时

最大航速： 160 千米/时（巡航速度 100 千米/时）

上图：SHARC 无人直升飞行器。（EADS）

对页图：X-13 飞翼式无人飞行器。（EMT 公司）

作为无人直升飞行器的替代品列装德国海军，而且该机似乎正是为了取代最初为海军开发的"西摩斯"无人直升机而设计）。X-13 无人飞行器的设定主要由跟踪待降舰船甲板状况的机载软件完成。其动力由一台 35 马力重油活塞发动机提供。在机身中线和翼尖的中部设有两个控制翼面。机背的隆起为发动机，发动机之上安放有一个小型的数据链天线盘，球状光电传感器从机腹中心向下凸出。

除此之外，X-13 无人机还集成了合成孔径雷达。

X-13 飞翼式无人机

翼展：5.1 米

最大起飞重量：130 千克

续航时间：6 小时（任务半径 200 千米、航速 100～180 千米/时）

实用升限：3048 米

希腊

"飞马座"（Pegasus，E1-79）无人侦察飞行器由希腊航空工业公司（EAB）制造。除 EAB 外，参与研发的还有希腊空军研发中心（KETA）。研发工作始于 1979 年，第一架原型机于 1982 年试飞。最终公司共生

产 10 套无人机系统，并于 2003 年投入使用。EAB 在 2005 年又推出了重新设计的"飞马座 II"无人飞行器，到 2009 年有 4 套"飞马座 II"无人系统，另外 12 套正在生产。

　　2001 年 8 月，希腊宣布将生产一批"飞马座"无人机系统，但到 2002 年希腊空军却选择了法国萨基姆公司的"食雀鹰"无人飞行器，并下了采购 3 套"食雀鹰"无人系统的订单（2004 年初开始交付）；2006 年，希腊空军又增购了两套"食雀鹰"无人系统。

　　"飞马座 II"飞行器拥有更先进的电子设备，且尺寸也更大，采用发动机后置、双尾撑机体布局。

　　1986 年，希腊航空工业公司同诺斯罗普公司在"石鸡（Chukar）III"靶机的基础上，联合研制了"泰拉蒙"（Telamon）喷气式无

"飞马座 I"飞行器

翼展： 5 米

机身： 长 2.1 米

全重： 130 千克

续航时间： 3.5 小时（最大航速 160 千米 / 时，熄火航速 75 千米 / 时）

"飞马座 II"飞行器

翼展： 6.2 米

机身： 长 4.3 米

全重： 250 千克（载荷 50 千克）

续航时间： 15 小时

人飞行器，该飞行器最大航速为 924 千米 / 时，航程 740 千米。但由于成本太高，该无人开发项目被公司放弃。

印度

2005 年，印度航空开发院（班加罗尔）宣布将与以色列航空工业公司合作研发 3 种无人机，分别为：中空长航时的"鲁斯图姆"（Rustom）无人飞行器、战术无人飞行器"伽格姆"（Gagam）和短程无人飞行器"帕万"（Pawan）。其中，"鲁斯图姆"被列为优先开发对象，项目经费 1 亿美元；"伽格姆"则脱胎于遭遇麻烦的"曙光"（Nishant）无人机计划，计划该机拥有 250 千米的作战半径和 6000 米的实用升限；而重 120 千克的"帕万"飞行器则与以色列的"Ⅰ– 视野"（Ⅰ–View）、"赫尔墨斯"180 和"银箭"无人飞行器相似。2007 年，印度计划研发的无人飞行器种类中又增加了高空长航时和小型无人飞行器，印度海军还计划为其军舰装备无人直升飞行器。

同样是在 2007 年，印度国防研究与开发组织（DRDO）还宣布了采购 100 架无人作战飞行器的计划。印度空军计划在未来采用常规战斗机和无人作战飞行器混编的方式执行任务。进行设计工作时，印度航空开发院展示了一些非常特别的设计（如无尾设计方案和仿 B–2 外形的方案），包括采用一些全新的控制翼面和三维矢量推力控制技术（印度航空开发院自称已掌握该技术）。按照设计要求，该无人作战飞行器具有高速机动能力和自卫攻击能力。

此外，印度航空实验室（NAL）在 2007 年还对一种续航时间 30 分钟、任务半径 2 千米的微型无人机进行了飞行测试，该无人机采用了群集控制逻辑设计，通过手持发射，航速超过 54 千米 / 时。

一直以来，印度的无人机研发工作均由印度航空开发院负责。其研发的第一架无人机为"阿尔卡"（Ulka）机载发射靶机，自 1975 年开始已经生产了 75 架。印度航空开发院从 1986 年开始研制"拉克西亚"（Lakshya）地面发射式靶机。"拉克西亚 Mk2"靶机（2009 年测试）与该院研发的其他无人机一样，拥有全数字化飞行控制系统，可实现完全自控飞行。"拉克西亚"靶机还被改造成

一种中程无人侦察机和一种巡航导弹（尚处于原型设计阶段）。2005年7月17日，"拉克西亚"无人飞行器正式引入印度空军（其靶机型早在1999年就已经交付空军），据称"拉克西亚"靶机的无人飞行器改制工作开始于2003年。2007年，已有27架飞行器从HAL的生产线上完成生产。这批无人飞行器中有12架交付印度陆军。其任务半径为370千米、实用升限8993米。

上图：2008年11月1日，印度展出的"拉克西亚PTA"无人飞行器。（作者收集）

前面提到的"曙光"无人飞行器项目同样由印度航空开发院负责研发，该机采用了常规的后推式双尾撑机身配置，于1995年首飞。最初该机是作为一种远程监控飞行器而设计的，配备数字化飞行控制系统，按照预设导航点的航线飞行。2007年，"曙光"飞行器以全自动控制方式进行了连续4.5小

"曙光"飞行器

翼展：6.64米

机身：长4.63米

最大起飞重量：250千克（载荷60千克）

续航时间：4.5小时（最大航速185千米/时，巡航速度125~150千米/时）

实用升限：4000米

时的验证飞行。该机大致与以色列的"搜索者（Searcher）II"无人飞行器相当，其载荷是成像传感器或电子支援设备（ESM）。此外，"曙光"无人飞行器还拥有传输距离 100 千米的视频下行数据链和传输距离 160 千米的命令数据链。根据 2007 年的试飞，该机的平均大修间隔为 600 小时（其中发动机平均大修间隔为 200 小时）。后来推出的"曙光 Mk2"版本拥有 10 小时续航时间，燃油携带量也从原来的 56 千克增至 100 千克；该版本还设有轮式起降装置，可在跑道进行常规的起飞和降落，还采用了新的传感器恒平支架系统。2005 年 10 月，印度陆军订购了 12 套"曙光"无人飞行器系统；2006 年 5 月，印度航空开发院还向印度海岸警卫队展示了"曙光"无人机系统。根据 2009 年 7 月的报道，印度陆军很快就能对"曙光"无人机系统进行接收。

最初的"鲁斯图姆"无人飞行器机身由印度航空开发院的"轻型鸭翼研究飞行器"（LCRA）衍变而来，LCRA 由鲁斯图姆·达马尼亚（Rustom Damania）教授带领的研发小组在 20 世纪 80 年代研发，为纪念 2001 年辞世的鲁斯图姆教授，其所设计的机型也被命名为"鲁斯图姆"。此外，最初的"鲁斯图姆"飞行器显然是在"鲁坦（Rutan）Long-EZ"飞机的基础上转化而来，主要用于研发验证飞行控制技术和飞机子系统。该机采用飞翼式布局，翼尖上拥有两道垂直翼面，使用推压式螺旋桨发动机。该机拥有 12 小时续航时间，可携带 75 千克载荷，实用升限为 6096 ~ 7620 米。后来推出的"鲁斯图姆 -H"无人机进行了大量改动并采用了特别设计的机身。目前，至少有一个"鲁斯图姆"无人机的型号采用了以色列提供的海上监视雷达（可能为 EL/M-2022）和光学传感器，而印度则提供了电子支援和通信设备。

2009 年 2 月在班加罗尔举行的"航空印度"航展上，有报道称 HAL 公司和以色列航空工业公司将联合研发一种海军型无人直升机，印度海军已订购 8 套系统。其原型

"鲁斯图姆 -H"无人机

翼展：20 米

机身：长 14 米

最大起飞重量：1800 千克（载荷 350 千克）

最大航速：225 千米 / 时

巡航速度：174 千米 / 时

巡逻速度：124 千米 / 时

一般任务高度：9144 米

实用升限：10668 米

续航时间：超过 24 小时

机可能为以色列航空工业公司在 2009 年巴黎国际航展上展出的"海军旋转翼无人飞行器"（NRUAV）无人机。

2007 年，俄罗斯土星科研生产联合公司（NPO Saturn）宣布准备向印度提供 200 台小型喷气式发动机（36MT 发动机）。或许，该军售计划可能与 2008 年一篇印度博客上披露的印度"无畏"（Nirbhay）喷气无人机项目有关，该项目旨在研发一种可担当高速无人靶机和无人侦察飞行器的无人系统；其侦察机型可携带 130 千克载荷并执行战区级侦察任务；而靶机型则可以马赫数 0.92 的速度在中空巡航。"无畏"项目计划生产 80 架靶机和 30 架无人侦察机。而根据另一份报道，"无畏"无人飞行器最初是印度和以色列联合验证一种中程巡航导弹的可行性的产物，不过由于以色列中途退出，原来旨在研发一种类似"战斧"巡航导弹的"无畏"项目变身为印度独立研发的无人飞行器项目（最初的"无畏"项目中，印度和以色列打算联合研制一种重 1000 千克、速度马赫数 0.7、射程 300 千米的中程巡航导弹）。DRDO 在一次演示飞行中（可能为 2008 年）展示了"无畏"无人机，从有关照片上可看到该机的大概外形：与"拉克西亚"飞行器的机身内置发动机不同，"无畏"的发动机安装在机身背部。

> **"无畏"喷气无人机**
>
> 翼展：2.5 米
>
> 机身：长 5.5 米
>
> 最大起飞重量：650 千克

印度尼西亚

2009 年秋，印度尼西亚宣布将使用一种新型的"普纳"（PUNA）无人机。"普纳"由印尼技术评估与应用局（BPPT）研制，用于远程监视。该机已经通过测试，其主要传感器为一个照相机。

欧洲

法国、德国和西班牙就共同出资联合研发一种中空长航时的无人飞行器达成了协议。2007 年 6 月，三国的项目负责人就联合进行降低风险的预先研究签署了协议。按计划，该无人机项目于

2010 年启动，2013 年进行首飞，2015 年实现首批订单的交付。其中，法国和德国计划分别采购 6 套该无人系统，西班牙则采购 3 套；每套系统由 3 架飞行器构成。参与竞标的公司主要有 EADS 和泰雷兹防务公司。不过，在 2009 年巴黎国际航展上，德国国防部部长向其法国和西班牙的伙伴宣布，德国将退出该计划。

为参与前述无人机系统竞标，EADS 在 2009 年巴黎航展上展示了其"塔拉里昂"（Talarion）无人飞行器的实体模型。该机显然由 EADS 之前推出的双发先进无人飞行器演化而来，最初该机进行了模块化设计，拥有两套可替换的机翼以执行不同任务：长航时监视任务和高速侦察任务。这两种型号的无人飞行器将共用 10.3 米长的机身；并且均使用两台威廉姆斯涡喷发动机。监视型飞行器的翼展为 25.25 米（后来也有资料称翼展为 27.9 米），而高速侦察飞行器则配翼展 9.05 米的机翼。此外，监视型的任务飞行高度为

下图：2009 英国国际防务展（伦敦）上展出的"塔拉里昂"无人飞行器。（作者收集）

14020 米，相应的续航时间为 22.5 小时（在监视区的续航时间约为 21 小时），使用卫星通信和视线无线电通信，航速约为 376 千米/时。与之相反，高速侦察型无人机的任务飞行高度仅为 304 米，航速 669 千米/时，续航时间 2.85 小时（任务区侦察时间为 1.75 小时），仅适用视线无线电通信。不过，最后 EADS 放弃了侦察型无人机，专注于监视型无人飞行器的开发，后来监视型无人机的最大起飞重量已经增至 7000 千克了。

　　泰雷兹防务公司成立了一个多国研发团队（法国达索公司和西班牙英德拉公司共同参加），打算在以色列的"苍鹭 TP"无人机

"神经元"无人机

翼展： 12.5 米

机身： 长 9.5 米

最大起飞重量： 5000~6500 千克

续航时间： 超过 12 小时（最大航速为马赫数 0.85）

实用升限： 10668 米

下图：2009 法国巴黎国际航展上展出的"神经元"全尺寸飞行器模型。（作者收集）

AVE-D 无人机

翼展： 2.4 米

机身： 长 2.4 米

最大起飞重量： 60 千克（空重 35 千克）

任务半径： 约 150 千米（航速 600 千米/时）

的机身上加装自身研发的电子设备。泰雷兹防务公司的代表在巴黎表示，无论是德国人还是西班牙人都无法接受 EADS 在提供机身问题上的拖沓时间表。

"神经元"（Neuron）是一个由法国达索公司牵头实施的欧洲无人飞行器研发计划，该计划意在制造一种高速隐身无人飞行器——其最终性能应大致与美国 X-47 隐身无人飞行器相当。参加研发的国家包括法国、希腊、意大利、西班牙、瑞典和瑞士。除达索外，另一个主要的机身制造商则为萨博公司。该计划最初由法国政府在 2003 年的巴黎国际航展上提出，2004 年项目正式启动，2005 年的巴黎国际航展上就展出了一架实体模型。该项目于 2006 年正式签订合同。项目组最初计划在 2009 年春季进行首次试飞，后因各种原因推迟至 2011 年年底。与 X-47B 一样，"神经元"无人飞行器拥有两个内置武器舱，可容纳 500 千克重量的弹药（如激光制导炸弹）。"神经元"飞行器采用半自动飞行

下图：达索"神经元"隐身无人机向移动目标投放武器的概念图。（达索航空公司）

控制方式。目前达索公司将"神经元"描述为一种技术验证机。"神经元"的机身设计在 2009 年正式确定下来，2012 年试飞成功。该机的飞行控制软件参考了达索公司旗下的"隼（Falcon）7X"商务喷气客机软件，一种无线电遥控自动驾驶软件。

达索公司在推动"神经元"隐身无人机计划前，就已研制出了 AVE-C 无人机演示样机和 AVE-D 隐身无人机演示样机（小尺寸版）。AVE-D 无人机采用了无尖三角翼和两条垂直尾翼的气动布局，动力由一对小型喷气发动机提供。与其他隐身无人飞行器相似，AVE-D 的进气道和排气口设在机翼上方。该小尺寸版演示样机（也称 Petit DUC）于 2000 年试飞，其后达索公司陆续推出了中尺寸版演示样机（也称 Moyen DUC）和大尺寸版演示样机，其中"摩延"DUC 演示样机于 2008 年 6 月 30 日进行首次自动驾驶飞行。2004 年，法国国防装备采购局将 AVE-D 正式列为官方项目，并同达索公司签订研发采购合同。然后，如前面所叙述的，法国政府开始同多个国家商讨合作研发"神经元"无人飞行器事宜。

下图：法国巴黎航展上，达索"神经元"无人机的试验样机模型（达索航空公司）

右图：达索"神经元"隐身
无人机飞越法国阿尔卑斯山
脉。（达索航空公司）

伊朗

2010 年 2 月，伊朗官方新闻机构报道该国的两种无人机投入
生产，这两种无人机分别为侦察型"先兆"（Nazir）和轰炸型"雷
鸣"（Ra'ad）无人飞行器。该报道还称伊朗在 2009 年 6 月对一种可
躲避雷达的无人攻击飞行器进行了测试，被测试的无人机为七分之
一比例模型，并且即将生产全尺寸版本。伊朗还宣称已于 2009 年
3 月开始筹建可大规模生产无人机的工厂，建成后，该工厂将生产
包括无人直升飞行器在内的各类无人飞行器。

根据伊朗出版的《2009 年 UAS 年鉴》，一个由三名伊斯兰革
命卫队（IRGC）成员组成的研发小组在 1984 年曾向指挥官演示了
无人机的运用价值；显然，经历了海巴尔山口之战后，伊朗军方对
拥有及时的战场监视能力越来越重视。据推测，推动伊朗进行无人
机研发的一大因素是常规空中侦察平台不断老化且所处战场环境越
来越恶化。而向伊斯兰革命卫队成员征求的意见则表明，当前的伊
朗政府更多地依赖该军事组织而非其正规军，因此其所提供的建
议或许并非特别地准确。伊朗在 1984 年 7 月首次使用无人机，按

照《年鉴》作者的说法，无人机提供了清晰度惊人的战场图像和实时情报。实际上，该无人机只是一架简单的无线电遥控飞机，其上安装有一部瑞典哈苏长焦镜头（135 毫米）照相机，该机以 50 米的高度飞过伊拉克的阵地。当伊朗的指挥官看到返回照片上的大范围伊拉克阵地要塞时，取消了可能成为自杀性进攻的作战计划。后来，伊朗使用飞得更高的无人机拍摄垂直或倾斜角度的侦察照片，这些照片对其进攻行动帮助巨大（如伊朗在 1985 年 3 月、1986 年 2 月和 1987 年 1 月的进攻作战）。伊朗还以同样的无人机为平台，研发了能发射火箭的无人攻击机并投入实战，如"候鸟或莫哈杰（Mohajer）–1"（可挂载 6 枚 RPG 火箭弹），从一幅照片中可以看到该机采用了发动机后置的双尾撑机体设计，下设三个挂载点。该机的作战半径约为 30 千米。

在伊斯兰革命卫队研发出第一批战时无人机后，无人机研发项目被转移到伊朗伊斯兰革命卫队所属的圣城航空工业（Qods）公司。该公司的第一架无人机为"奋进 –1"（Talash–1），在后来的两伊战争中成功地用于侦察任务。"奋进 –2"（也称"靶标 3000"）是一种无人靶机。"奋进 –1"无人机采用常规的前置式螺旋桨推进器，而"奋进 –2"则拥有更长的机首和倾斜式翼尖。两种型号的续航时间均只有短短 30 分钟，载荷也非常有限。

圣城航空工业公司的"候鸟 –2"无人机为早期"候鸟"无人机（航速 180 千米 / 时，任务半径 50 千米）的增强型，其性能参数为：翼展 3.80 米，机身长 2.91 米，最大起飞重量 85 千克，续航时间 1.5 小时（任务半径 69 千米，速度 200 千米 / 时，实用升限 3353 米）。"候鸟 –2"也采用了双尾撑后推式机身设计，该机首次亮相于 2005 年，相比于之前的"候鸟"飞行器，该机除性能有提升外，还拥有全新的可旋转照相机舱。"候鸟 –3"

"奋进 –1"无人机

翼展：2.64 米

机身：长 1.70 米

最大起飞重量：12 千克

实用升限：2743 米

最大航速：90 千米 / 时

"奋进 –2"无人机

翼展：2.10 米

机身：长 1.90 米

最大起飞重量：11 千克

实用升限：2743 米

最大航速：120 千米 / 时

无人飞行器［也称"蓝鸟"（Dorna）］是一种全天候监视／侦察无人机，与以色列的"先锋"无人飞行器类似，其任务半径为100千米，航速与"候鸟–2"相同。"候鸟–4"（也称Hodhod，戴头巾的鸟）是一种双尾撑结构侦察／监视无人机，续航时间5～7小时，任务半径150千米，航速与早期型号相同；动力由一台38马力发动机（"候鸟–2"和"候鸟–3"采用的是25马力发动机）提供；最大弹射重量为175千克，实用升限5486米。

圣城航空工业公司生产了喷气式无人飞行器"候鸟–5"，还推出了"猎人"（Shekarchi）无人机，"猎人"同以色列的"哈比"（Harpy）反雷达无人机非常相似。此外，圣城航空工业公司还生产了一种手持发射无人机。

除圣城航空工业公司外，伊朗飞机制造工业公司（IAMI）也进行无人飞行器的研发生产。该公司生产的大型"阿巴比"（Ababil，意为"神秘鸟"）无人飞行器拥有三种型号：靶机（"阿巴比B"）、监视型（"阿巴比S"）和攻击型（"阿巴比T"）。"阿巴比B"为最初型号，1993年列装部队。据报道，1997年10月，公司试飞了短程的"阿巴比Ⅱ"无人飞行器，并在1999年3月正式对外公布。"阿巴比Ⅱ"无人飞行器采用了改进的飞行控制系统，可能是2000年对外公布的"阿巴比S"监视无人机的原型。"阿巴比T"无人攻击飞行器集成了一枚45千克重弹头，其独特之处在于采用了双尾结构（另两种型号均为单尾设计）；此外，该机采用了鸭翼式气动布局，主翼为无尖窄三角翼；动力为后置式螺旋桨推进器。"阿巴比"无人飞行器可在远离地面控制站180千米的空域执行任务，也可按照预先设定的侦察路线飞行；采用GPS／惯性制导。每套"阿巴比"无人

"阿巴比S"／"阿巴比Ⅱ"无人飞行器

翼展： 3.25米

机身： 长2.88米

最大起飞重量： 83千克（载荷40千克）

续航时间： 1.5小时（巡航速度370千米/时）

任务半径： 120千米

实用升限： 3048米

"阿巴比A"、"阿巴比B"和"阿巴比C"无人飞行器

续航时间： 30分钟

航程： 15千米（"阿巴比A"为10千米）

最大航速： 60千米/时

最大起飞重量： 6.5千克（其中"阿巴比A"载荷1千克，另外两个型号载荷为1.5千克）

系统由两架飞行器、一具弹射器和一辆地面控制车构成。2005 年对外展出的"阿巴比"无人飞行器在机首配置了透明的照相机整流罩。根据伊朗报纸的报道，2006 年 3 月至 2007 年 3 月，伊朗飞机制造工业公司共生产了 58 架"阿巴比"无人飞行器。

"阿巴比 T"无人攻击飞行器的主要使用者为黎巴嫩真主党，并重新命名为"米尔萨德（Mirsad）–1"无人飞行器。2004 年 11 月 7 日，一架"阿巴比"飞行器降落在以色列的地中海沿岸；2005 年 4 月，另一架"阿巴比"飞行器深入以色列领空 30 千米，并在被拦截前逃离。在第一次侵入以方领空事件中，"阿巴比"飞行器采取了低空飞行方式（高度低于 90 米），躲过了雷达探测。根据联合国军售记录，伊朗曾在 2004 年向黎巴嫩（可能是黎巴嫩真主党）提供了 8 架"阿巴比"攻击型无人机。黎巴嫩真主党掌握的"米尔萨德"无人飞行器则分别在 2004 年 11 月 7 日和 2006 年 8 月 7 日被击落（可能还有其他未报道的记录）。

2009 年，伊朗飞机制造工业公司开始研发喷气式"阿巴比"无人机和手持发射的无人机。其中，该喷气无人机名为"阿巴比 – 喷气"或"哈达夫（Hadaf）–1"，该机主要基于"黎明"（Toloue）小型发动机制造，设计最高速度约为 700 千米 / 时。

此外，伊朗飞机制造工业公司还公布了三种手持发射的小型无人机："阿巴比 A""阿巴比 B"和"阿巴比 C"。这些机型采用电力驱动。

在小尺寸无人机研制方面，法拉亚洲科技公司（Faraz Asia Technologies Company）还提供了一种可放置于背包的手持发射无人机："法拉（Faraz）–2"。该机采用了高单翼、螺旋桨推进器及发动机前置的配置。其续航时间为 30 分钟，视频传输距离 10 千米。

2009 年，时任伊朗国防部副部长阿玛德·瓦希迪（Ahmad Vahidi）宣布即将研发一种 1000 千米航程的无人飞行器，这是伊朗首次计划此类高级无人飞行器的研发。

除前述无人机外，伊斯兰革命卫队还宣称他们俘获三架几乎完好无损的美国和英国无人飞行器，并打算对其进行逆向工程研究。这三架无人机中目前至少可以确定两架：美国的 RQ–7"暗影"（Shadow）无人机（于 2008 年 7 月 4 日坠落）和以色列的"赫尔墨斯"450 无人机（于 2008 年 8 月 25 日坠落）。

尽管伊朗在其防务装备展上展出了大量的无人机，但具体数量不得而知。前面介绍的型号也大多只是一些样机。

2007 年，伊朗同意向委内瑞拉提供大约 12 架"阿巴比"和"候鸟 –4"无人飞行器；这些无人机还有可能由委内瑞拉进行许可生产。

以色列

以色列最早于 20 世纪 70 年代末引入现代无人机，最初以色列军方的想法是部署一大批无线电遥控的模型飞机用于侦察和监视，执行相同任务或覆盖相似的地域时，这些飞行器的成本低于有人喷气式飞机的花费。但与同时期的美军不同，以色列一直认为高速性能对于进行低空战术侦察的无人机来说并无益处。以色列发展无人机的关键性人物是阿尔文·埃利斯（Alvin Ellis），他曾于 20 世纪 60 年代在美国生产"火蜂"（Fire Bee）无人机的特里达因·瑞安公司从事无人机的自动驾驶设备的开发及制造工作，由于工作关系，他亲自经历了很多无人机开发和制造的过程，特别是试验利用"火蜂"搭载视频摄像机对战场进行实时侦察的试验，这使他深信无人机的高速性能无助于提升其侦察价值。1967 年，埃利斯返回以色列，他和当时一起回到以色列的同事杰胡达·马默（Jehuda Mamor）最初曾向以色列飞机工业（IAI）公司提议开发一种微型无人机——"猫头鹰"（Owl）无人机，但 IAI 明确拒绝了他们的建议，于是两人开始独自进行设计和制造。1974 年 2 月，在"猫头鹰"的第二架原型机完成首飞后，这种无人机终于引起以色列企业的注意，当时塔迪兰公司（Tadiran）看到这种搭载着一部索尼视频摄像机的飞行器的潜力，开始资助两人的开发。之后，这一飞行器在反复完善后终于被以色列空军认可，并命名为"驯犬"（Mastiff）。1980 年，以空军采购了少量"驯犬"，在 1982 年黎巴嫩战争中，3 架"驯犬"无人机也参与了战斗，尽管此时"驯犬"被提供给军方还没多长时间。由于注意到美国在越南战争中大规模使用无人机，IAI 公司也于 1976 年启动了自己的开发项目，即后来的"侦察兵"

（Scout）无人机，该机型于 1981 年正式服役，同样也参与了 1982 年的战争。由于无人机在 1982 年战争中的突出表现，为加强国内无人系统的开发，以色列政府于 1983 年要求塔迪兰公司和 IAI 公司整合开发资源，这也导致了名为马扎拉特（Mazlat，后改名为马拉特）的联合企业于 1984 年 9 月正式成立。1989 年，IAI 收购了塔迪兰公司的股份，使该公司彻底成为其马扎拉特分部。之后，该公司开发的各类无人机开始列装，到 2002 年时，有统计认为以色列国防军的各类无人系统已累计飞行了 12 万小时。

据称，在 2006 年南黎巴嫩发生冲突时，最让黎巴嫩真主党大吃一惊的就是以军地面部队大量应用的小型无人飞行器，这些飞行器供旅级以下部队广泛用于战场侦察和监视。由于机动灵活，它们甚至能跟着机动的真主党武装进行监视，给后者造成很大困扰。在战争中，以国防军主要采用阿尔比循公司的"云雀（Skylark）Ⅰ"和拉菲尔公司的"陨石（Skylite）B"小型无人飞行器。在 2007 年，以军为遂行在加沙地带的反恐任务，利用无人飞行器完成了 2.4 万小时的飞行时间，相比之下，同一时间内以军有人战机只进行了 100 小时的战斗飞行，武装直升机的飞行时数为 1300 小时，展示了这种飞行器对于地面部队侦察监视活动的巨大价值。在很多时候，其他攻击飞机只有在无人机定位并确定目标后，才会赶来攻击。但以军对利用无人飞行器遂行战略性侦察、攻击任务讳莫如深，2008 年，以军方明显否认了外界对以军将利用无人飞行器进行深入敌境的打击的猜测，比如对伊朗。之所以会有此猜测，源于之前举行的大规模"爱琴海"演习期间以军运用了大量无人飞行器，据传是将对伊朗核设施采取行动的预演，当时更有推测认为以军装备的"埃坦"（Eitan）无人系统将是唯一能够用于远程奔袭伊朗的飞行器，它能搭载 1 吨重弹药，具有防区外发射弹药的能力。

以国内最早的"驯犬"无人系统除为本国军方采用外，还有一部分提供给美国海军；而"侦察兵"系统的流传范围更广，新加坡、南非、瑞士等国军方都采购过，该型飞行器被授权给南非阿莫斯科（Armscor）公司生产（1983 年也曾被南非军方用于针对莫桑比克的战争）。

除上述几种无人飞行器外，IAI 公司还开发过"湾流"

（Gulfstream）系列商务喷气机的无人早期预警版本，这种无人"湾流"预警机配备了"费尔康"雷达系统，于2006年正式进入以军服役，2007年12月，IAI公司对外承认了这一无人预警机项目。IAI公司还曾将无人飞行器上的飞行控制软件安装在一架G550海上巡逻机上，其具体开发项目和目的不详。

对于以色列大多数的无人飞行器来说，国防军配备、使用这些无人飞行器时总与以色列情报部门（Intelligence Corps）脱不开干系，后者曾广泛地被认为是以色列的"中央情报局"，但到2006年，这一机构就从各类媒体和各种场合消失了，至少在官方立场上是如此。至2008年初，以色列空军从现有无人飞行器机群中挑选出大量小型、微型飞行器，将它们指派给地面部队直接用于支援和作战。

2009年11月，以色列空军和地面部队公布了它们的第一个联合无人飞行器项目性能需求，对于以地面部队，新的旅级无人系统将是现有营级"天空骑士"（Sky Rider）的补充。这一旅级部队配备的无人飞行器将在1000米以下空域活动（云层之下），续航时间约6小时，可由2名士兵操作和使用，飞行器最大重量为65千克（包括8千克载荷），每套系统含3架飞行器和相应的地面控制设备。与当初"天空骑士"不同，新项目不仅要求竞标企业提出飞行器解决方案，也会展示其传感器组、飞行控制等关键系统的性能和预期。2010年3月各竞标方完成方案提交，当年夏天开始选择合适的研制开发商。

"航空之星" / "统治者" / "斗牛骑士"

2003年巴黎国际航展上，以色列新组建的航空防御系统公司展出了其开发的"航空之星"（Aerostar）战术无人飞行器，该飞行器在搭载50千克载荷时可续航14小时。有报道称，该飞行器由该公司与以情报部门合作开发，但并未得到官方证实。该公司无人产品的用户包括希腊，甚至也包括美国和安哥拉，也有消息称，荷兰于2009年从该

"航空之星"飞行器

翼展：7.5米

机身：长4.5米

最大起飞重量：220千克（最大载荷50千克）

续航时间：约14小时

最高飞行速度：200千米/时

最大升限：5500米

公司采购了"搜索者"无人系统，用于替代其部署于阿富汗的"食雀鹰"无人系统。同时，该公司也提供无人飞行器租赁服务。2009年中期，该公司宣称"航空之星"无人系统在上述国家和地区累计已完成 50000 飞行小时，"其所表现出的可靠性和性能在无人飞行器工业界无出其右"。"航空之星"飞行器采用常规的上单翼、短机体、双尾撑机体结构，其数据链天线置于机体上部突出的圆形天线罩内，飞行器的数据传输具有多频多通道连接的能力，使其可同时与多个飞行器或地面设备进行通信链接，其数据链在未经中继的情况下传输距离可达 200 千米。同时，航空防御系统公司称"航空之星"飞行控制系统的平均故障时间达到 30000 小时，这在同类飞行器中一枝独秀；此外，它的载荷／重量比、性能／平台尺寸比在同类飞行器中也极为出众。以军方的"航空之星"广泛用于反走私、反恐巡逻和监视等用途。2003 年 8 月，该公司的操作人员开始操纵"航空之星"飞行器在美国公司拥有的安哥拉外海钻塔平台附近巡航和监视，后来巡航范围扩展到安哥拉本国的石油平台，到 2005 年 1 月时，"航空之星"已累计执行类似任务达 6000 小时。美国也引进了"航空之星"无人系统，2004 年 9 月通用原子公司获得授权生产这种飞行器，并在美国海军建于内华达州法伦的学校提供训练支持服务。此外，尼日利亚也为其海岸警卫队采购了 3 套该型系统。

对页上图："统治者"中空长航时无人飞行器。（航空防御系统公司）

对页下图："统治者Ⅱ"中空长航时无人飞行器。（航空防御系统公司）

2003 年巴黎国际航展上，参展的"航空之星"飞行器还搭载着新的传感器组件，它包括一套拉菲尔公司（Rafeal）的"顶扫描"（Top–Scan）电子支援设备（ESM），之后据称一架类似配置的"航空之星"无人机被出售给俄罗斯伊尔库茨克（Irkut）飞机制造联合体，推测这可能对后续俄罗斯的无人飞行器开发提供了参照和蓝本。

2010 年 2 月，波兰政府宣布向以方采购 8 架"航空之星"无人机，其中 4 架很快随波军一道部署于阿富汗，与波军已有的美制"阴影 200"型无人机相比，"航空之星"拥有更长的续航时间、传输距离更远的数据链，波军亦认为"航空之星"比前者更能胜任在阿富汗的作战任务。

2004 年，航空防御系统公司在印度班加罗尔展示并演示了新的"统治者"（Dominator）无人系统，该飞行器采用飞翼式布局，机体由螺旋桨推进器驱动，机体的垂直安定面则位于飞翼翼端。飞行器机鼻部凸起的天线罩下内置数据链和卫星天线。"统治者"飞行器的起飞和回收都采用传统的可收放式起落架，由于其载荷较大，它可同时携带多类载荷。

2008 年，该公司发布了"统治者Ⅱ（Oz）"中空长航时战略型无人飞行器开发计划，于 2009 年 7 月首飞，根据现有资料显示，该飞行器基于戴尔蒙德（Diamond）公司双发 DA42"双星"（Twinstar）民用飞机，也被认为是世界首种基于经过认证的民用飞行器改装而成的无人飞行器。据推测为了避免对飞行器气动外形的过分修改，该无人机仍保留了原机型的飞行员驾驶舱室，但该舱室已被完全遮蔽，估计内部将安装大尺寸的蝶形卫星天线。在公司公布的"统治者Ⅱ"飞行照片中，可见其机鼻下部可配备传感器转塔，飞行器仍保持原来下单翼（主翼翼尖

"统治者"无人飞行器

翼展：8 米

机身：长 8 米

起飞重量：800 千克（载荷达到 400 千克）

续航时间：24 小时以上

飞行速度：166 ~ 276 千米 / 时

最大升限：7600 米

"统治者Ⅱ"无人飞行器

翼展：13.5 米

最大起飞重量：2000 千克

载荷：400 千克

最高飞行速度：350 千米 / 时

实用升限：达 9200 米

布置有用于控制的倾斜向上的小翼）、T形尾翼（尾翼水平安定面尖端也设计有垂直向下的小翼）、可收放三点式起落架的常规布局，这种多个控制面的设计据称是为了提升飞行稳定程度。动力仍为双发，分置于主翼前端近机身部，发动机采用蒂勒尔特（Thielert）柴油机，在载荷400千克时续航时间达到28小时（最大起飞重量2000千克），在较高升限时其数据链直线传输距离可达300千米（使用"航空之星"所配备的多频多通道数据链）。除上述数据链外，它还搭载有两套卫星天线。由于采用现成机体，开发时间只用了一年。据悉，该飞行器有可能是应美国客户的要求而开发，航空防御系统公司称该机型所配备的UMAS自动飞行控制系统非常可靠，其平均故障时间约为30000小时。

戴尔蒙德公司还与德国莱茵金属公司合作对同样的飞行器进行无人化改装，由后者为平台提供"可选择驾驶监视和侦察系统"（OPALE），根据其资料显示，这种无人飞行器的巡逻速度约120千米/时、巡航速度276千米/时，以巡航速度飞行时续航时间为8小时、最大航程为1660千米；如果以巡逻速度飞行，其续航时间延长至18小时、最大航程达到2760千米。两公司在该飞行器的宣传手册中亦称，它采用与U-2类似的高展弦比主翼，在中低速时具有较长的续航时间和航程。

航空防御系统公司还开发了一种无人直升飞行器，称为"斗牛骑士"（Picador），该飞行器基于比利时生产的商用直升机改造而成。据称，生产商还对原型直升机的机体外形做了较大修改，将其机体改成多角面表面，以减小雷达反射截面，而根据现存该飞行器的图片显示，"斗牛骑士"无人机可能将由以色列海军的宽体导航护卫舰搭载，为其提供海域侦察监视能力。

另外，该公司还为以色列空军开发过一款"航空之光"（Aerolight）训练用无人飞行器，2003年3月31日，该飞行器在试飞中成功地与美国海军的NP-3C"猎户座"（Orion）巡逻机实现了指挥控制数据链转移

"斗牛骑士"无人飞行器

主旋翼直径：7.22米

机身：长6.58米

最大起飞重量：720千克（载荷180千克）

续航时间：5~8小时

最高飞行速度：202千米/时

实用升限：3660米

连接，由后者在空中实施飞行控制。该飞行器有两套控制设备，一套为地面控制站，另一套则设置于空中机动平台上，这次试验也是以军无人飞行器首次在任务飞行过程中由美国战机控制，两军共享作战平台。

"鸟眼 400"

2009 年巴黎国际航展上，以色列航空工业公司（IAI）首次展出其新开发的第三代微型无人飞行器"鸟眼（Bird Eye）400"系统，它可为小编队的地面部队提供战场实时图像情报。2005 年，该飞行器完成开发，2007 年 7 月开始量产并配备以军和多个国外客户（具体情况不详）。飞行器采用无尾下单翼结构，主翼后掠，其主翼翼尖有倾斜向下的小翼，动力装置为电池驱动的电动马达及螺旋桨推进器。机身搭载的光电传感器组集中在机身下的稳定旋塔

"鸟眼 400"

翼展：2.2 米

全重：5.6 千克（载荷 1.2 千克）

续航时间：约 60 分钟

最高飞行速度：92 千米 / 时

任务半径：10 千米

实用升限：150 ~ 300 米

左图：2009 年巴黎国际航展上展出的"斗牛骑士"无人直升飞行器。（作者收集）

右图："鸟眼400"微型无人飞行器，其机体背部设计有着陆支架。（IAI公司）

内，飞行器采用弹簧弹射方式起飞，机体背面有4个着陆支架，着陆时机体翻转靠背部着陆支架与地面摩擦减速。整套系统采用模块化设计，分解后可由两人背携，可在几十分钟内完成组装和发射。飞行器的控制系统高度自动化，起飞、途中巡航以及完成任务后返回都无须过多干预。

同时IAI公司也以其为基础，开发了"鸟眼600"和"鸟眼650"无人系统，其性能较400版本要强一些，尺寸也较大。

"蓝色地平线2"

以色列另一家无人系统开发巨头埃米特（EMIT）公司成立于1986年，其创办人埃弗赖姆·梅纳希（Ephraim Menashy）曾担任过以色列航空工业公司的试飞员，后来独自创办了埃米特公司。最初，该公司以制造"先锋"无人飞行器的机身为主，后来开发了自己的无人飞行器，现在也是以色列主要的无人系统出口商。2003年9月，该公司与埃尔比特（Elbit）公司联合开发的"银箭"无人系统在参与以国防军举行的无人系统项目招标中败给了IAI公司。埃米特在开发航空靶机系统方面经验丰富，在2005年时该公司称完成了一款具有"前所未有性能"的无人系统的开发，但其具体情况不详。

"蓝色地平线（Blue Horizon）2"就是埃米特公司的产品，它主要是为新加坡军方开发的，后来斯里兰卡军方也采用了这种飞行器，但在 2007 年底的国内冲突中损失两架。根据联合国军火销售的注册记录显示，菲律宾曾于 2001 年获得了两架该型飞行器用于国内的军事行动，据悉菲律宾军方可能通过新加坡得到此型飞行器。"蓝色地平线 2"飞行器采用三点式起降架、前置鸭翼、后掠下单主翼、涵道螺桨推进器后置的常规机体结构，其主翼翼尖设计有较大的垂直控制翼面。在机体总重为 150 千克时，起飞滑跑距离为 250 米，着陆滑跑距离为 200 米。"蓝色地平线"飞行器明显是由早期的"刺"（Sting）系列飞行器衍生而来，其中"刺 I"飞行器可配置 1 或 2 台发动机，而"刺 II"飞行器则是一种单发动机版本，它和"蓝色地平线"更为相近，也可认为"蓝色地平线 2"飞行器是专为新加坡改装的"刺 II"飞行器。

"蓝色地平线 2"飞行器

翼展： 6.5 米

机身： 长 3.2 米

最大起飞重量： 180 千克（载荷 37 千克、空重 80 千克、机体燃油储量 50 千克）

续航时间： 约 10 小时（在 1500 米空中以 130 千米 / 时速度飞行时）

最高飞行速度： 220 千米 / 时

巡航速度： 130 千米 / 时

最大升限： 5500 米

"蝴蝶"

"蝴蝶"（Butterfly）飞行器也是埃米特公司的产品，它实际是一个由大型翼伞式主翼悬吊着机体的飞行器，其机翼面积为 50 平

左图："蓝色地平线 2"无人飞行器。（埃米特公司）

"蜻蜓 2000" 无人飞行器

翼展： 5 米

机身： 长 2.96 米

最大起飞重量： 140 千克（载荷 16 千克、空重 84 千克、燃油储量 40 千克）

续航时间： 约 14 小时（在 1800 米空中以 130 千米 / 时速度飞行时）

飞行速度： 92 ~ 202 千米 / 时

最大升限： 4600 米

方米，机身长 3.2 米，载荷传感器组件舱则在开放式机体下，其由数据链传输距离决定的操作半径超过 20 千米，如果配备专用的定向天线，其数据链传输距离将增至 120 千米。飞行器飞行速度为 55 千米 / 时，最大起飞重量为 450 千克（载荷 230 千克），动力装置采用一台罗塔克斯 582 型活塞发动机，由于其庞大的主翼限制，其起飞或着陆都有至少 50 平方米的场地要求。

"蜻蜓 2000"

据称，埃米特公司开发的"蜻蜓（Dragonfly）2000"无人系统已在以军方服役，该飞行器采用上单平直翼、水平及单垂尾、螺旋桨推进器前置的常规机体结构。埃米特公司将其描述为低成本的轻型无人系统，其控制系统具备高度的自动化飞行控制和导航能力，在任务区域需要使用光电传感器时则将飞行控制转为常规遥控模式。埃米特公司称，"蜻蜓 2000"飞行器现在已被以军方采用。除此型飞行器外，埃米特公司还以其为基础，开出了尺寸重量更小的"蜻蜓 DF 16B"型无人飞行器，其重量约 80 千克。

下图："蜻蜓 2000"无人飞行器。（埃米特公司）

"水星 3"

"水星（Mercury）3"是埃米特公司开发的一种采用常规机体布局（倒 V 形尾翼）的无人飞行器。飞行器拥有三点式起落架，起飞滑跑距离为 250 米，动力装置采用一部 11 马力的四缸增压活塞发动机驱动的螺旋桨推进器（位于机体尾部），任务半径约 200 千米（保证可靠数据传输链接的前提下）。

"麻雀 –N"

"麻雀（Sparrow）–N"也是埃米特开发的一种微型无人飞行器。为增加飞行器航程，可加挂更大的油箱。埃米特公司称该飞行器携带稳定的昼间侦察监视设备，在昼间具有较好的使用效果。飞行器所配备的飞行控制系统也较具特色，其飞控软件在自动工作模式下，具有识别地形特征的能力（在完成任务后可循迹返航）。

"赫尔墨斯"

"赫尔墨斯"系列无人系统由以色列埃尔比特公司开发。早在 20 世纪 90 年代时，由于以色列军方一系列无人机表现出色，当时以银箭公司也试图进入这一领域，以色列航空工业公司（IAI）在 1997 年时试图合并该公司，但未果，之后便将目光转向埃尔比特公司。

1995 年巴黎国际航展时，埃尔比特公司展出了其开发的无人系统"赫尔墨斯 450"，紧接着陆续开发出"750""1500"、微型的"180"以及后来出现的"900"等飞行器，其中"赫尔墨斯 180"用于支援旅或师一级地面部队，"赫尔墨斯 450"则用于师或军一级地面部队，而后来开发的"赫尔墨斯 900"（与"1500"相似）

"水星 3"无人飞行器

翼展： 10 米

最大起飞重量： 约 550 千克（载荷 150 千克、可储备 300 升燃油）

续航时间： 约 30 小时

最高飞行速度： 260 千米 / 时

巡航速度： 100 千米 / 时

失速速度： 70 千米 / 时

最大升限： 11600 米

"麻雀 –N"无人飞行器

翼展： 2.44 米

机身： 长 2.14 米

全重： 45 千克（含 12 千克载荷）

续航时间： 4~6 小时

飞行速度： 110~184 千米 / 时

任务半径： 约 20 千米（由其控制数据链传输距离限制，如加装定向天线活动半径超过 120 千米）

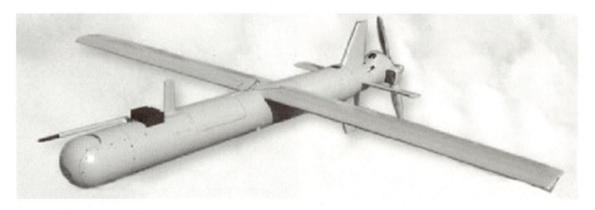

上图："麻雀–N"微型无人飞行器。（埃米特公司）

则属于战略级无人系统。

"赫尔墨斯450"飞行器也是以国内民航部门认证的第一种无人飞行器，据报道称，以空军部队自1997年起就配备了该型飞行器（也有资料称于2000年或2002年开始配备），当时为保密的需要，该飞行器被称为"Zik"，估计以军装备数量70～120（150）架。2008年初，公司公布为该机型更新马力更大（69马力）发动机的升级计划。在常人眼中，"赫尔墨斯450"飞行器常被视作重型的长航时战术无人飞行器，而不是战略用途的中空长航时飞行器。2007年9月，埃尔比特公司称全球各国军方装备的"赫尔墨斯450"飞行器已累计飞行了6.5万小时，采用该飞行器的国家包括博茨瓦纳、克罗地亚、格鲁吉亚、墨西哥、新加坡（2007年采购一套系统12架飞行器）、英国（在其"守望者"无人系统开发项目下采购了54架"赫尔墨斯450B"型飞行器）。英国在开发"守望者"（Watckkeeper）系统时曾预计用该飞行器取代军方当时使用的"赫尔墨斯450"，但前者迟迟未能交付，故部署于伊拉克和阿富汗战场上的英国第32皇家炮兵团使用的是十余架"赫尔墨斯450"；至于格鲁吉亚于2000年后采购了数量不详的该型飞行器，

"赫尔墨斯90"飞行器

翼展：5.5米

机身：长4.2米

全重：150千克（载荷35千克）

最大升限：5500米

续航时间：超过18小时

巡航速度：约100千米/时

"赫尔墨斯180"飞行器

翼展：6米

机身：长4.43米（机体长3.47米）

重大起飞重量：195千克（载荷32千克）

续航时间：超过10小时

任务半径：约100千米

最高飞行速度：193千米/时

实用升限：4500米

但在 2008 年的俄格冲突中，至少四架飞行器被击落（其中至少有一架被俄军米格 –29 战机击落）；也有消息称，南非和阿根廷也采购了"赫尔墨斯 1500"型飞行器。

　　与"赫尔墨斯 450"型飞行器相比，"赫尔墨斯 450B"型飞行器（于 2007 年公布）加装了带有除冰装置的肩翼、可收回的机鼻着陆架，动力也改为功率更大的英国产发动机，由于性能较好，该飞行器亦被授权给英国生产。英国生产的版本中，飞行器配备了泰雷兹公司开发的"魔术"（Magic）自动起降系统（带有 GPS 导航备份设备），搭载泰雷兹公司的具有动态目标指示功能的合成孔径雷达，以及以色列生产的光电 / 红外传感器组件和激光指示器。"赫尔墨斯 450B"飞行器于 2008 年 4 月开始进行试验飞行。

　　2007 年巴黎国际航展上，埃尔比特公司亦公布了其"赫尔墨斯 900"型飞行器的开发项目，当时称将于 2008 年年底进行试飞。据公司称，"赫尔墨斯 900"拥有一套更为高级的自动起降系统，使飞行器可在相对粗糙的跑道上起降，而且飞行器的升限更高，载荷也采用模块化配置，易于更换。此外，它还能在恶劣气候条件下使用，据推测这可能意味着它的飞行控制系统能适应各种复杂的飞行环境。"赫尔墨斯 900"飞行器于 2009 年 12 月 14 日（原预计于 2008 年年底）首飞。

　　"赫尔墨斯 90"飞行器是整个家族中尺寸和重量最小的型号，曾作为备选机型参与了美国军方"蒂尔Ⅱ"的"短程战术无人飞行器系统"（STUAS）的竞标。当时埃尔比特公司与美国通用动力公司联合组成名为"无人飞行器动力"（UAV Dyamics）的公司参与了竞标，与其他几种参与竞标的飞行器相比，"赫尔墨斯 90"的机体尺寸是最大的。该飞行器的开发于 2009 年 3 月公布，在设计时，它采用英若康（Innocon）公司开发的"迷你猎鹰"飞行器机体。

"赫尔墨斯 450"飞行器

翼展： 10.5 米

机身： 长 6.1 或 6.8 米

全重： 450~580 千克（载荷 150~200 千克）

续航时间： 超过 20 小时（以 175 千米 / 时速度飞行时）

实用升限： 5500 米

"赫尔墨斯 900"飞行器

翼展： 15 米

机身： 长 8.3 米

最大起飞重量： 970 千克（载荷 300 千克）

续航时间： 40 小时

最大升限： 10000 米

上图：2009 年巴黎国际航展上的 "赫尔墨斯 90" 型无人飞行器。（作者收集）

像很多其他的无人飞行器一样，"赫尔墨斯 90" 采用位于短机身后端的螺旋桨推进器驱动，但与其他类似推进器布置的飞行器多采用双尾撑布局不同，它仍采用单尾撑（单尾撑桁架位于推进器上方，与机体相连并向后延伸，其尾端有一倒 V 形尾翼）。2009 年 10 月，换装新型重油（JP-5/8）发动机的 "赫尔墨斯 90" 飞行器完成首飞。

"赫尔墨斯 180" 飞行器的外形较为独特，单尾撑越过机尾推进器由支架连接在机体上，尾撑后则有 H 形尾翼（含水平和垂直安定面）。

"赫尔墨斯 450" 飞行器与 "赫尔墨斯 180" 不同，该飞行器未采用尾撑，拥有全尺寸机身和 V 形尾翼，由发动机驱动的螺旋桨推进器位于机体尾部。

"赫尔墨斯 900" 飞行器从机体外形和配置上，可将其看作 "赫尔墨斯 450" 飞行器的放大版。

"赫尔墨斯 1500" 飞行器与 "赫尔墨斯" 系列大多数飞行器不同，该飞行器配备有两部活塞发动机（分置于两主翼上），它也拥有与 "450/900" 型类似的 V 形尾翼。

"赫尔墨斯 1500" 飞行器

翼展：18 米

机身：长 9.4 米

最大起飞重量：1650 千克（载荷 350～400 千克）

续航时间：超过 40 小时（也有资料称超过 26 小时）

巡航速度：约 240 千米 / 时

最大升限：10000 米

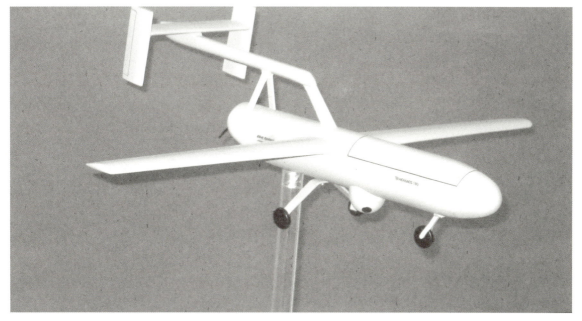

上图：2009 年巴黎国际航展上的"赫尔墨斯 180"型无人飞行器，其机体外形与"90"型飞行器相似。（作者收集）

上图："赫尔墨斯 450"无人飞行器可在主翼下挂载光电情报收集荚舱，机腹下则布置有数据天线。（IAI 公司）

右图："赫尔墨斯900"型无
人飞行器。(IAI 公司)

右图："赫尔墨斯1500"型
无人飞行器。(IAI 公司)

下图：2009 年巴黎国际
航展上展出的"赫尔墨斯
450/900"无人飞行器模型。
(作者收集)

"苍鹭"/"鹰"/"埃坦"/"雪鸮"

  "苍鹭"无人系统由以色列航空工业公司（IAI）开发，根据公司的宣传资料称，该飞行器作为先进的信号情报收集分析平台，可同时搭载并使用四套不同的传感器系统，它还配备有两套相互独立的自动起降系统，机上搭载卫星数据链可远离地面设备进行远距离侦察和数据传输。这种中空长航时的无人飞行器也曾与美国通用原子公司开发的"捕食者"系列无人飞行器竞争过美国军方的采购项目。"苍鹭"飞行器首飞于 1994 年 10 月 18 日，2006 年 IAI 宣称以色列空军计划采购几十架该飞行器〔以军方亦称其为"竞技神"（Shoval）〕，当时预计于 2007 年 3 月完成交付，但 2006 年以黎再次爆发冲突后，该飞行器亦在战事期间完成了交付。也有人将"苍

上图：美国海关和边境巡逻部门使用的"赫尔墨斯 450"无人飞行器。（美国海关）

鹭"飞行器称为"打击"（Machatz），据推测可能和这种飞行器改装后具备攻击能力有关；但 2007 年时，一份源于印度的资料确认，"打击"可担负海上监视侦察任务。

法国军方曾采购过一套"苍鹭"无人系统应付驻阿富汗部队的急需，采购后将其称为"雪鸮"（Snow Owl），2009 年 2 月时，这套无人系统（1 部地面站、3 架飞行器）部署到了阿富汗（据称当年秋，法国又追加定购了第 4 架飞行器）。土耳其也曾采购 10 架"苍鹭"飞行器和数套地面控制设备，但到 2009 年末时，据称这一采购项目出现了严重的问题，将被取消。为支援在阿富汗作战的地面部队，加拿大军方也以租赁的方式从以军获取了这种无人系统。印度由于自身缺乏类似的先进无人飞行器，大量采购了"苍鹭"无人系统，用于装备三军，之后也有推测认为印度以其为基础，开出了自己的"鲁斯图姆"无人飞行器。

"苍鹭 1"无人飞行器也被美国反毒品执法部队采用，部署于中美洲萨尔瓦多，这些飞行器也有可能永久性地部署于此。

"苍鹭 2""苍鹭 TP"及"埃坦"（Eitan）飞行器，与"苍鹭 1"

下图：2009 年巴黎国际航展上展出的"苍鹭"无人飞行器。（作者收集）

差别较大，其尺寸和重量约 3 倍于后者，是一种高空长航时大型无人飞行器。"苍鹭 2"首次公布于 1994 年，起飞重量和美国"死神"是同一量级，但其发动机输出功率和翼展等指标都高于"死神"。该飞行器首飞于 2005 年，到 2006 年已进行了配备并发射"长钉"（Spike）和"地狱火"（Hellfire）反坦克导弹的试验。"埃坦"飞行器首现于 2007 年巴黎国际航展，已于 2008 年进入以军现役。当时，也有以色列媒体称"苍鹭 TP"飞行器具备可飞行到伊朗的远航程能力。

根据联合国的国际军火交易注册记录，2001 年印度定购了 25 架"苍鹭 2"飞行器，2002—2003 年完成交付（2002 年交付了 15 架）。2004 年印度与以色列政府谈判，准备再追加采购 12 架这种飞行器［可能是"苍鹭鹰"（Heron Eagle）版本］；同样的记录中亦显示，2002—2003 年，印度尼西亚政府也曾与以政府进行过谈判，希望采购数目不详的"苍鹭 2"系统。泰雷兹公司也曾与以方合作，将"苍鹭 TP"无人系统向法国、西班牙、德国等国推销，并在西班牙与英德拉（Indra）公司、在法国与达索公司合作，进一步改进"苍鹭 TP"无人系统。

"埃坦"和"苍鹭"无人系统都被视作海上监视巡逻飞行器，用于替代 IAI 公司生产的 1124 "海扫描"无人机，据称有两架"苍鹭"飞行器配备了埃塔（Elta）公司的 EL/M–2022U 海上监视雷达。

"苍鹭 TP"无人系统是以色列与德国联合开发的无人机项目，最初的开发目的是研制一种可长航时在空中徘徊的、用于弹道导弹防御的飞行器，它配备有"蓝鸟"（Bluebird）弹道导弹探测传感器组件，在发现敌方弹道导弹发射后，可利用其机载的特制空空导弹，在导弹飞行的助推段对其进行拦截。最初该飞行器亦被称为

"苍鹭"飞行器

翼展： 16.6 米

机身： 长 8.5 米

最大起飞重量： 1150 千克（载荷 250 千克）

续航时间： 20～45 小时

最高飞行速度： 220 千米/时

巡逻速度： 110～148 千米/时

最大升限： 超过 9200 米

任务半径： 约 350 千米

"苍鹭 TP"飞行器

翼展： 26 米

机身： 长 14 米

最大起飞重量： 4650 千克（载荷 1000 千克）

续航时间： 约 36 小时

最大升限： 13700 米

上图：配备信号情报收集天线的"苍鹭"无人飞行器。（以色列空军）

HA-10。

"鹰1"（Eagle 1）则是法国对"苍鹭"修改后的版本，它由EADS和IAI联合进行了完善和改造。为容纳卫星天线和更大的传感器，其机鼻的尺寸变大，与美国的"全球鹰"无人飞行器有些类似，而且其机腹下侧也附有凸出的雷达天线罩。在"鹰1"飞行器的基础上，接下来开发出的就是"雪鸮"（Harfang或Snow Owl），该飞行器首飞于2006年9月，配备有自动起降系统、光电/红外传感器旋塔、激光指示器、埃尔比特公司的合成孔径雷达（具备动态目标指示功能）和一套卫星数据链；它也可能换装电子情报收集分析设备或海上搜索雷达用于未来可能担负的海上巡逻任务。"鹰2"飞行器则是在"苍鹭TP"飞行器基础上修改完成的，它配备活塞发动机驱动的螺旋桨推进器，续航时间为 24 小时（在载荷 450 千克条件下，于 15000 米高空以巡航速度飞行时），本来打算参与"欧洲中空长航时"（EuroMALE）飞行器的竞标。参与开发"鹰"系列飞行器的 EADS 计划将"鹰 1"和"鹰 2"飞行器武装化，但具体进展情况不详。根据联合国武器交易记录显示，2001 年法国曾采购过 3 架"鹰"飞行器，并于 2003 年交付。

在美国为选择"蒂尔 II +"长航时无人飞行器时，IAI 和 TRW 公司曾参与过竞标，但后来"全球鹰"飞行器赢得了合同。当时 IAI 公司提出的飞行器方案最初于 1988 年就开始设计，准备研制一种大型的高空长航时战略无人机"搬运工"（Hauler，全重约 22679.6 千克，翼展达到 50 米）。

机体采用平直上单翼、短机身、双尾撑的常规布局，螺旋桨推

下图：2009 年巴黎国际航展上展出的一种用于海上侦察巡逻的"苍鹭"飞行器模型，其机腹下配备有海上搜索雷达（EL/M-2022），机身上也配备多个信号情报收集天线。（作者收集）

进器位于机体后侧，机体下部中央设计有较大的天线罩，内置雷达和数据链天线。另有来自印度的资料显示，印度获得的海上巡逻监视版本的"苍鹭"续航时间最长可达 52 小时，搭载典型载荷时的任务续航时间约 35 小时。

"猎人"

"猎人"无人系统由以色列航空工业公司（IAI）开发，最初是作为替代"侦察兵"无人系统的"影响"（Impact）系统来进行研制的。当时，虽然"侦察兵"飞行器的侦察监视能力逐渐无法满足军方的需求，但至少其德国产的轻重量活塞发动机仍相当可靠，因此，在开发"影响"飞行器时也继续使用这一发动机。1989 年，"影响"飞行器参与了美国陆军的短程无人飞行器的采购竞标，被美国军方看中后，遂改称为"猎人"系统。飞行器的德制发动机最初也被更换成英国、之后是意大利产活塞发动机，1994 年，美国军方测试为其改装了重油发动机。IAI 公司的"猎人"在 20 世纪 90 年代时曾授权给美国生产和使用，美国生产的版本由诺斯罗普·格鲁

下图：加拿大空军机组人员正在为 IAI CU-170"苍鹭"中空长航时无人机飞行做准备。除了在阿富汗使用的侦察功能外，加拿大拓展了"苍鹭"的用途。（加拿大军队）

曼公司制造，其军用编号为 RQ/MQ-5（可参见后文中相关内容）。要注意的是，虽然美国军方对"猎人"较为青睐，但以色列军方却从未采用过。

1998 年，比利时空军曾从 IAI 公司采购过 3 架"B- 猎人"飞行器（即比利时"猎人"，非美制 MQ/RQ-5B），并于 2001 年交付。比利时陆军也于 1997 年公布了其需采购的师级无人系统的性能需求，准备从合适的机型中采购 3~4 套系统（每套系统含 4~8 架飞行器）。在与法国公司提交的"食雀鹰"和瑞士公司提交的"游骑兵"飞行器的比较中，"猎人"赢得了比利时军方的青睐。之后，在比利时军方的要求下，"猎人"系列由包括法国阿尔卡特（Alcatel）在内的产业联盟联合开发"鹰"（即"苍鹭"无人机的欧洲版本），每套系统包括 2 座地面控制站和 6 架飞行器。比利时军方采用的"猎人"飞行器的航程约 100 千米，最大续航时间 11 小时，其自动起降系统（基于瑞士 ADS95"游骑兵"飞行器）和起降装置也经过优化，可在低等级机场上起降，在侦察监视范围内对地面目标的定位精度为 100 米（圆周概率误差）；对新飞行器的改进还

下图：2009 年 5 月，在禁毒行动援助行动中，"苍鹭"在圣萨尔瓦多的科马拉国际机场起飞。"苍鹭"是部署在萨尔瓦多的无人机系统之一，用来评估将其用于美国南部地区禁毒行动的可行性。（美国陆军，乔斯·路易斯）

上图："苍鹭 TP"高升限无人飞行器。（IAI 公司）

包括配备了新的基于瑞士竞标飞行器ADS95 "游骑兵"的航电系统、新的数据链（C 波段上传和下行链路，还有超高频链路作为备份），传感器改为第二代的电视 / 前视红外摄像机，地面控制站也采用全新的设计。2005 年，驻巴尔干的比利时陆军开始在科索沃部署使用这种 "猎人" 飞行器。2006 年 7 月比利时军方还部署此飞行器用于支援联合国在刚果的维和行动。部署到非洲后，比利时陆军的 "猎人" 飞行器在第一次飞行中就坠毁，2006 年 10 月 3 日，在第二次适应性飞行中，第二架飞行器因发动机故障再次坠毁，坠毁飞行器撞入当地一平民家中，造成平民当场死亡，这也是第一起因无人机而导致的平民死亡事故，之后该系统因不适宜当地气候环境而被撤回。

IAI 公司称比利时装备的 "猎人" 配备了全球第一种现役的自动起降系统（ATLS），该系统采用三点式安装的光学传感器［自动距离定位传感器组（RAPS）］，通过地面设备发射出的、由机翼前沿反射镜反射的激光束来测量无人机与地面的距离和位置，之后位置数据通过光纤传输给地面控制站，控制站在经过计算后将控制指令传输给飞行器（飞行器的飞行控制系统包含相关的飞行控制规则及算法），实现自动起飞；着陆

"猎人" 飞行器

翼展：8.9 米

机身：长 6.9 米

最大起飞重量：727 千克（载荷 114 千克）

续航时间：12 小时

航程：100~200 千米

最高飞行速度：202 千米 / 时

巡航速度：110~148 千米 / 时

实用升限：4600 米

时，地面控制站亦按同样方法控制其下降角度和速度，实现安全降落。当然，作为替代的方式，它也可像其他飞行器一样，采用外部控制的遥控方式实现降落。

法国军方曾采购过一套"猎人"无人系统（含 4 架"F–猎人"飞行器）。飞行器进行过广泛的评估和测试，后续未再采购，1998—1999 年科索沃战争期间，法国这套唯一的"猎人"系统曾参与了法军在巴尔干半岛的军事行动。

"Ⅰ–视野"

"Ⅰ–视野"（I–View）飞行器是由以色列航空工业公司开发的新一代无人飞行器系列产品，它包括 Mk50、Mk150、Mk250 等三种型号。所有三种型号飞行器都采用中单翼、短单尾撑、V 形尾翼的传统机体布局，其螺旋桨推进器位于机体头部，飞行器起飞时采用跑道滑跑起飞，着陆也都采用降落伞回收。最高端的"Ⅰ–视野 Mk250"是一种中航程飞行器，"Mk50"是系列中最低端的型号。

2005 年 12 月，澳大利亚陆军挑选了"Ⅰ–视野 Mk250"型飞行器作为其 JP129 采购项目的中标飞行器，当时预计于 2009 年开始交付，但 2008 年采购案夭折。

"驯犬"

"驯犬"系列可称得上是以色列所

上图："Ⅰ–视野 250"飞行器采用降落伞进行回收。（IAI 公司）

"Ⅰ–视野 Mk250"飞行器

翼展： 7.1 米

机身： 长 4.1 米

最大起飞重量： 250 千克（载荷 60 千克）

续航时间： 约 8 小时

航程： 150 千米

最大升限： 6100 米

"Mk150"型号

翼展：5.7 米

机身：长 3.1 米

最大起飞重量：160 千克（载荷 20 千克）

续航时间：7 小时

航程：100 千米

最大升限：5200 米

"Mk50"型号

翼展：4 米

机身：长 2.7 米

最大起飞重量：65 千克（载荷 10 千克）

续航时间：约 6 小时

航程：约 50 千米

最大升限：4600 米

"驯犬 Mk1"型飞行器

翼展：4.2 米

机身：长 2.6 米

全重：80 千克（载荷 15 千克）

续航时间：约 4 小时

水平最高飞行速度：148 千米 / 时

巡航速度：74～110 千米 / 时

失速速度：65 千米 / 时

航程：70 千米

最大升限：3050 米

使用的第一种无人飞行器，曾在 20 世纪 80 年代的黎巴嫩战争中广泛使用。该飞行器开发于 20 世纪 70 年代，当时曾有三种不同类型的"驯犬"飞行器。"驯犬 Mk1"型飞行器采用上单翼、螺旋桨推进器位于机首的传统机体布局，外形上极似大型的模型飞机，当时其标准载荷是遥控的可变焦电视摄像机，根据需要可操纵其俯仰或变换拍摄角度。1979 年时，新加坡军方曾采购过"驯犬"无人系统，该国也可能是"驯犬 Mk1"的第一个出口客户。

"驯犬 Mk2"由塔迪兰公司开发，该飞行器引入了螺桨推进器及发动机后置、双尾撑的机体布局。1980—1981 年时，该机型开始生产。

"驯犬 Mk3"飞行器由马扎拉特公司（由 IAI 和塔迪兰公司相关部门组合而成）研制，采用上单翼、发动机及推进器后置、双尾撑的机体布局，其传感器舱罩首次采用下悬式结构。1982 年，该机型开始量产，1984—1985 年时，以军方曾提供 8 架"驯犬 Mk3"飞行器给美国海军，由美国海军陆战队第 1 无人机排对其进行评估和试用，这也间接导致美国开发了"先锋"无人系统。传感器组由一台稳定电视摄像机和一台小型胶片照相机组成。据称，该飞行器具有实时侦察情报报知功能，但也继承了早期无人机的不少缺陷。

"迷你猎鹰"

"迷你猎鹰"（Mini-Falcon）无人飞行器由英若康公司开发，据称已进入现役（具

"驯犬 Mk2" 飞行器

翼展：4.3 米

机身：长 2.6 米

全重：75 千克（载荷 15 千克）

续航时间：超过 4 小时

最高飞行速度：130 千米 / 时

巡航速度：74～110 千米 / 时

失速速度：55 千米 / 时

航程：140 千米

最大升限：3050 米

"驯犬 Mk3" 飞行器

翼展：4.25 米

机身：长 3.3 米

全重：138 千克（载荷 37 千克）

续航时间：7 小时 30 分钟

巡航速度：98 千米 / 时

平面最高飞行速度：184 千米 / 时

失速速度：85 千米 / 时

最大升限：4480 米

下图："驯犬 Mk3" 无人飞行器。（IAI 公司）

"迷你猎鹰 I" 型飞行器

翼展： 5 米

机身： 长 3.5 米

全重： 90 千克（载荷 15 千克）

续航时间： 超过 12 小时

最高飞行速度： 166 千米 / 时

巡逻速度： 92 千米 / 时

"迷你猎鹰 II" 型飞行器

翼展： 5.5 米

机身： 长 4.2 米

全重： 150 千克（载荷 35 千克）

续航时间： 超过 15 小时

最高飞行速度： 220 千米 / 时

巡逻速度： 101 千米 / 时

"蚊 1.5" 飞行器

翼展： 0.34 米

机身： 长 0.3 米

全重： 0.5 千克

续航时间： 约 90 分钟

航程： 1.5 千米

使用高度： 15～91 米

体采用国家或军队不详）。该飞行器于 2002 年开始研制，首次露面于 2003 年。2009 年，英若康公司应乌干达边境巡逻部队的请求，向其提供了该型飞行器用于评估和试用。"迷你猎鹰"飞行器虽也采用箱式机体和桁架尾撑结构，但其具体布局较为独特，其单尾撑从主翼后缘上方的塔架上向后延展，尾撑末端为一副倒 V 形尾翼，动力装置位于机首，采用活塞发动机驱动的螺旋桨推进器。"迷你猎鹰"飞行器有几种改型，其中"迷你猎鹰 I"型采用雪橇式着陆架，放大版的"II"型则采用三点轮式起降架，两种型号的发动机功率分别为 15 和 26 马力。

"蚊 1.5"

"蚊"微型无人飞行器的开发始于 2001 年，2003 年 1 月 1 日"蚊 1"原型机首飞，目前投入使用的版本是"蚊 1.5"。整个飞行器呈飞翼式结构，从上看平台呈半圆形外形，其小巧的螺旋桨推进器位于机首，飞翼两端有垂直翼面（兼附有控制舵面），动力系统采用电池模块驱动的马达。与"蚊"式飞行器相比，2009 年的一款类似的微型飞行器续航时间为 40 分钟，美国开发的"黄蜂"（Wasp）微型飞行器的续航时间为 100 分钟。

"海军旋转翼无人飞行器"

"海军旋转翼无人飞行器"是由 IAI 公司开发的无人直升飞行器，主要用于海上监视和侦察，简称为 NRUAV。该飞行器曾被认为是"云雀"（Alouette），但 IAI 公司称

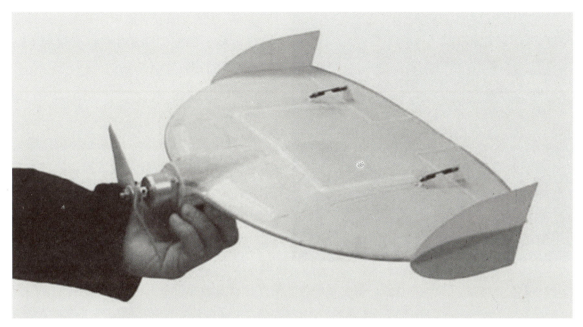

上图："蚊 1.5" 微型无人飞行器。(IAI 公司)

上图：2009 年巴黎国际航展上展出的"海军旋转翼无人飞行器"，其机体两侧短翼上为信号情报收集天线。(作者收集)

"盘旋者"

翼展：2.2 米

机身：长 1 米

全重：6.5 千克

续航时间：2~3 小时

飞行速度：46~138 千米 / 时

航程：15 千米

最大升限：5500 米

NRUAV 是应外国客户需求而开发，外界推测极可能是印度，后者在获得授权后生产"云雀"飞行器。

"盘旋者"

"盘旋者"（Orbiter）是航空防御系统公司于 2004 开发的微型无人飞行器项目，它主要供营、连级地面部队或内卫安全部队使用。2006 年，波兰特种部队曾定购该飞行器，2007 年 7 月，波兰陆军也选用此飞行器，用于连级部队的侦察监视（共采购 6 套系统，每套系统含 3 架飞行器及地面设备）。为赢得波兰军方的合同，"盘旋者"飞行器在与 11 种其他参与竞标的同类飞行器的竞争中脱颖而出（在竞争的最后阶段，至少还有 6 种备选的飞行器）。除波兰采用外，还有包括数个北约成员国在内的多个国家（至少含爱尔兰，其采购了一套系统，6 架飞行器）也采用了该型飞行器。"盘旋者"飞行器整体采用飞翼结构，主翼后掠且角度较大，翼端

下图："盘旋者"微型无人飞行器。（航空防御系统公司）

则设计有两片安定面，发动机和螺旋桨推进器位于尾撑末端，传感器组位于机首半球状机鼻内。此外，航空防御系统公司还以"盘旋者"飞行器为基础，开发过一种扩展航程的版本，其直线数据链传输距离达到 50 千米。

"先锋"

"先锋"无人系统是马扎拉特（Mazlat）公司作为"驯犬 Mk3"和"侦察兵"无人系统的替代产品而开发的，该型飞行器亦于 1985 年与"苍鹭 26"飞行器竞标，并最终被美国海军所采用，成为美国越南战争后首款大规模采用的现代飞行器。根据马扎拉特公司的介绍，"先锋"飞行器在开发过程中，借鉴并吸取了"驯犬 Mk3"及"侦察兵"飞行器在敌对空域近 10000 小时、2000 余次出击架次的经验。飞行器具体结构和配备情况可参考本书中 RQ-2 无人系统的内容。

> ### "先锋"
> 翼展：5.15 米
> 机身：长 4.26 米
> 最大起飞重量：195 千克（载荷 45 千克）
> 典型续航时间：6～9 小时
> 水平最高飞行速度：184 千米 / 时
> 升限：4600 米

"侦察兵"

"侦察兵"无人系统亦由以色列航空工业公司开发，其与塔迪兰公司开发的"驯犬"系列属同一级别的飞行器，其机体也都采用类似的双尾撑、螺旋桨推进器后置的结构。该飞行器于 1977 年进入现役，并担负了 1982 年黎巴嫩战争中主力无人机的角色。在战争中名声大噪之后，先后有新加坡（1984 年采购用于替换"驯犬"）、南非、瑞士等国采用该飞行器。与"驯犬"飞行器相似，"侦察兵"也主要搭载电视摄像机等传感器。1996 年，斯里兰卡军方曾采购过 5 架其改型"超级侦察兵"飞行器。

> ### "侦察兵"
> 翼展：4.96 米
> 机身：长 3.68 米
> 全重：159 千克（载荷 38 千克）
> 续航时间：约 7 小时
> 最高飞行速度：175 千米 / 时
> 巡航速度：101 千米 / 时
> 失速速度：77 千米 / 时
> 实用升限：4750 米

上图:"侦察兵"无人飞行器。(IAI 公司)

"搜索者"

  "搜索者"是以色列航空工业公司(IAI)开发的第三代无人系统,用于替代"驯犬""侦察兵"等无人系统,其机体比后者都大。该飞行器研制工作始于 1988 年,1989 年其原型机完成制造。与"侦察兵""猎人"等无人系统相似,该飞行器的试飞过程中也遭遇发动机功率较小的问题,之后这一问题在"搜索者Ⅱ"飞行器上才得到解决,后者换装了功率更大的活塞发动机。"搜索者"于 1992 年开始量产(首架飞行器于 1992 年 7 月交付以空军),之后该机型一直处于生产状态,直至 1997 年;到 2009 年时,该飞行器仍在以空军第 200 中队(驻帕勒马希姆)等部队服役(驻拉多姆的第 146 中队以及驻哈则瑞姆的第 155 中队可能还装备有该飞行器)。1999 年 5 月,以空军部队的"搜索者Ⅱ"飞行器开始具备作战能力。以军配备的该飞行器搭载有 EL/M–2055 海上侦察雷达。后来,当年配备"搜索者Ⅱ"遂行海上侦察巡逻的部队已换装了"苍鹭Ⅰ"无人系统。采购该型飞行器的外国客户包括印度（2001年交付了10架飞行器，2002年追加定购了8架）、新加坡（2007年已有2套系统、共42架飞行器投入使用）、印度尼西亚（2007年时计划采购4套系统）、韩国、西班牙〔2008年曾为阿富汗驻军采购4架"搜索者Ⅱ-J"飞行器，用于营级部队，作为对"渡鸦"（Raven）系统的补充〕、斯里兰卡和泰国（2000年定购4架，目前已退役），此外，哥伦比亚政府也可能于2005—2006年间接收了该飞行器。据称，该飞行器总共销售数量超过100架及20套地面设备。

2006年，印度海军为其第342海上侦察中队配备了8架"搜索者Ⅱ"及4架"苍鹭"飞行器，2007年3月时，印度又在东孟加拉湾安达曼群岛上建造了一座无人飞行器航空站，专门为这些飞行器提供后勤维护支援。根据联合国军火贸易的交易记录，印度曾于2000年时采购了多达32架"搜索者"飞行器，这些飞行器亦在2001—2002年间交付。

2009年巴黎国际航展上，IAI公司公布了"搜索者Mk Ⅲ"无人系统的开发项目，航展上公司提供的宣传手册中，"搜索者Mk Ⅲ"采用信号情报收集分析设备，其主翼翼尖及双尾撑的机体上布置有大量天线（主翼上共附有三组天线，机尾部还有一组，8根天线），其机鼻上还有一个传感设备整流罩，据推测，其内部可能安装有IAI公司的EL/K-7071一体化无人飞行器COMINT/DF系统；除信号情报收集型号外，"搜索者Mk Ⅲ"还可搭载合成孔径雷达（具备动态目标指示）和红外/光电传感器，具备不同用途。飞行器还可对视距外的远程数据传输进行中继（无须使用卫星天线），并配备了"苍鹭"飞行器所采用的独立式自动起降系统。IAI

"搜索者 Mk Ⅱ"

翼展： 8.55 米

机身： 长 5.85 米

最大起飞重量： 426 千克（载荷 100 千克）

续航时间： 15 小时（以 200 千米/时速度飞行时）

实用升限： 5800 米

"搜索者 Mk Ⅲ"

最大起飞重量： 约 436 千克（载荷超过 120 千克）

续航时间： 20 小时

任务半径： 约 300 千米

最高飞行速度： 为 202 千米/时

巡逻速度： 110～148 千米/时

最大升限： 超过 7000 米

上图："搜索者 Mk Ⅲ" 无人
飞行器。(IAI 公司)

公司宣称该飞行器所配备的四冲程活塞发动机具备低噪声性能，这
使其可更靠近敌方目标的空域活动而减少被发现的风险。至于该飞
行器的尺寸参数等则与"搜索者 Mk Ⅱ"类似。

"云雀"

"云雀"无人系统是由埃尔比特公司开发的便携式（背包型）
无人飞行器，它采用传统飞行器布局结构（螺旋桨推进器位于机
首），其光电传感器组件置于机鼻下方推进器桨叶之后。整套系统
包括三架飞行器、一套地面控制设备和数据下行终端，以及一套发
射器（飞行器过大无法由使用者手持发射）。

"云雀Ⅰ"（最初也称"云雀Ⅳ"）设计于 2002 年，当时是为
满足以色列国防军为其连、排级配备微型无人飞行器而提出的需求
（即"天空骑士"项目）。整套系统重 30 ~ 40 千克（含 3 架飞行器），
可由两名士兵携带和使用。当时，以军方于 2004 年 2 月挑选了"云
雀"便携无人系统进行进一步技术性能演示，并准备次年底签订

采购合同，但后来由于其他公司提供了可供比较的类似系统，合同签订日期也被拖延。2005 年 11 月，因反恐战争急需，澳大利亚陆军很快采购并向伊拉克部署了 6 套该系统（每套含 3 架飞行器），澳军方采购这一飞行器主要是将其作为采购未果的"Ⅰ－视野 250"飞行器的替代，并更换其老式"扫描鹰"（Scan Eagle）微型飞行器。2008 年 8 月后，澳军方又与埃尔比特公司签订了两项额外的采购合同，同时在当年 3 月，法国特种作战部队也称将采购该型系统；同年 9 月，埃尔比特公司宣布向墨西哥出售"云雀"和"赫尔墨斯 450"系统。2005 年 11 月，加拿大军方也采购了"云雀"无人系统，作为其部署于阿富汗地面部队的过渡机型，经过实战使用后，加拿大军方深感其性能优异，遂于 2006 年 10 月将其选为未来地面部队的标准微型飞行器（在竞标中击败了 IAI 公司开发的"Ⅰ－视野 50"及"扫描鹰"微型系统）。2007 年，瑞典军方也采购了 6 架"云雀"飞行器［引进后称为"法尔肯"（Falken）］，用于部署主要由瑞典部队组成的欧盟北欧战斗群（Nordic Battle Group）。法国开发的 DARC 飞行器在尺寸和性能上与其相似，但前者具备可灵活转动的传感器旋塔和双发发动机。

"云雀"飞行器

翼展：2.4 米

机身：长 2.2 米

全重：4.5 千克

续航时间：60～90 分钟。

"云雀 Ⅰ LE"飞行器

翼展：5.5 米

机身：长 2.2 米

最大升限：1830 米

续航时间：约 2 小时

有效航程：约 10 千米

"云雀 Ⅱ"飞行器

翼展：4.2 米

全重：43 千克

续航时间：6 小时

任务半径：50 千米

    "云雀 Ⅰ LE"型飞行器，是 Ⅰ 型延长航程后的改型，2008 年 12 月，该型飞行器通过竞标，被选为新的以色列营级地面部队无人飞行器（据称，涉及采购 100 余架飞行器），参与竞标的还有航空防御公司的"盘旋者"、IAI 公司的"鸟眼 400/600"以及拉菲尔公司的"陨石（Skylite）A/B"等飞行器。

    "云雀 Ⅱ"飞行器最早于 2006 年 6 月开始研制，该飞行器与

右图："云雀"背包型便携微型飞行器。（埃尔比特公司）

"Ⅰ"型机相比更大、更重，其重量达到 43 千克，只能通过滑轨助推发射，该项目得到美国通用原子公司的大力支持，后者希望利用该飞行器参与美国特种作战力量的"蒂尔Ⅱ"无人飞行器竞标，据推测该飞行器主要用于配备美特种作战部队，而非海军或海军陆战队，当时军方预计最早于 2009 年即可挑选出合适的飞行器。2007年 12 月，"云雀Ⅱ"系统也被韩国军方采用，配备其营一级地面部队。

"云雀Ⅱ"飞行器延长航程版本，称为"云雀Ⅱ LE"，与原型机相比变化较大，马达和螺旋桨推进器从机首移到机尾，续航时间也进一步延长到 15 小时，机体还搭载了新的传输距离达 150 千米的数据链。

意大利

意大利国内涉足无人飞行器研制与开发的企业主要是赛莱克斯·伽利略（Selex Galileo）集团公司，即之前的阿莱尼亚（Alenia）公司，而开发过多种无人系统的意大利流星（Meteor）公司（成立于 1947 年）是其下属企业。该公司曾参与美国 MQM-33 无人机及

"石鸡"目标靶机的制造，并供应了意军方近半数的 CL–89 系列飞行器。流星公司曾开发了"米拉齐"飞行器，它既有靶机型号也有侦察监视型号，之后亦开发过以喷气式"米拉齐"无人机为蓝本的侦察监视飞行器"猫头鹰"（Gufone 或 Owl），但该飞行器并未量产。

　　2000 年，意大利为其空军定购了 6 架"捕食者"飞行器（流星公司亦作为采购时的主要合同方，参与对引进"捕食者"无人机进行修改）。2004 年 8 月，意大利军方宣布再追加定购另 5 架"捕食者"，但到 2009 年时最初计划采购的 5 架仅交付了 2 架（2005年时因预算问题削减了 2 架采购量，移到之后的年份继续采购）。2008 年 2 月，意大利议会批准了到 2011 年时的 4 架"捕食者 B（MQ-9）"的采购案。此外，2002 年，意大利也曾采购过 20 架德国剩余的 CL–289 飞行器，用以支援欧洲快速反应部队中的意大利部队（法国也采购过此种飞行器）。事实上，在当时 CL–289 飞行器已显老迈，而由"米拉齐 100/150"飞行器发展而来的"尼波罗"，则被认为是 CL–289 的替代机型。

"天空" / "黑山猫"

　　2006 年 10 月，阿莱尼亚公司在都灵公布了"天空"（Molynx）飞行器的 3/4 尺寸模型，揭示了其 3000 千克级双发远程无人飞行器开发项目，该飞行器采用中单平直翼、T 形尾翼、双发（发动机及螺旋桨推进器位于两主翼后缘）的常规布局，传感器组位于机头鼻下侧。根据开发公司的介绍，"天空"飞行器将主要担负民事任务，如边境巡逻、火灾探测、渔业资源探测、通信中继以及巡护能源管道等，它也有军用型号，即"黑山猫"（Black lynx）飞行器。2007 年时公司曾计划于 2009 年对"黑山猫"飞行器进行试飞，于 2010/2011 年达到量产阶段。阿莱尼亚公司将"天空"飞行器视为中 / 高空长航时飞行器，它可配备光电 / 红外传感器组件、合成孔径雷达、电子支援设备（ESM）以及卫星通信天线等。"天空"飞行器为阿莱尼亚公司积累了无人系统的开发经验，为其开发军用武装型"黑山猫"中空长航时飞行器提供了借鉴，后者项目启动于2007 年 6 月。

"天空" / "黑山猫" 飞行器

翼展：25/28 米

机身：长 12.27/13 米

全重：3000/3500 千克（载荷 600/800 千克）

续航时间：30/36 小时

任务半径：3690 千米

巡航速度：405 千米 / 时

最大升限：13700 米

下图："天空"民用无人飞行器。（阿莱尼亚公司）

"隼"

2002 年 7 月，赛莱克斯·伽利略公司公布了其开发"隼"（Falcon）飞行器的计划（同时公布的还有"尼波罗"），这是一种中空长航时无人机。该飞行器首飞于 2003 年 11 月，之后到 2004 年底系统才基本完成研制，"隼"飞行器的设计目标是开发一种可在敌方防空火力范围外进行目标探测、定位和识别的军用飞行器，甚至可搭载防区外弹药（如伽利略航空公司开发的"多用途空射载荷"弹药，简称 MALP）进行攻击，将成为"米拉齐 –26"飞行器的潜在替代机型。

2005 年 6 月，"隼"飞行器成为第一种获得意大利民航管理当局批准的无人飞行器，整机采用上单平直翼、双尾撑、发动机推进器后置的常规布局，所搭载的传感器组件典型包括一套昼夜间（可见光／红外）成像器材、一部广角可实时传输视频图像的操作摄像机。赛莱克斯公司称，"隼"飞行器配备先进的自动起降系统，具备短距起降能力，其飞行控制系统采用商用总线结构，具有冗余和较强的容错能力。"隼"无人系统问世以来，多个国家对其表示了浓厚的兴趣，2005 年，有用户定购了 12 套该无人系统（用户具体国别不详，首套系统于 2006 年交付，第二套系统于 2007 年末交付）；据称，巴基斯坦军方也对数架飞行器进行了估计和测试，但后继是否决定采购不详；此外，保加利亚也已采购了该型系统，且利比亚军方也有意采购。2006 年 6 月，生产公司宣称将于 2008 年试验一种舰载发射和回收的"隼"飞行器型号，它将搭载通用的光电传感

下图："隼"中空长航时飞行器。（赛莱克斯·伽利略公司）

器和该公司开发的 X 波段海事雷达。

赛莱克斯·伽利略公司以"隼"飞行器为蓝本，开发机体尺寸更大的型号，称为"隼 Evo"，2010 年中期完成原型机制造，新机型的翼展更长（达到 14 米，原机型为 7.22 米），续航时间也从原来的 8 小时延长至 14 小时，甚至更长的 18 小时（新机型仍采用原先的 75 马力活塞发动机），最大起飞重量从原来的 490 千克增加至 750 千克（载荷由 70 千克增加到 120 千克）。由于发动机输出功率未变，新机型的速度由原来的 148 千米/时降至 110 千米/时，升限仍保持在 5000～6000 米。原有的"隼"飞行器可通过一整套改装组件变成新的"隼 Evo"飞行器，改装组件除硬件设备外，还包括新的飞行控制软件以适应新的机体和外形对控制的要求。"隼 Evo"飞行器的载荷除原来的常规传感器外，还包括新的 PicoSAR 微型合成孔径雷达以及电子战系统。

ASIO/"间谍球"/"蜂鸟"

"蜂鸟"（Hummingbird）无人垂直起降飞行器最初开发于 2004 年 2 月，由赛莱克斯·伽利略公司开发，于 2005 年 5 月首次完成垂直起降，其原型是意大利的里雅斯特无人技术研究所（UTRI）开发的垂直起降型飞行器（大致与法国伯蒂公司的"盘旋眼"属于同一量级）。2006 年 3 月，"蜂鸟"飞行器开始批量生产，当时预计于 2006 年底进入现役（采用国家和军队不详）。与"盘旋眼"飞行器一样，"蜂鸟"涵道风扇也有两组升力螺旋桨推进器（旋转方向相反），但与前者不同的是，涵道风扇围绕在"蜂鸟"的圆柱机体下侧。飞行器可使用遥控杆控制，在未控制时则自动保持悬停状态。整套系统体积尺寸也较小，可拆卸后装进背后

"隼"飞行器

翼展：7.22 米

机身：长 5.25 米

最大起飞重量：240～320 千克（载荷 70 千克）

续航时间：8～14 小时

飞行速度：约 148 千米/时

升限：6100 米

"蜂鸟"飞行器

涵道直径：0.5 米

机身：高 0.75 米

全重：4.2 千克（载荷 0.9 千克）

续航时间：约 1 小时

任务半径：22 千米

数据链传输距离：15 千米

最高飞行速度：65 千米/时

巡航速度：50 千米/时

最大升限：3050 米

携行，1 套系统包含 2 架飞行器和 1 部地面控制设备。该飞行器目前已被意大利特种部队采用。

  的里雅斯特无人技术研究所目前正在开发同类的 ASIO 和"间谍球"（Spyball）飞行器。整套系统总重 20 千克，包括一架随时待飞的飞行器和两个照相机载荷（相机载荷可根据环境光线情况自动由昼间型切换为夜间型），此外，UTRI 还提供可选配的 X 射线照相机。"间谍眼"飞行器的尺寸则更小，其总重小于 2 千克。

> ## ASIO 飞行器
>
> **涵道直径：**0.48 米
>
> **机身：**高 0.75 米
>
> **全重：**6 千克（载荷 1.5 千克）
>
> **最高速度：**44 千米 / 时
>
> **续航时间：**约 20 分钟（如飞行器以静音低速模式飞行，续航时间可达到 4 小时）
>
> **数据链传输距离：**12 千米

"米拉齐" / "尼波罗"

  "米拉齐"无人系统是一个飞行器家族，包含采用不同类型发动机及载荷的多个型号。其中，"米拉齐 –10"飞行器研制于 20 世纪 70 年代末 80 年代初，主要为外国客户开发，它采用小型活塞发动机及螺旋桨推进器、三角主翼、双腹鳍的常规布局；替代它的"米拉齐 –20"飞行器研制于 1980—1981 年，它采用一台 26 马力的活塞发动机，双尾撑机体结构，其机鼻内含一部用于目标探测与识别的雷达。1987—1988 年，意大利陆军和海军共采购了 40 架该型飞行器［陆军版本称为"秃鹫"（Condor），海军版本称为"鹈鹕"（Pelican）］。以该飞行器为基础，该公司后来还开发过配备预编程自动驾驶设备的型号，包括用于侦察的"渡鸦"和用于中继的"鹦鹉"（Parrot）。"米拉齐 –20"飞行器于 1988 年进入意陆军服役，也曾于 1985 年参与美国海军举行的竞标，但后来败给"先锋"飞行器。"米拉齐 –70"是一种较为传统的飞行器，其发动机和推进器位于机首，据推测可能基于流星公司早年引进自美国的 MQM–33 飞行器，其动力装置采用一部 70 马力的活塞发动机。

> ## "米拉齐 –100/5"
>
> **翼展：**2.3 米
>
> **机身：**长 4.07 米
>
> **全重：**330 千克（载荷 60 千克）
>
> **续航时间：**90 分钟
>
> **飞行速度：**马赫数 0.85
>
> **最低飞行高度：**3 米
>
> **最大升限：**12500 米

"米拉齐 -26" 飞行器

翼展：4.72 米

机身：长 3.78 米

最大起飞重量：200 千克

续航时间：7 小时

实用升限：4000 米

"米拉齐 -150" 飞行器

翼展：2.10 米

机身：长 4.69 米

最大起飞重量：345 千克

续航时间：1.3 小时

实用升限：9100 米

对页图："米拉齐 -100/5" 无人飞行器，其翼下挂载着"草穗"（Locusta）靶机。（赛莱克斯·伽利略公司）

虽然采用喷气式发动机的"米拉齐"飞行器在一定程度上，受 20 世纪 80 年代由美国授权在意大利生产的"石鸡"飞行器的影响，但两者也有较大差别，主要是"米拉齐"的喷气发动机位于机身后部上侧，而"石鸡"的发动机则位于机体后部。受"石鸡"影响最大的"米拉齐 -100"飞行器，作为靶机非常成功，后来意大利方面将其改装为侦察用无人机，但具体改装情况不详，到 1987 年时，这种侦察飞行器生产数量已达到 150 余架，意大利、伊拉克、利比亚等国都有采用。另外，还有 15～20 架该飞行器被北约采用，部署于克里特岛上的导弹靶场。"米拉齐 -100"飞行器总计生产了 600 余架，其中 3/4 被用作靶机，其他的机型则在配备红外或可见光照相机后用作侦察。为了使该飞行器由意大利本国军用飞机上发射，流星公司也曾启动了名为"南方之鹰"（Southern Hawk）的项目，使其可由意空军"普拉卡"（Pucara）攻击机上发射。"米拉齐 -100"飞行器采用 1 台 181.44 千克推力的 NPT 401 涡轮喷气式发动机驱动，配备有实时下行数据链。1986 年，为参与美国海军的中程无人飞行器项目竞标，太平洋宇航（Pacific Aerospace）公司亦以其为基础，改进出了增程的型号"米拉齐 -100ER"，但最终败给了 BQM-124 飞行器（后该项目仍被放弃）。1987 年，据称流星公司试验了一种可由奥古斯塔 A109A 直升机发射和回收的

"米拉齐" 系列早期的飞行器及性能参数

	翼展	机身长	全重	载荷	续航时间	速度	升限
米拉齐-10	2.71米	2.25米	70千克	不详	3小时	179千米/时	不详
米拉齐-20	3.83米	3.62米	197千克	25千克	3小时	200千米/时	3000米
米拉齐-70	3.57米	3.66米	260千克	20千克	1小时	360千米/时	不详

"米拉齐 –100"改型和以其为基础的巡航导弹，但后续试验和部署情况不详。以最基础的"米拉齐 –100"侦察型飞行器为例，其一次性使用时航程可达 900 千米。2005 年时，意大利军方仍采购 90 架"米拉齐 –100/2"型靶机，而"米拉齐 –100/4"型靶机亦被法国、西班牙、希腊和德国军方采用，北约设在克里特岛上的靶场也经常使用该型靶机，该系列靶机中的"米拉齐 –100/5"靶机也获得了意大利（32 架）和英国军方（39）的定购。流星公司亦以"米拉齐 –100/5"飞行器为基础，改装为"尼波罗"无人侦察机。而"米拉齐 –150"飞行器则是意军方采用的无人侦察飞行器（据推测"尼波罗"侦察机可能是其战术型版本）。

"米拉齐 –300"飞行器采用一部 377.39 千克推力的涡轮喷气发动机，短主翼为后掠式而非原来的平直翼，该飞行器研制于 1987 年，这一系列的飞行器最高端的版本为"米拉齐 –600"，它由两部 377.39 千克推力的涡轮喷气发动机驱动，它最初也于 1987 年研制，但项目仅停留在设计阶段。

"米拉齐 –100/5"除作为靶机外，还能用作毁伤评估、侦察和目标探测无人机，搭载相应的载荷后还可担负电子情报 / 信号情报的收集任务，甚至是专门的空中诱饵。如果一次性使用的话，其航程最大可达 800 千米，导航精度约 30 米（圆周概率误差），飞行器采用一部 158.76 千克推力的喷气发动机。在作为靶机时，"米拉齐 –100/5"机体采用三轴控制系统，主翼为超临界后掠式翼形、单垂直尾翼、机体后部下侧两片腹鳍，具备良好的机动性能和控制能力，在海平面或低空时机动荷载可达 4G，俯仰机动荷载达 2.5G，可模拟大多数对舰导弹或飞机。

"米拉齐"系列无人系统除意大利本国采用外，还广泛流传到

"米拉齐 –100"系列飞行器的性能参数

	翼展	机身长	全重	载荷	续航时间	速度
米拉齐–100	1.8米	3.94米	310千克	70千克	1小时	844千米/时
米拉齐–300	2.83米	5.0米	800千克	150千克	2小时	马赫数0.92
米拉齐–600	3.6米	6.1米	1000千克	300～500千克	2小时	马赫数0.92

其他国家，阿根廷曾取得"米拉齐-70""米拉齐-20"飞行器的生产授权，该国的生产型中前者称为MQ-1"奇曼哥"（Chimango），后者称为MQ-4"阿戈路科"（Agilucho）。

意大利军方采购"米拉齐"系列无人机后，还曾利用其试验阿莱尼亚公司开发的"卡特林"（CATRIN）机载指挥控制系统，搭载此系统的无人机主要用于军一级作战部队，整个系统拥有多套功能要素，如通信、侦察和战术空中监视及指挥控制等。这种集成多种作战功能的一体化系统概念最初始于20世纪70年代，1975年完成了可行性研究，并于1978年向北约欧洲司令部进行了演示和推介。由于演示起到良好的效果，北约高层也接受了这种一体化系统的概念，并于1984年11月向各防务企业提出系统性能需求，之后以阿莱尼亚为首的多家企业于1985年组成工业团队，开始研制CATRIN系统。1986年7月，意大利军方接受阿莱尼亚团队的申请，协助其进行开发。1992年系统试验正式开始，意军方当时也采购了两套系统，整套系统由"米拉齐-20/100"、CL-89无人侦察机以及AB412直升机等多个机型搭载，还包括地面控制站、数据融合中心等设施。

为试验和支持CATRIN系统，阿莱尼亚公司还改装了专用的"米拉齐26/150"无人机（两者分别由"米拉齐-20/100"发展而来），其中"米拉齐-20/26"可视为专为旅级部队使用CATRIN系统而开发，飞行器升级了新的导航系统（整合进了GPS系统）、飞行控制系统以及传感器性能。阿莱尼亚公司原计划于1995年开始量产"米拉齐-26"，但没有客户。20世纪90年代末科索沃战争打响后，意大利军方于2000年决定采购这两种飞行器（每种系统各8套，于2002年交付，但具体交付情况不详）。到2002年时，赛莱克斯·伽利略公司公布了其"隼"系统，它也被视为"米拉齐-26"的直接替代者。

此外，为替代老迈的CL-289系列无人机，赛莱克斯·伽利略公司亦以"米拉齐-100/5"为基础，为意大利总参谋部的先进无人飞行器演示项目开发了高速深入渗透型"尼波罗"飞行器，该飞行器首次亮相于2002年6月的欧洲萨托里国际航展。当时，开发公司曾预计将于2003年进行试飞，意国防部也于同年10月与赛莱

上图："尼波罗"无人侦察飞行器。(赛莱克斯·伽利略公司)

克斯公司签订开发合同。"尼波罗"飞行器设计有上传数据链，但并无反馈功能，2005 年 5 月，"尼波罗"开始首次试飞，样机配备了下行数据链和卫星指挥链，两种数据链在试验中都成功地发挥了作用。"尼波罗"飞行器除搭载与"隼"类似的载荷外，其机鼻处还配备有一部红外扫描仪。飞行器采用上单翼、水平尾翼的常规布局，"尼波罗"飞行器原计划于 2009 年进入现役，但目前其服役状况不明。

要注意的是，阿联酋曾购买了"尼波罗"无人系统的生产线和技术，但其生产的飞行器与意大利原产完全不同，前者动力系统为 45 马力的活塞式发动机。

"尼波罗"飞行器

翼展：2.3 米

机身：长 4.1 米

全重：360 千克（载荷 70 千克）

最高飞行速度：马赫数 0.85

最大升限：12200 米

航程：约 400 千米

续航时间：约 45 分钟

"天空 –X"

"天空 –X"（Sky-X）无人空中作战系统由赛莱克斯·伽利略公司于 2003 年 1 月开发，据称其研制目的是为竞标意大利空军准备采用的无人空中作战飞行器，它具备空中攻击能力，能携带两枚联合制导攻击武器（JDAM）或其他弹药。2003 年 3 月 13 日，半尺寸的"整合技术演示"样机模型露面，并于当年参加了巴黎国际航展，航展上它也被称为"整合技术飞行器"（ITV），当时并未搭载任何传感器组件。据公司介绍，该飞行器可搭载 300 千克的模块化载荷。2003 年 10 月开发进入到定型阶段，2003—2004 年时意军方对项目执行情况进行了审查，预计第一架半尺寸原型机于 2004 年 10 月生产，2005 年 4 月 11 日原型机样机下线，首飞安排在当年 5 月 29 日。2006 年进行集中试验飞行，主要检验和演示飞行器的自动起降系统、机体供油系统、高载荷机动以及低高度通场等科目，后续还将进行模拟空中加油的试验。该飞行器也是欧洲设计的第一种空重超过 1000 千克的机型。阿莱尼亚公司亦于

"天空 –X" 演示飞行器

翼展： 5.74 米

机身： 长 6.84 米

最大起飞重量： 1450 千克（燃料储量 350 千克、载荷 150 千克、空重 1000 千克）

续航时间： 约 2 小时

任务半径： 92 千米

最高飞行速度： 644 千米 / 时

巡航速度： 480 千米 / 时

实用升限： 7600 米

下图："天空 –X"演示型无人空中作战飞行器。（赛莱克斯·伽利略公司）

2006 称将于次年开始全尺寸原型机的研制和制造，量产机型原计划将于 2016 年下线。但后来"天空 –X"项目的前景很不乐观，意军方决定参加由法国主导的欧洲"神经元"无人飞行器项目，那么"天空 –X"飞行器将只作为技术演示项目，而不会再继续开发全尺寸的飞行器。2008 年，阿莱尼亚公司亦准备修改现有"天空 –X"样机的设计，将其尾翼上的控制舵面取消，代之以发动机矢量推力控制系统。

"天空 –X"演示飞行器采用上单后掠翼、V 形尾翼的常规结构，其喷气发动机位于机体上侧两片 V 形尾翼之间，易于减少机体下侧红外探测设备对发动机热辐射的探测，同时整个机体采用低可探测性设计，整机具备相当的隐形能力。飞行器采用内置武器舱设计（2.2 米长、0.8 米宽、0.48 米深，具有包括各类武器在内的多载荷搭载能力）。

"天空 –Y"

"天空 –Y"飞行器仍由赛莱克斯·伽利略公司开发，主要用于未来中空长航时侦察型飞行器的技术演示，因此该飞行器也采用典型的侦察飞行器结构，下单翼、双尾撑、活塞发动机及驱动推进器位于机尾。为了获得较长的航时，它采用一部 200 马力的菲亚特增压柴油发动机，未来也可能换用功率更大的菲亚特两段式超增压活塞发动机。"天空 –Y"也是欧洲各国开发的第一种可通过卫星数据链进行远程传输的无人飞行器，和"天空 –X"一样，它也配备先进的航电及飞行控制系统。该飞行器原型机首飞于 2007 年 6 月 20 日。

"乌林鸮"

"乌林鸮"（Strix）无人系统是赛莱克斯·伽利略公司开发的单兵便携式微型飞行器，项目于 2007 年 2 月开始启动，之后曾出售给国别不详的北约国家，但其产量总体

"天空 –Y" 演示飞行器

翼展：9.93 米

机身：长 9.75 米

全重：1200 千克（载荷 150 千克、燃料储量 200 千克，空重 850 千克）

续航时间：14 小时

巡航速度：260 千米 / 时

航程：约 920 千米

任务半径：约 92 千米（不使用卫星数据链）

实用巡航升限：约 7600 米

不大。飞行器采用飞翼式结构（主翼翼尖附垂直控制舵面），发动机及螺旋桨推进器置于机尾。

日本

　　日本是全球最大的无人飞行器使用国之一，但其应用主要集中在民用领域，军事方面的应用则较弱。在民用领域内，其无人飞行器广泛应用于服务农业生产等部门。日本最早接触无人机始于 1983 年，当年日本农林水产省与雅马哈公司（Yamaha）签署了合同，由后者开发一种用于稻田农药播撒的无人直升飞行器，以解决农业人口日益下降的问题。雅马哈公司在早年相关研究的基础上很快开发出了相关产品。到 2000 年时，日本农业部门利用无人飞行器播撒其 1700 万公顷稻田中的 770 万公顷。之所以选择雅马哈公司作为主承包商，是由于其在开发小型发动机方面有丰富经验，其可直接作为无人机的动力装置。1987 年，雅马哈开发了其第一代 R-50 无人直升飞行器，该公司也长期垄断日本国内民用无人机市场。在 2002 年，其 RMAX 无人机总应用量达到 1800 架，占到日本国内农业用无人机的 90%（总共 2000 架）。这类农业用无人机通常采用单独控制的工作模式，为防止干扰民用航空飞行，其作业升限一般不超过 150 米。雅马哈公司一直以来专注于民用无人机的研发，并未被选择作为日本自卫队军用无人机的开发商，据推测主要是由于该公司一直无意研究军用无人机所必备的平台自动控制系统。与其他国家侧重军事用途相比，日本是唯一一个将无人机大规模应用于民事部门的国家。

　　在军用领域，日本航空自卫队（JASDF）和陆上自卫队（JGSDF）都启动了各自的无人机开发项目。此外，日本海上自卫队（JMSDF）则使用着美国提供的"无线电遥控反潜直升机"（DASH）无人机，并自行将其改造为一种侦察平台。

　　1988 年末，航空自卫队决定基于其已有的 J/AQM-1 型无人靶机，开发一种具有隐形性能的无人平台，并与富士公司签署了价

"乌林鸮"

翼展：3.0 米

机身：长 1.17 米

载荷：1 千克

续航时间：2.25 小时（巡航速度飞行时）

最高飞行速度：65 千米/时

最大升限：3050 米

RPH2

机身：长 5.3 米

全重：330 千克（载荷 100 千克）

续航能力：约 1 小时

实用升限：2000 米

值 1060 万美元的合同。据称，这款无人机的机体外形与美国的航天飞机相似，它可从地面或空中发射，最早的一种原型机也于 1993 年完成。后来，这一系统最终进化成海上自卫队使用的多用途无人飞行器，它已由 F-4EJ 战斗机在航空自卫队岐阜空军基地进行了实飞空中投放。此外，日本军方还启动过一个开发项目，将其大量退役的 F-104 型战斗机改装成无人侦察机。

1991 年，陆上自卫队要求富士公司开发一种无人直升飞行器，用于地面炮兵观察（飞行前沿观察系统），1993 年富士公司完成了 6 架原型机的研制，1994 年初和 1995 年夏分别进行了集中试验。经过修改和调整后，第一套系统于 2004 年交付日本自卫队（总共采购了三套该系统）。这种无人直升观察装置航程约 48.3 千米，作战升限约 610 米。1997 年，富士公司将其改装成民用型号，称为 RPH2。

2003 年秋，日本防卫厅启动了一项为期五年的无人机开发项目，完成研究进入试验状态要到 2009 年。

此外，2003 年，日本统合幕僚会议（相当于美国参谋长联席会议）和美国太平洋战区司令部联合启动了一个无人机开发项目——"国家传感器平台"（NSP），将检视高空长航时无人平台用于海事监视用途（日本海上保安厅，相当于美国海岸警卫队，也于 2000 年开始了类似的海上无人监视平台项目）。2003 财年，日本开始涉足高空长航时无人平台开发领域。有报道称日本对美国开发的"全球鹰"战略无人侦察机极感兴趣，其最终的目标是采购该型无人机或自行研究日本版本的"全球鹰"。

民用 RMAX 无人直升机

旋翼直径：3.115 米

机身：长 2.75 米

全重：95 千克（载荷 30 千克，含油料）

续航时间：2 小时 30 分（以 10 千克载荷计）

任务半径（可控距离）：2.7 海里

巡航速度：71.48 千米/时

升限：2000 米

在无人机的对外部署方面，民用 RMAX 无人直升平台的军用型号（Mk Ⅱ G）于 2005 年随外派自卫队一起部署到伊拉克，其主要用于监视，并不具备攻击功能。与民用型号相比，Mk Ⅱ G 配备一部高分辨率电荷耦合元件（CCD）摄像机、一部热成像仪以及一套增强型导航系统，整套侦察监视系统包括四架飞行器和一个地面控制站。

约旦

2009 年 11 月，意大利赛莱克斯·伽利略公司和约旦阿卜杜拉国王设计和发展局联合宣布，将共同开发一种特种作战力量使用的无人飞行器，项目包括授权生产赛莱克斯·伽利略公司的"隼"飞行器，它是后来的约旦军队无人机的基础。

约旦版本的"隼"已于 2005 年 2 月的国际防务展（IDEX–05）上展出，当时已制订对其进行军方试验的计划，该项目也是约旦阿卜杜拉国王设计和发展局与约旦航空工业公司联合的风险投资计

约旦版本的"隼"

翼展：4 米

机身：长 2.95 米

全重：60 千克（载荷 6 千克）

续航时间：4 小时

最大航程：450 千米

数据链传输距离：55.3 千米

最高速度：179 千米 / 时

巡航速度：120 千米 / 时

失速速度：79.2 千米 / 时

下图：约旦版"隼"无人侦察机。（约旦航空工业公司）

"寂静眼"或"约旦寂静眼"无人机

翼展：2.20 米

机身：长 1.40 米

全重：3.5 千克（载荷 0.5 千克）

续航时间：约 1 小时

最高速度：108.7 千米 / 时

巡航速度：70 千米 / 时

任务半径：10 千米

实用升限：1000 米

划。它是一种小型无人侦察飞行器，用于对 50 千米范围内的目标进行侦察。机身采用上单翼、倒 V 形尾翼、发动机后置的设计，利用跑道滑跑起飞，动力装置采用两台 15 马力的活塞式发动机。其有效操作距离由配备的数据链决定，平台由 GPS 进行制导。它的载荷包括昼夜型摄像机和一部通信中继组件或干扰阻塞组件。整套系统由一架飞行平台、地面控制站及三名操作人员组成，三人中两人负责飞行器控制，一人操作载荷。

"寂静眼"（Silent Eye）或"约旦寂静眼"无人机项目由约旦军方于 2004 年启动，可用于视频监视、边境巡航和侦察，它采用大尺寸的机翼（机身后部仅作为尾桁用以连接倒 V 形尾翼），机翼外侧两端上倾，一台活塞式发动机置于机身后侧。其载荷位于机鼻处，包括一对广视域摄像机，其聚焦方向可由地面控制人员操纵，另加一个固定摄像头。整套飞行器可由人员便携，动力采用功率为 300 瓦的电马达，置于机身中部重心处。

韩国

下图：约旦"寂静眼"无人侦察机。（约旦航空工业公司）

2010 年 2 月，韩国国防科学研究院（ADD）公布了一项投标

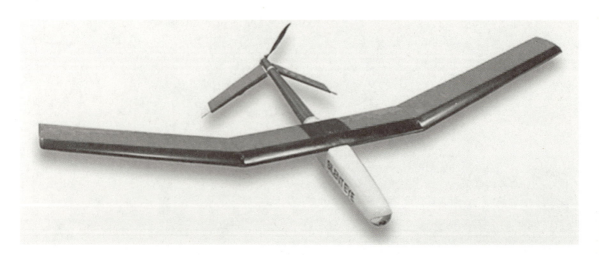

项目，希望开发一种无人作战飞行器，项目要求在 2013 年前，项目的等比例验证机须完成初步试验，韩国政府将为此项目提供雷达吸引涂料和两架原型机各一部发动机。国防科学研究院的投标截止到 2010 年 3 月 23 日，当年 6 月决定具体承包商。在此项目之前，韩国宇航工业公司就已开始研制先进无人平台，称为 K-UCAV，该项目由公司自筹资金，并已完成一架 20% 比例的验证机。根据已透露的信息显示，K-UCAV 外形与德国"梭鱼"无人作战飞行器相似，都采用下单后掠翼和 V 形垂直尾翼。该验证机已于 2008 年试飞，并于 2009 年 10 月首尔航空展公开露面。它采用内置式武器舱设计，据推测具有较好的隐形性能，并于 2010 年 2 月进入了实飞投弹试验。根据这些特点，可推测全尺寸 K-UCAV 机型全重 4.1吨，最高飞行速度马赫数约为 0.85，作战升限达到 12000 米，续航时间可达 5 小时，机身长约 8.4 米、翼展 9.1 米。

2010 年初，韩国军方又启动了两项无人机开发项目，一项由韩国航空公司（KAL）及一家外国合作伙伴负责，计划开发一种中空长航时大型无人机（升限约 15000 米）；另一种则是陆军使用的战场侦察无人机，由韩国宇航工业公司和大韩航空公司竞标。

韩国军方对无人机表现出明确的兴趣始于 1982 年，当时军方曾对无人机的军事用途进行过专项研究，但之后一直未有实际动作。直至 1995 年月 2 月，军方才准备从以色列引进两架无人机，1997 年 8 月定购了两架以色列生产的"搜索者"无人机，并于 1998 年初交付使用。这项采购案主要是想使军方获得无人机使用经验，并为后来韩国正式制造的首款"夜间入侵者 300"（Night Intruder 300）型无人机打下基础。

"夜间入侵者 300"战略侦察监视无人机，最早由大宇公司（Daewoo）于 1991 年负责开发，该项目最初代号为"Bijo"，无人机代号为"猎鸟"（Doyosae）。"猎鸟"原型机于 1993 年首飞，其完成开发后的型号称为 XSR-1，并于 1996 年首尔航空展上亮相（具体数据不详）。据当时预计，该型无人机完成剩余开发工作，最快可于 1998 年交付军方服役，但实际研制工作直至 2000 年 8 月才完成，显示出韩国在研制过程中遇到不少技术难题。2001 年军方正式与大宇公司签订生产合同。韩国宇航工业公司由政府于 1999 年

"夜间入侵者300"

翼展： 6.4 米

机身： 长 4.8 米

起飞重量： 300 千克（空重 215 千克）

载荷： 45 千克

续航时间： 约 6 小时

巡航速度： 180 千米/时

数据链传输距离： 120 千米，在有中继时可达 357 千米

实用升限： 4572 米

组建，是一系列政府主导的合并计划的产物。"夜间入侵者300"主要用于交付韩国陆军，第一套系统于 2003 年 11 月进入现役，并于次年形成作战能力，至 2008 年，陆军已总计接收了 30 套系统。但也有消息称，韩国陆军自 2001 年就采购了 5 套系统，到 2004 年交付完毕；海军也于 2003 年开始采购"夜间入侵者300"型无人系统。一套系统包括 6 架飞行器和一部机动地面控制站，控制站含一套可分离的地面控制终端，它可中续来自地面控制站的控制指令，将其传输给飞行中的无人机，也可反向地将来自飞行平台的压缩数据传输回地面控制站。除控制设备外，整套系统还有一部机动式地面发射装置。2009 年，韩国宇航工业公司宣称，在军方服役的"夜间入侵者"系统已完成了 1800 余架次的飞行，总体使用情况优良。

　　"夜间入侵者300"型无人飞行器采用上单翼常规气动布局，后置动力采用单台功率为 50 马力的汪克尔发动机，在外形上与南非

下图：韩国"夜间入侵者300"型无人侦察和监视飞行器。（韩国宇航工业公司）

上图：韩国海军陆战队士兵准备投掷发射"遥控眼006"型轻型无人飞行器。（优康公司）

研制的"探寻者"（Seeker）较为相似，其后继机型也在开发中，称为"夜间入侵者2"。

　　大约和"夜间入侵者"项目同时期的另一种小型无人机项目名为TRPV-1型微型无人飞行器。该项目最早始于1988年，当初希望为空军提供一种轻型无人空中平台，后来该项目研发过程断断续续，中途多次调整设计方案，直到2003年才完成首飞。之所以持续时间这么长，主要是为使其研发团队积累无人系统开发经验。2007年2月，韩国陆军公布了对短程轻型无人飞行器的需求信息，优康（Ucon）公司为赢得潜在合约将"遥控眼006"（RemoEye 006）型轻型无人

"遥控眼006"型无人机

翼展： 2.72米

机身： 长1.55米

全重： 6.5千克（载荷0.17千克）

续航时间： 超过1.5小时

巡航速度： 50~70千米/时

航程： 15千米

最高速度： 75千米/时

"遥控眼 002" 型无人机

翼展：1.5 米

机身：长 1.3 米

全重：2.7 千克（载荷 0.17 千克）

续航时间：超过 1 小时

巡航速度：50 ~ 70 千米 / 时

任务半径：超过 10 千米

最高速度：80 千米 / 时

"遥控眼 015" 型无人机

翼展：3.2 米

机身：长 1.5 米

全重：15 千克

续航时间：超过 4 小时

巡航速度：170 千米 / 时

航程：50 千米

H-120 无人飞行器

旋翼直径：3.2 米

机身：长 3.5 米

全重：100 千克

续航时间：超过 2 小时

航程：50 千米

最高速度：130 千米 / 时

巡航速度：120 千米 / 时

机提供给韩国军方试用，该无人机类似美国陆军的"先锋"型连排级前沿无人侦察机。2007 年，韩国军方选择了以色列研制的"云雀 2"无人系统，用于陆军前沿战术观测。"遥控眼 006"型无人机采用单兵手持抛掷式发射，它采用伞式轻质机翼。目前，阿拉伯联合酋长国采购了该型无人机，优康公司后继也开发了更小型的"遥控眼 002"型无人机（阿联酋特种部队也有采用）和稍大些的长航时"遥控眼 015"型无人机，后者可用于气象探测〔它与澳大利亚"航空探测"（Aerosonde）无人机相似，但未见相关考证〕。"遥控眼 002 和 006"型无人机系统都由四架飞行器、相应的载荷组成，载荷包括一台彩色摄像机或一台红外成像仪。"遥控眼 006"无人机也可使用两部较小的遥控视频终端。至于更大型的"遥控眼 015"在外形上与缩小尺寸的美国"捕食者"无人机相似，它采用圆柱形机体、上单翼和 V 形尾翼，动力由一台后置的活塞式发动机提供。此外，优康公司还开发过其他"遥控眼"系列的无人直升飞行器，包括 H-120 无人飞行器，它于 2005 年 8 月首次进行遥控试飞。一套 H-120 无人系统包括四架飞行器和相关的遥控设备。据推测其航程主要受其数据链传输距离限制，而非其燃料存量。此类小型飞行器现在在韩国军队中服役的具体情况不得而知。H-120 除了军事用途外，也可用作农业播撒作业等民事用途。

在"夜间入侵者"系统进入军方服役后不久，韩国科技部启动了一项为期 10 年的中长期无人空中平台开发规划——"21 世纪前沿研发项目"。韩国政府认为无论军用还是民用，未来世界无人机市场将会急剧扩大，为适应这种趋势，他们决定资助开发先进无人机项目，将其培育成为具有竞争优势的关键性战略产业。其开发规划要求到2012年时，韩国研制的无人机能占到全球市场的9%份额。

为实现这一规划，韩国宇航工业公司成为众多企业中的领跑者，在政府长期发展规划的鼓舞下很快开发了一种短程民用无人飞行器，用于海事巡逻和森林火警监控。该无人机名为KUS-7，首飞于2007年8月，后继型号为KUS-9。两种无人机都由韩国宇航工业公司下属研发部门航空航天技术研究院设计。两种型号都采用双尾撑结构，螺桨推进器及发动机位于机身后侧中部，但KUS-9型的机身采用更大胆的翼身融合设计，据称减小了雷达截面积。

2006年，韩国国防科学研究院计划开发在1.4万米中空能够续航24小时的中空长航时无人机（MALE）。韩国宇航工业公司被选定为主承包商和系统集成商。后续有报道称，MALE系统并非以韩国宇航工业公司KUS-9为基础，而是采用全新的设计，也有消息称该型系统的起飞重量达6.5吨，采用单台涡轮螺旋桨发动机。MALE项目正式启动于2008年，在美国多次拒绝了韩国对"全球鹰"战略无人机的采购申请后，该项目也有可能发展为韩国版的高空长航时战略无人系统。

智能无人飞行器也是韩政府"21世纪前沿研发项目"的重要组成部分，规划目标

KUS-7

翼展： 3.4 米

机身： 长 3.1 米

全重： 70 千克（载荷 7 千克）

续航时间： 约 2.5 小时

航程： 45 千米

实用升限： 3000 米

巡航速度： 100 千米 / 时

最高速度： 150 千米 / 时

KUS-9

翼展： 4.2 米

机身： 长 3.4 米

全重： 150 千克（载荷 20 千克）

续航时间： 约 8 小时

航程： 80 千米

实用升限： 4000 米

巡航速度： 140 千米 / 时

最高速度： 180 千米 / 时

MALE

翼展： 25 米

机身： 长 12 米

总重： 4 吨（载荷 500 千克）

航程： 可达 500 千米

新技术验证机

翼展：6.8 米（含倾转式旋翼）

旋翼直径：4 米

机身：长 5 米

全重：995 千克（载荷 90 千克）

最高速度：498 千米 / 时

巡航速度：438.4 千米 / 时

续航时间：约 5 小时

航程：200 千米

实用升限：4880 米

包括开发革新的无人空中平台技术，比如自动起飞 / 降落、空中防碰撞、机体系统自动故障诊断、飞行途中机体部件重新配置和主动气流分离技术等。韩国智能无人飞行器项目的开发始于 2002 年，最近该项目已成功试制了一架原型机并进行了试飞。新技术验证机由韩国航空航天研究院（KARI）领衔开发，它采用倾转式旋翼基本设计，而非先前谣传的常规式旋翼等其他设计。整个项目共分为三个阶段，第一阶段已于 2005 年 3 月完成，主要是在各种方案中分析、遴选最优化的设计；第二阶段于 2009 年 3 月完成，将生产一架原型机并对其进行试验和试飞；第三阶段于 2012 年 3 月完成，此阶段将把各类智能分系统集成到平台上，进行集成试验。

韩国的另一家公司——微型空中机器人公司（Micro Air Robot）也在为军方开发更先进的微型无人空中平台。根据现有资料，该公司曾开发过一种代号为 FM-07 的无人机。

马来西亚

FM-07 无人机

全重：0.5 千克

翼展：0.6 米

机身：长 0.3 米

续航时间：约 40 分钟

最高飞行速度：70 千米 / 时

巡航速度：40 千米 / 时

航程：约 5 千米

2008 年 10 月，马来西亚政府选定"联合无人开发研究飞行器"（Aludra）项目作为国家重要开发项目，并准备在其完成后装备马陆军。该项目由马来西亚复合材料技术研究公司（CTRM）主要研制，该公司先前曾参与过"鹰 150"（Eagle 150）航空侦察飞行器（ARV）的开发工作，这是一款有人 / 无人飞行器。此前，该公司自行开发过一种小型遥控驾驶飞行器（EX-01），之后又与伊克拉马提克（Ikramatic）系统公司联合开发自动驾驶系统，后该系统配备于更大型的 SR-01 型无人飞行器。除该公司外，马来西亚无人飞行器设计制造领域的另一家重要公司是系统咨询服务公司，它在 2000 年以后也独立开发了"蚊子"（Nyamok）无人飞行器。2006 年 12 月，三家公司联合参与了"联合无人开发研究飞行器"项目的研制，其验证型样机又称为 SR-02 型无人平台。原型机于 2006 年 9 月未搭载载荷完成了首飞，2007 年 5 月 15 日全载荷进行了试飞，其中搭载了全套灵活的传感器套件的样机型号为 MK-2，并参与了 2007 年"马来西亚兰卡威国际海事暨航空展"（LIMA）。三家公司开发的"联合无人开发研究飞行器"样机采用箱式机体和桁架尾撑结构，发动机及推进器后置，机体由一台 50 马力的发动机驱动。

复合材料技术研究公司曾研制生产的 ARV 飞行器源自原产于澳大利亚的"鹰 150B"两座轻型飞机，该公司将其改装成无人化的航空侦察飞行器后，用于海上监视、森林火警预警以及非法移民和毒品走私监视等执法领域。该项目最初由 BAE 系统公司和马来西亚 CTRM 公司共同于 1999 年计划研制，后来 BAE 系统公司退出合同，改而由该公司单独开发。ARV 飞行器首飞于 2001 年 6 月 5 日，其载荷安装在机头下部的下悬式传感器罩内，包括光电 / 红外传感器。整套系统包括 3 架飞行器和地面遥控设备，2006 年 1 月在马来西亚纳闽岛试飞时露面。但由于澳大利亚于 2005 年 11 月停止了其主要机体"鹰 150"系列飞机的生产，致使仅生产了少量 ARV 系统（其中确认被马政府采购一套）。ARV 系统可算是马来西亚涉足无人机领域，并成功实现试飞的第一种机型。它起飞与降落均采用自动方式。虽然该机型无须人员驾驶，但仍保持着原机体的座舱。

自 2008 年 11 月后，马来西亚政府新组

MK-2

翼展：6.10 米

机身：长 4.27 米

全重：250 千克（载荷 50 千克）

续航时间：约 6 小时

时速：约 221 千米 / 时

任务半径：约 150 千米

实用升限：3658 米

ARV 系统

翼展：7.16 米

机身：长 6.45 米

全重：648 千克（载荷 60 千克）

续航时间：约 10 小时

任务半径：250 千米

最高速度：约 245 千米 / 时

巡航速度：约 221 千米 / 时

实用升限：4877 米

"塞伯眼"

翼展：4.5 米

机身：长 2.8 米

全重：50 千克（载荷 15 千克）

最大起飞重量：60 千克

续航时间：约 10 小时

巡航速度：100 千米 / 时

最高飞行速度：160 千米 / 时

最大升限：4570 米

"塞伯鲨鱼"

旋翼直径：2.1 米

全重：30 千克（空重约 14 千克）

最大载荷：重量 5 千克（通常 2 千克）

最大续航时间：约 3 小时（通常 1 小时）

巡航速度：100 千米 / 时

最高飞行速度：130 千米 / 时

最大升限：3048 米（实用升限 2440 米）

数据链作战范围：100 千米

建了无人系统技术公司（UST），以专注于无人系统的研制和开发。该公司将以"联合无人开发研究飞行器"项目为基础，开发用于安全监视和成像用途的无人平台，供应马来西亚军方和执法部门。公司原预期将"联合无人开发研究飞行器"项目开发得更为成熟，但当年发生的全球性金融危机使计划无限期后延。

UST 公司现在直接的竞争对手是撒普拉（Sapura）集团公司和澳大利亚塞伯（Cyber）技术公司联合组成的工业团队，后者开发了"塞伯眼 II"（Cyber Eys II）型无人平台。"塞伯眼"无人平台首次于 2007 年向马来西亚军方展示，由于其性能优良且较为成熟，泰国皇家空军训练司令部也已采购过一批该型无人机。2008 年，该工业团队又向马军方展示了另一种名为"塞伯鲨鱼"（Cyber Shark）的无人直升飞行器，该飞行器研制于 2006 年，也曾在"马来西亚兰卡威国际海事暨航空展"（LIMA）上展出过样机，公司宣称，该型无人机具备高空长航时能力，与以色列"赫尔墨斯 450"型无人机类似，于 2010 年早些时候完成验证机试飞。

整套系统由 6 架飞行器和一套地面控制站组成，各飞行器采用差分 GPS 导航。其标准载荷为索尼公司生产的、具有 26 倍光学变焦功能的照相机，照相机置于机载弹性挂架，可克服飞行中的颠簸。机体具体设计包括机载设备荚舱，发动机置于机翼上方的塔门式发动机架上，后部尾桁连接着 V 形尾翼。

"塞伯鲨鱼"较有趣的设计是采用可置换式发动机，既可使用小型活塞式发动机，也可采用微型增压汽油机。其中采用汽油发动机时其续航能力可达 3.5 小时，最高速度为 130 千米 / 时，升限达到 3048 米。

目前，UST 公司和撒普拉集团公司也在

共同参与一款小型垂直起降无人飞行器项目的开发，该项目用以满足东南亚各国军方中长期对无人飞行器的需求，它可用于近距离侦察监视。另外 UST 公司开发的"英迪沙100"（Intisar 100）型无人直升飞行器已用于马来西亚国民事务部门的航空照相，它只能由操作人员遥控使用，而非自动运行。该型飞行器研制于 2008 年，并于当年中进行试飞。相比之下"塞伯鲨鱼"更大且性能较强。

墨西哥

墨西哥九头蛇技术公司（Hydra Tech）最初于 2002 年研制 S-4 "厄科特尔"（Ehecatl）无人飞行器，并于 2006 首飞，2007 年巴黎国际航空展上，S-4 型无人机首次公开展出。2008 年 2 月，墨西哥国家警察采购了一套该型系统，很快墨海军也采购了一套。根据该公司介绍，S-4 "厄科特尔"无人机的主要用途是边境监视，这意味着墨陆军可将其用于美、墨边境的监视，墨海军也可用于海上监视和巡逻。2008 年，多米尼加共和国与墨政府谈判准备采购该型无人系统，另外 S-4 无人机系统也曾向巴拿马政府做过展示。

巴基斯坦

巴基斯坦对无人飞行器产生兴趣始于 20 世纪 90 年代初，最初是为用于监视与印度有争议的克什米尔地区。20 世纪 90 年代初，巴基斯坦国家工程和科学委员会指导下的国家发展复合体实体就开始资助一些企业和研究机构从事无人系统的研制开发工作。具体涉足无人机研制生产领域的巴军工企业包括巴基斯坦航空复合体

"英迪沙 100" 型无人直升飞行器

旋翼直径： 1.5 米

机身： 长 1.34 米

起飞重量： 13 千克（载荷 5 千克）

巡航速度： 约 79 千米/时

续航时间： 约 1 小时

最大升限： 244 米

S-4 无人机

翼展： 3.70 米

全重： 55 千克（载荷 9 千克）

续航时间： 约 8 小时

最高速度： 166 千米/时

巡航速度： 70 千米/时

任务半径： 96 千米

实用升限： 4572 米

上图：2009年巴黎国际航空展上，墨西哥展出的S-4型无人侦察机。（作者收集）

（PAC）以及空中武器复合体（AWC）等企业。它们为巴陆军开发了自产的"暴徒"（Bravo）和"视界"（Vison）战术无人飞行器。巴国内涉足无人机开发的私营防务企业主要有集成动力（Integrated Dynamics）、监视和目标无人飞行器（SATUMA）公司。集成动力公司开发了包括"边境鹰"（Border Eagle）系列在内的多种无人机，广泛用于巴安全部队和警察。私营东西无限公司（East West Infinity）研制了"低语"（Wisper）远程监视信号情报收集无人系统，它可由作战舰只搭载在海上遂行任务，该系统首次于2006年露面。另一家私营企业全球防务工业解决方案公司（Global Industrial Defense Solution）则开发了"休默 –1"（Huma-1）型无人系统。巴基斯坦近十几年在无人系统开发方面取得了显著的进步，但据称这与巴击落并缴获的一架由以色列制造的印度"搜寻者（Seeker）Mk Ⅱ"无人机有关。

因为与印度军事竞争的需要，除积极自制外，巴基斯坦还力图采购国外先进无人系统，例如，2001年巴采购的英国美捷特

（Meggitt）系统公司生产的"海妖（Banshee）400"飞机的无人化型号。2004 年，巴还试图向美国申请购买"捕食者 A"或"暗影 200"无人机，但均未成功（据称，2008 年美国已同意巴购买"捕食者"系列无人机申请，并在当年交付了 4 架）。2004 年后，因考虑到未能从美国购买到"捕食者"无人机，巴转而于 2006 年 4 月为其陆军向德国采购了"月神"（LUNA）无人机，以及为其空军采购了意大利"隼"无人机。目前"隼"无人机已经意大利授权，可由巴自行生产。2007 年 5 月 23 日，在国际防务装备展（IDEF 07）上，巴基斯坦空中武器复合体公司与土耳其宇航工业公司（TAI）联合签署了战略合作协议，准备共同开发用于中空长航时无人飞行器的远程数据链。据报道称，这份涉及广泛的战略协议包括双方在无人机开发领域内的互相协助，这可能也涉及土耳其正在开发的"TIHA"无人机系统。2008 年，也有报道称，巴基斯坦正在与美国接触，希望获得波音公司开发的"扫描鹰"无人机，用于监控巴阿边境的部落区。

毫无疑问，巴国陆军是首先采购无人机的军种，其空军直至 2005 年才宣布了自己的无人机项目，2009 年空军才开始引进无人机，具体型号包括"暴徒"和意大利的"隼"。

在最先进的无人飞行器开发领域，2009 年 5 月，有报道称巴空军和国家工程和科学委员会启动了代号为"伯拉格"（Burraq）的无人空中作战飞行器开发项目，根据军方要求，该飞行器除具备高效的侦察监视能力外，还能搭载攻击指示吊舱用于为精确制导武器提供指引。

"边境鹰 Mk Ⅱ"

"边境鹰 Mk Ⅱ"由集成动力公司于 2003 年研发成功，也是该公司主要出口机型，据悉多个国家可能已采购了该型无人机，包括澳大利亚、利比亚、韩国、西班牙，甚至美国，但是并不确定。美国的采购部门主要是边境巡逻部队，主要在圣迭戈服役。至 2006 年 12 月，总计 18～20 架"边境鹰 Mk Ⅱ"成功出口，总值约 30 万美元。"边境鹰 Mk Ⅱ"采用平直上单翼、双尾撑、后置活塞式发动机和固定式起落架机体结构设计。一套标准系统包括 4 架飞

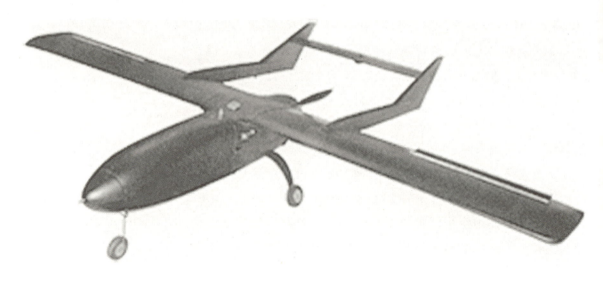

上图："边境鹰 Mk Ⅱ"无人飞行器。（集成动力公司）

行器和地面控制设备，该无人机载荷是一套陀螺稳定的光电监视平台。

"暴徒" / "视界 Mk Ⅰ"

这两型无人机系统由巴空中武器复合体公司研制生产。其中，"暴徒"主要用于侦察、监视，服役后也用于支援警察和边境巡逻部队。2000 年末，一套该系统交付给巴陆军用于操作评估。其机身具体尺寸数据不详，根据已有资料显示，它的使用全重约 110 千克，采用复合材料机身，载荷能力约 20 千克，活动半径约为 80 千米，续航时间超过 4 小时，最高速度为 158 千米 / 时、巡航速度为 120 千米 / 时。"视界Mk Ⅰ"也是它的一种性能增强型。

最初，"视界 Mk Ⅰ / Ⅱ"作为一套视距外无人系统进行研发。据空中武器复合体公司称，该型无人机具备预编程自主飞行能力，这意味着它具备一定的自动控制能力，而其早期型号显然需要持续监测和控制。其性能参数如下：有效飞行距离 50 千米（更大些的 Mk Ⅱ 型可飞行 120 千米）。"视界Mk Ⅱ"飞行器采用箱式机身和桁架尾撑结构，一部螺旋桨发动机安装于机身后部的上

"边境鹰 Mk Ⅱ"

翼展：3.1 米

机身：长 1.75 米

全重：15 千克（载荷 4 千克）

续航时间：超过 4 小时

任务半径：约 30 千米

最高速度：158 千米 / 时

巡逻速度：29.5 千米 / 时

最大升限：3048 米（实用升限 300 米）

单翼上。整套系统包括 4 架飞行器和地面监控设备。

"沙漠鹰"

　　为了满足巴基斯坦陆军的需求，集成动力公司于 2003 年年底开始着手"沙漠鹰"（Desert Hawk）无人飞行器的开发，该项目原型机于 2004 年首飞，2006 年进入巴陆军服役。"沙漠鹰"无人机的最大特点在于气动性能优秀、动力配置灵活：它既可动力飞行，也可在丧失动力的情况下滑行相当距离；动力方面既可采用汽油活塞发动机，也可采用配备机载锂离子电池模块的电动马达。其机体采用箱式机身和桁架尾撑结构，V 形尾翼，机载传感器配备于机身前部机鼻处（传感器组并未配置于机首下侧），两叶螺旋桨及发动机置于机身上方的塔门式发动机架上。据推测机身发动机舱后部是燃料舱，如果发动机为电动马达时，其后部则装备着电源模组。传感器组主要由 CCD 照相机组成，也可换装其他传感器。整套系统包括两架飞行器和相应的地面设备，其中两架飞行器在地形复杂信号传输不便的地点作业时，还可互相中继传输另一架飞行器的数据信息给地面设备。

"视界 Mk Ⅱ" 飞行器

翼展：4.51 米

机身：长 2.9 米

全重：80 千克（载荷 15 千克）

续航时间：约 4 小时（以时速 75 千米计）

最高飞行速度：208 千米 / 时

"沙漠鹰"

翼展：2.44 米

机身：长 1.83 米

全重：6.8 千克

续航时间：2 小时

最大任务半径：约 1.5 千米

全自动飞行距离：约 10 千米

最大巡航速度：104 千米 / 时

巡逻速度：31.5 千米 / 时

实用升限：约 300 米

"鹰眼 P Ⅰ/P Ⅱ" / "奎巴"

　　"鹰眼"和"奎巴"（Uqaab）都是集成动力公司开发的轻型跑道滑跑起飞无人飞行器。"鹰眼 P Ⅰ"首飞于 2002 年，"P Ⅱ"型号首飞于 2005 年。"鹰眼 P Ⅰ"翼展 5.03 米、起飞重量 130 千克，"鹰眼 P Ⅱ"翼展 5.76 米、起飞重量 175 千克。两款机型都采用双尾撑机体结构。在 2007 年英国国际防务与装备展（DESi）上，集成动力、先进计算及工程解决方案公司（Advanced Computing and

上图："奎巴"无人飞行器。
（集成动力公司）

Engineering Solutions）联合称，将需要18个月时间进一步完善对"鹰眼 P Ⅰ /P Ⅱ""休默 –1"的改进。

"奎巴"无人系统于2007、2008年试验成功，它也是上述"鹰眼"的增强改进型。据称现有两种版本的"奎巴"无人机——战术型和战略型，其航程分别为150千米和300千米，续航时间可达到5至6小时，实用升限约6100米。有推测认为，其战略型号利用卫星通信接收指令或回传数据，也能在飞行途中变更任务，其航程在80~100千米内，但这些说法来源于巴基斯坦国内网络，并未被证实。

"萤火虫"

"萤火虫"（Firefly）系统是一枚带有可折叠三角形尾翼和单垂尾的火箭，箭体采用PVC塑料制造，采用类似手枪的手持式发射装置发射，发射后其尾翼和垂尾弹开，火箭主动飞行时间约8秒，此后再惯性飞行并落回地面，至少可在空中停留30秒。该系统最初于2004年末开发，起初是为满足巴陆军驻北部山区部队对短程高速战术侦察监视手段的需要而研制。它采用一种小型化的商用固体火箭作为主体，搭配相应的侦察载荷和数据链传输设备构成，一次性使用，在燃料耗尽落回地面撞毁之前可上升 800～1000 米。整枚火箭未采用飞行导航系统，其载荷采用定焦距 CCD 照相机，飞行过程中拍摄的图片可经装置于箭体上的 1.5G 赫兹数据链回传至地面接收设备。一套系统价值约 3000 美元，包括四枚一次性火箭和一部以 PDA 为基础的地面控制接收站。"萤火虫"系统于 2005 年进行试验，集成动力公司计划借鉴"萤火虫"项目的子系统，将其集成到另一种手持式发射的微型无人飞行器上，据称该微型飞行器采用翼展为 200 毫米的塑料机翼，续航时间约 30 分钟、航程 1 千米。

"大黄蜂"

翼展：3.87 米（也有资料认为是 4.25 米）

机身：长 2.95 米

全重：60 千克（载荷 15 千克）

续航时间：约 4 小时

操作距离：约 80 千米

速度：132～140 千米／时

最大升限：1500 米

"大黄蜂"

"大黄蜂"（Hornet）系统亦由集成动力公司开发，是一类基于早期无人靶机的短程无人侦察监视平台。目前最新的型号为 Mk V 型，采用小型活塞螺旋桨发动机。整套系统包括 4 架飞行器和地

下图："大黄蜂 Mk V"型短程无人飞行器。（集成动力公司）

面设备。其载荷通常是一部昼间可见光摄录机，夜间使用时，也可搭载闪光灯配合使用。

"休默-1"

翼展： 4.4 米

机身： 长 3.76 米

全重： 130 千克（载荷 20 千克）

续航时间： 5～6 小时

任务半径： 约 150 千米

最大航程： 500 千米

最高飞行速度： 180 千米／时

使用升限： 1000～3000 米

"伽索斯 II／火烈鸟"

翼展 4.92 米

机身长 3.59 米

起飞重量 125 千克（载荷 20～30 千克）

续航时间 4～5 小时

实用升限： 3000 米

"伽索斯联合翼"

翼展： 3.98 米

机身： 长 3.72 米

起飞重量 180 千克（载荷 50 千克）

续航时间： 约 8 小时

巡航速度： 140 千米／时

实用升限： 5500 米

"休默-1"

该型无人机也由集成动力公司开发，采用双尾撑机体结构。该机首飞于 2003 年，2007 年集成动力公司称需要 12～18 个月时间进一步完善开发，也有消息称集成动力公司正以其为基础开发另一款更大型的战术无人机。"休默-1"被认为是一种低成本无人机系统，它采用基于 GPS 的自动驾驶设备，具有一定自主功能，即便在 GPS 信号被干扰的情况下，也能返回发射地点。发射时利用一部零高度发射装备实现升空。其动力系统采用一部 2 马力的二缸二冲程内燃机。

"伽索斯 II／火烈鸟"

"伽索斯 II／火烈鸟"（Jasoos II／Flamingo）无人系统由监视和目标无人飞行器（SATUMA）公司开发。"伽索斯 II"飞行器采用双尾撑机体结构设计，起落方式为轮式起落架滑跑起飞和降落。该型无人机也可能进一步发展后，替代"阴影／矢量"（Shadow/Vector）无人机系统，两者配置相似，但"伽索斯 II／火烈鸟"的性能更胜一筹。SATUMA 公司称该机型已于 2004 年被军方采用。

SATUMA 公司还以"伽索斯 II"为基础开发了 NB-X2 无人机，它也被称为"伽索斯联合翼"（Jasoos Joined-Wing）无人机，是一种战略型无人侦察机，但其技术性能与

"火烈鸟"无人机

翼展： 6.61 米

机身： 长 5.81 米

全重： 245 千克（载荷 30~35 千克）

续航时间： 6~8 小时

巡航速度： 130 千米 / 时

航程： 超过 200 千米（由实时视频传输连接决定）

实用升限： 3660~4572 米

"刺鳐"微型无人机

翼展： 3 米

机身： 长 1.5 米

全重： 7.5 千克（载荷 1.5 千克）

续航时间： 约 1 小时

巡航速度： 90 千米 / 时

航程： 15 千米

中升限 / 高空长航时的战略无人机相比，仍有相当差距。

SATUMA 公司开发的"火烈鸟"无人机是一种适于军用和民用的中程无人机系统，与"伽索斯"相似，它也采用上单翼、双尾撑机体结构布局，其动力装置采用一台功率为 50~60 马力的二冲程汽油发动机，起飞和降落时采用起降架滑跑起降。

下图："伽索斯联合翼"型无人飞行器，注意其配置有两部螺旋桨推进装置。（SATUMA 公司）

2009 年，SATUMA 公司发布了"刺鳐"（Stingray）微型无人机的开发计划，它采用飞翼形设计。

"旗帜" Mk1/X-1000

该型无人机由集成动力公司开发，"旗帜（Nishan）Ⅱ"是一种高速目标/诱饵机，它采用鸭翼式气动布局：主翼形为较短小的三角翼，前置一副较小的鸭翼，机尾部配置有两片垂直尾翼。整个系统包括 10 架飞行器和相应的地面控制设备。"旗帜 Ⅱ"的 TJ-1000 型号采用一部微型涡轮喷气发动机替代了原来的活塞式发动机，一套 TJ-1000 系统则由 6 架飞行器和地面设备组成。该系统的研究并非为侦察或监视目的，而是用作目标靶机或诱饵。集成动力公司也开发过类似的"狂风"无人机诱饵，其外形与英法等国开发的"狂风"战斗机较为相似，只是整体尺寸缩小。"旗帜 Ⅱ"X-1000［"勇者"（Janbaz）］虽也是"旗帜 Ⅱ"系列无人机，但它是一种完全不同的高空长航时无人机，拥有两台活塞式发动机、增强型的红外摄像/成像仪，以及传输距离更远抗干扰能力更强的数据链。

"旗帜 Ⅱ" X-1000

机身：长 7.62 米

全重：200 千克（载荷 50～70 千克）

续航时间：7～9 小时

最高俯冲速度：547 千米/时

巡逻速度：274 千米/时

巡航速度：354 千米/时

实时侦察距离：483 千米

转场航程：1126 千米

"阴影"/"矢量"

集成动力公司的"阴影"无人机明显与传统有人飞行器相似，它采用双尾撑机体，发动机及推进器后置，据推测，这可能是想在使用这些无人机时使敌人误以为是有人战机而吸引其注意力；其较小的体型又能使敌人产生错觉，误以为它们的距离较远。此型无人机的设计主要是为满足在 160～200 千米以内对敌方进行战术侦察的需要，其数据链的直线传输距离约 200 千米。与集成动力

"阴影/矢量"

起飞重量：70 千克（载荷 10～15 千克）

最高飞行速度：130 千米/时

巡逻速度：90 千米/时

巡航速度：100 千米/时

转场航程：约 300 千米

有效实时侦察范围：60 千米（由数据链传输距离决定）

续航时间：约 3.5 小时

公司开发的其他机型相似，一套"阴影"系列无人机由 4 架飞行器和地面设备组成。但集成动力公司在该无人系统的产品手册中称，其载荷能力是"40 千克级"，这意味着上述参数可能被低估。尽管"阴影"无人机的开发明确是为巴军方需要，但有报道称，2006 年新加坡政府也向巴采购了两套"阴影"系统，用于其国内的农业调查。集成动力公司也称，可根据客户特殊需求修改"阴影"系统的设计和配置。

"矢量"系统是一种大型无人机系统，它最早于 1989—1990 年设计，首飞于 1995—1996 年，其生产型号"矢量 Mk 1"型生产于 2001 年，Mk 2 型于 2002 年参加了迪拜国际航展，据信这一型号的航程可达 200 千米，续航时间达 5 小时，实用升限约为 3660 米。根据现有资料和巴国内网络透露出的信息可知，"矢量"系统飞行器的机身（可能是 Mk 2 型号）截面为圆柱形，而非先前的矩形。其载荷通常为一部实时昼间摄录机，或可根据需要替换为声响传感器或微型雷达。

"阴影"无人机

翼展：5.2 米

机身：长 2.95 米

全重：90 千克（载荷 25 千克）

续航时间：约 6 小时

任务半径：100 千米

最高速度：206 千米 / 时

巡逻速度：74 千米 / 时

实用升限：3660 米

Mk 1

翼展：7.09 米

机身：长 3.54 米

全重：105 千克（载荷 25 千克）

空重：66 千克

续航时间：约 4.5 小时

最高飞行速度：205 千米 / 时

巡逻速度：73.7 千米 / 时

实用升限：4572 米

波兰

20 世纪 90 年代，波兰新政府就开始对大型战术无人飞行器和微型飞行器进行研究，但由于缺乏技术积累和资金，目前对这两类飞行器的需求仍以外购为主。早在 1994 年，在国家科技研究委员会的资助下，相关机构就以"维克多"（Vektor）为项目代号，尝试获取战术无人飞行器。波兰梅莱茨公司（PZL–Mielec）曾与法国萨基姆公司接洽，商讨由后者提供技术援助并提供地面设备及飞行器航电设备的问题。波兰方面设想，新的战术飞行器载荷能力应达到 45～50 千克，且梅莱茨公司也曾提出飞行器动力采用活塞式内燃机或电动马达两种备选方案。虽然曾进行过多方面的努力，但始终没有完成实际的设计工作，更未进行样机试制。2005 年，波兰向美国政府申购 RQ-7 型"阴影"无人系统成功，成为该系统的首个国外客户。最初，波兰政府希望能采购四套该系统，以装备其四个旅级作战部队（外加训练用备份系统），但到 2006 年初，该采购案被削减为只采购两套系统（共含三架飞行器及一架备份飞行器），另两套系统的采购将延迟到 2010 年时完成。2008 年 10 月，波兰国防部公布了一项紧急的作战需求，要求在短时间内采购三套战术无人机系统，几种备选机型主要来自以色列，例如"航空之星""赫尔墨斯 450"和"搜索者 Mk 2"。这也表明，波兰政府原先准备自行开发的计划已被放弃。

与大型战术无人飞行器相比，波兰在微型无人飞行器方面的研究显然走在前面。波兰空军技术研究所与拉德瓦尔（Radwar）电子公司于 2000 年后联合开发了名为"矮人"（HOB-bit）的微型无人机，该无人机于 2005 年进行了试验飞行。与此同时，WB 电子公司（WB Electronics）开发了"索法"（SoFar）无人机系统。虽然本国研究机构和企业在微型无人机方面取得了进步，但波兰军方最终还是选择了国外产品。2005 年，波兰特种作战力量公布了对微型无人机的需求，当时有几种备选产品，分别是本国国产的"索法"无人机系统、以色列"盘旋者"和"鸟眼 400"型无人机，以及美国产"渡鸦"。最终以色列"盘旋者"被选定，2006 年波兰军方定购了一套该系统，次年 7 月又追加定购了 7 套，2008 年 6 月又买了另外 4 套，军方预计到 2012 年将拥有 21 套这类微型无人系统。2007 年末，"盘旋者"无人机系统随波兰军队一起部署到伊拉克。除"盘旋者"外，波兰军方还采购了以色列产"云雀"和本国产"索法"无人机系统，目前正在向波军交付。

波兰国产"索法"无人机系统也是波兰 WB 电子公司和以色列顶点构想公司（Top-1 Vision）联合开发的成果。它采用手持式

"索法"无人机

全重：4.9 千克

续航时间：约 2 小时

航程：10 千米

最高速度：90 千米 / 时

发射的方式，机身截面呈圆柱形，其发动机配置于伞式主翼上，机身可折叠易于携带。2006 年 12 月，匈牙利军方采购了两套该系统（每套系统含 3 架飞行器），用于配备即将部署到阿富汗的匈牙利部队。匈牙利军方选择这种无人机主要是与"鸟眼 400"和"云雀"无人机系统相比，其性能参数更优。2006 年 6 月，"索法"无人机系统首次应用于校正波军 152 毫米榴弹炮，可能是全球首类用于炮兵火力校正的微型无人机观察系统。

> ## "矮人"飞行器
>
> **翼展：**1.7 米
>
> **机身：**长 1.2 米
>
> **全重：**3.5～5 千克
>
> **续航时间：**45 分钟
>
> **活动半径：**20 千米
>
> **巡航速度：**40.5～90.3 千米 / 时
>
> **实用升限：**100～600 米

2005 年，"矮人"微型无人机系统参与了华沙警察部队举行的一项技术演示试验，主要用于验证该系统与不同指挥控制系统连接的可靠性和数据传输能力。华沙警察部队将评估其用于城市巡逻和快速响应的可能性。"矮人"飞行器拥有两个电动马达，这在微型无人机里较为少见，两个马达分别置于两片主翼上，带动着螺旋桨推进叶片。

俄罗斯

俄罗斯是世界上最早从事无人飞行器研制的国家之一，早在第二次世界大战结束不久后，苏联就是第一个开发喷气式无人侦察机的国家。由于当时电子技术非常原始，其所开发的无人控制系统也多采用预先设定的模拟控制系统，侦察手段也主要以照相胶片为主，没有任何形式的数据链连接，侦察照片须返回基地后冲洗。资料记载的苏联第一种进入现役的无人机系统是"拉–17R"（La–17R），它是当时无人化的"拉–17"靶机（代号为 TBR–1 系统）的高级版本。1956 年，苏联军方决定以"拉–17"靶机为基础开发相应的无人侦察型号，新系统有两种发射方式——空射和地面发射，但后来试验空中发射版本始终未能成功，故而地面发射的型号得以继续发展。拉–17R 无人侦察机采用无线电和自动驾驶控制，使用传统胶片对预定目标区域进行拍照。它的自动方式很有特点，起飞后，其自动驾驶仪周期性地开关，在其关闭期间正好可利用无线电遥控驾驶方式，并根据合成雷达波定位和测向等跟踪数据，对其航向和高度进行修正，这既可防止机体飞行高度过低或航向偏差，又无须投入过大精力对其遥控。其研制工作始于 1958 年，试验于 1962 年完成。它的战斗侦察半径约 400 千米、最小飞行高度约 600 米、最大升限 5000 ~ 7000 米，这些性能使其具备了飞越战线前沿对敌后纵深 60 ~ 80 千米目标进行战术侦察的能力。1963 年，"拉 –17R"开始进入量产阶段，生产一直持续到 1974 年，之后，"拉 –17R"无人侦察机被图波列夫（Tupolev）VR–3 Reys 无人侦察系统取代。直至 20 世纪 80 年代初期，该机型才完全退役。

就在"拉 –17R"研制试验的同时，图波列夫设计局也基于早期流产的巡航导弹项目，开始开发一种速度更快的无人侦察机。由于新无人机并未基于已有机型，而是面临着全新的设计任务，当时都以为其研发过程会较为拖沓，但实际上，新系统在"拉 –17R"试验成功后不久就完成样机制造，并开始试验。新无人侦察机代号为"图 –123"（Tu–123），其机身改装自流产的"图 –121"巡航导弹，又称为"鹰"（Yastreb DBR–1）式远程无人侦察系统，其中字母缩写 D 意即俄文中的"远程"之意。最初，"图 –123"无人侦察机在"图 –121"导弹项目被取消后的 6 个月启动，其设计主要参考自"图 –121"巡航导弹，其机身直接就采用自后者。与"拉 –17R"只能搭载少量载荷不同，"图 –123"既携带有电子设备，同时也携带着光学照相设备，其航程也比前者远得多，达到 3200 千米。但这也造成了问题，当时无法让这类无人远程战略侦察机在执行完任务后，顺利返回基地降落回收，因此采取的方法是将拍摄的侦察照片胶卷和记录电子信息的磁带以伞降的方式投放到特定区域。由于在"图 –121"导弹研制过程中，制造了大量试验用机身，因此"图 –123"无人侦察机的研制进度进展较快，到 1963 年时，已完成样机制造，并开始集中试验。每个"鹰"式"图 –123"侦察中队由 6 部发射装置组成，每个发射装置配备两架无人机。根据参考资料显示，1964—1972 年，苏联共制造了 52 架"图 –123"无人侦察机，但它们替换的苏联侦察机部队情况则仍不明了，该型无人机服役至 1979 年，此时军方已有了性能更强的侦察机，即"米

格 –25R" 高超音速侦察机。图波列夫设计局还以该型无人机为基础，研制过其他一些类型的飞机，例如后来被终止的有人驾驶版本以及另一种由核涡轮喷气发动机驱动的版本。

在"图 –123"之后，图波列夫设计局也曾建议研制一种可重复使用的该型机版本——"图 –123P"型，但这一建议提出后很快就被否决。但是 1964 年，图波列夫设计局开始着手研制一种可重复使用的无人侦察机系统，称为 DBR–2 型，又称为"图 –139"无人机，该机型在 20 世纪 60 年代末就完成研制并开始进行试验，但该项目后来也被终止。另外，该设计局当时也进行着超音速无人侦察机的研制，但可能是由于当时侦察卫星已投入使用，这一项目很快也被终止。1968 年，图波列夫设计局建议开发短程超音速无人机系统（VR–3，或 Reys 系统）被批准，该项目很快进入研制阶段，机型代号为"图 –143"，后来试制出的样机实现了重复使用的预期（可反复使用 10 次以上）。该短程超音速无人机主要用于侦察，其最初的型号只限于对近距离内的战术目标进行照相侦察，后来也计划开发能携带电视录像和电子支援设备（ESM）的型号（主要用于提供实时战术情报）。"图 –143"的生产一直持续到 1989 年，其间各个型号生产了总共 950 余架，这些飞行器共可组成 152 套完整的系统。与"图 –123"近 3200 千米的航程相比，它的航程只有 170 ~ 180 千米，但它可进行超音速飞行，最高速度可达 2703 千米 / 时，远超过前者，这也使其更不易被前线防空火力击落。每个"图 –143"（VR–3）中队包括 4 部发射装置和 12 架"图 –143"飞行器。20 世纪 80 年代后，该系统曾被出口到捷克斯洛伐克、罗马尼亚、叙利亚，甚至可能还有伊拉克。其中叙利亚在 1982 年曾使用该无人系统对以色列在南黎巴嫩的军事部署进行过侦察。20 世纪 80 年代苏联入侵阿富汗时，也曾派"图 –143"无人侦察机进行过侦察，对当时的使用效果较为满意。1983 年，图波列夫设计局以"图 –143"为蓝本，开发航程更远的型号——"图 –243"，也称为"Reys–D"型无人侦察机，其航程可达 360 千米，该机型首次试飞于 1987 年，并很快投入量产，后来该无人机和地面设备也称为 VR–3D 系列。与"图 –143"相比，"图 –243"机体延长了25 厘米，用以增加燃油储量，还更新了发动机和整个侦察设备组

"图 –243"

翼展：2.2 米

机身：长 8.3 米

全重：1600 千克（载荷 130 千克）

巡航速度：850 ~ 940 千米 / 时

飞行高度：50 ~ 5000 米

任务半径：360 千米

件，包括可选的昼间和红外照相机。此时苏联已有了较为成熟的数据链，侦察设备获取的情报可直接传回地面控制中心。新的"图 –243"在执行任务前，也须进行飞行规划，在对目标区进行侦察后，即可进行数据传输（通常在照完相 12 ~ 14 分钟后）。苏联解体后，俄罗斯军方接收了 VR-3D 系统，由于没有资金开发替代系统，便一直服役到 2009 年。据称，直到 2004 年，俄军方仍有 30 余套 VR-3D 系统在服役。2008 年，由于该机型日益老化，俄军方也启动了一项现代化计划，准备更新该系统，首批两架"图 –143"无人机于当年 11 月抵达工厂。

与"图 –121/123"等机型同时开发的无人侦察飞行器还有 VR-2"雨燕"（Strizh）无人系统（飞行器代号为"图 –141"），它的任务性能与"图 –143"类似，都可对前沿数百千米内的战术目标进行侦察，实际上 VR-2 系统替代的正是"拉 –17R"无人侦察机。考虑到它具有比"图 –143"更大的航程，"图 –141"几乎可看作是一种放大版本的"图 –143"，其原型机于 1974 年 2 月试飞，并于 1979 年投入量产，总计产量约 152 架（含原型机）。"图 –141"可看作是与美国在越南战争时期广泛使用的"火蜂"（Firebee）无人机相对应的产品，而且从该机型研制和生产来看，至少也是受到美国在越战中大量使用无人机的影响。大约在 20 世纪 60 年代末、70 年代初，"图 –143"的研制方案得到军方首肯时，苏联获取了一架因自动驾驶仪故障而坠毁的美国"标签板 D-21"（Tagboard）型超音速无人侦察机的残骸，很快图波列夫设计局设计出与 D-21 类似的机型，并称其为"乌鸦"（Voron），但该机型并未继续生产，当年苏联是否从美国无人机上获得相关技术也不得而知。

20 世纪 80 年代末，苏联准备研制一种具备 24 小续航能力和 20000 米升限的战略型无人侦察机，项目代号称为"奥廖尔"（Orel），预计它的起飞重量约 4000 千克，可携带合成孔径雷达（SAR），对目标进行雷达成像侦察，不受雨雾等恶劣天气对可见光成像的影响。包括图波列夫、米亚西舍夫（Myasischer）和雅科夫（Yakovlev）等设计局都参与了项目竞争，但后来由于苏联解体，俄罗斯虽接收了苏联绝大多数航空基础设施，但由于缺少资金，该项目最终被取消。

在 1982 年初，苏联国防部部长也曾制订过开发计划，准备为红军空降部队装备一种无人空中飞行器，这主要是由于空降部队通常在敌后作战，他们缺乏必要的战术侦察手段。根据这一作战概念，推测可能是准备在核及常规大纵深战役初期将伞降部队空投到敌后纵深地域，用以袭扰北约的第二梯队和后方力量。当时，苏联伞兵部队战场侦察能力有限，敌后作战行动亦更多地依赖一线指挥官见机行事，这也使该问题更加急迫。1982 年 7 月，苏联正式下达了研制命令，之后不久，1982 年以色列和黎巴嫩的战争中，以色列大量使用无人机。为伞兵部队开发无人侦察系统的任务交到了当时苏联电子工业部下属库伦（Kulon）设计局和雅科夫设计局手中，

下图：图 –243 型无人飞行器及其发射、储运车。（斯蒂芬·扎洛加）

其中前者负责开发平台使用的传感器和控制系统，后者则研制相应的飞行平台，项目指定的代号为"第60号项目"或"DPLA-60"（"远程控制平台60"的俄文缩写），绰号为"蜜蜂-1"（Pchela-1）。

1982年的开发计划要求新的"蜜蜂-1"轻型无人机必须在1983年进行试飞和试验，事实上，"蜜蜂-1"的首飞是在1983年6月17日。到1985年，该机型完成定型并投入量产，首批50套于当年9月订货。这一批次的产品具有摄录和照相功能，附有数据链，又称为"蜜蜂-1TM"系统，用以和后继用于电子对抗的同类无人机相区别，后者则称为"蜜蜂-1PM"系统。与此同时，1984年，"蜜蜂"无人系统经过一系列试验和设计修改后，提升了性能，新的机型又称为"野蜂"（Shmel）系统，并于1986年4月完成了首飞。"野蜂"无人系统的外形、配置很多与"蜜蜂"系列相同，但两者在细节上的区别也很明显，最主要的是，至少按西方标准看来，"野蜂"系统是一类全新的数字化无人侦察平台。出于严格的保密习惯，同时也为迷惑西方，至少在1992年前，"野蜂"系统也会被称为"蜜蜂-1T"，苏联解体后，"野蜂"的称呼也被抛弃，习惯上便只称为"蜜蜂"系列无人机了。

当时，苏联逐渐开始对各类无人系统感兴趣，这主要是1982年以色列无人机在黎巴嫩战争中的出色表现，给了苏联军方极深的印象，故很快苏联决定大力开发相关技术，为红军配备各类无人系统，这也是"蜜蜂""野蜂"等无人系统迅速完成开发并装备部队的时代背景。除了上述这些零散开发的无人系统外，苏联军方还设置过一个无人机系列的研制项目，项目总代号称为"编队"（Stroy），计划开发几种适用于不同层次部队的无人平台，包括："编队-P"（团级部队使用）、"编队-A"（集团军级部队使用）、"编队-F"（方面军级部队使用）。以"编队-P"为例，它主要采用"蜜蜂"无人机系统，将与团属远程支援火力，如多管火箭发射器、自行榴弹炮以及攻击直升机相结合，为前者提供目标信息。如果成功，这种作战模式将非常接近西方的"侦察打击一体化"概念，也有可能使苏联红军进化成一支分散、灵活的力量，将其本已极强的火力优势充分发挥出来。"编队-P"系统后来也用于出口，其出口性能简化型号亦称为"蜜蜂-1T"，但这易与"野蜂"系列无人机相混淆，为解决这一问题，苏联方面干脆就把出口型号称为"出口型野蜂"。到 1991 年底，厂方总共向军方交付了 5 套"编队 –P"系统（每套系统含 10 架飞行器），但此时正值苏联解体后的混乱时期，没人注意到这么几套小型无人机系统，它们便一直被堆放在仓库中，直至 1997 年才正式在俄军中服役。1991—1992 年间，俄罗斯共产生了 36 套"蜜蜂 –1T"系统，组成了 3 套"编队 –P"团级无人机单元，但其中一套单元在 1993 年交付俄军之前，被送给了朝鲜政府。20 世纪 90 年代中后期，俄罗斯开始进行第一次车臣战争，"蜜蜂"无人机也随俄军参战。1995 年 4 月—5 月的车臣战争中，共有 5 架"蜜蜂"飞行器累计参与了 8 次战斗。由于此前俄军从未使用过类似的战术无人机，尽管它们在为火箭炮、攻击直升机部队进行目标指示方面具有较好的效果，但它们的参战相当程度上仍带有试验性质。

"蜜蜂 –1T"

翼展： 3.25 米

机身： 长 2.78 米

起飞重量： 138 千克（载荷 70 千克）

续航时间： 约 2 小时

任务半径： 60 千米

速度： 179 千米 / 时

实用升限： 3000 米

　　由于车臣战争的需要，俄罗斯军工生产在经历了苏联解体初期的混乱后，在 20 世纪 90 年代末也逐渐步入正轨，"蜜蜂"等无人机的生产也于此时重新开始（也有资料认为，直至 2002 年，"蜜蜂"系列无人机才在雅科夫设计局重新生产）。当时，俄军方曾评估，为满足部队训练作战需求，将至少需要 10 套"编队 –P"团级无人机单元（100～120 架"蜜蜂"无人机）；车臣战争的经验也使俄军高层感到，有必要更新"蜜蜂"的设计，比如，加装红外成像设备，使其具备在夜间使用的能力，这也导致了"蜜蜂 –1 I"系统的诞生（它配备有红外行扫描仪），后来，这一系统被进一步改造，具备实时火炮观察和校射的能力。2008 年，俄格战争中也出现了"蜜蜂"系列无人机的身影，甚至在战争中还有一架坠毁被格军缴获。"蜜蜂"系列的下一个型号最初出现在 2004 年，其代号为"蜜蜂 –1P"，它配备有一套通信阻塞设备或是一部激光目标指示装备，前者可用于信号情报收集和干扰，后者可在战场前沿为激光制导武器指示目标。

　　"蜜蜂 –1T"的外形采用肩翼及涵道风扇螺旋桨，光电传感器塔位于机鼻下侧，其动力采用一台 32 马力的萨马拉 P-032 型活塞式发动机。

其间，俄罗斯还开发过一种航程较短的"编队 -BP"无人系统，每个单元含两架飞行器。无人系统采用 25 千克重的"奥撒"（Osa）飞行器，飞行器采用前置鸭翼，后部主翼为三角形翼，两片尾鳍，动力为一部活塞式发动机。它的续航时间约 2.5 小时、巡航速度为 120 千米 / 时，使用高度为 50～2500 米。载荷是一部广角可见光红外摄像头、一部核放射量测定仪，后者也可替换成气体分析仪，用于核生化探测和侦察。"编队 -BP"型号的操作距离约为 20 千米，而不是"蜜蜂 -1T"为代表的"编队 -P"系统的 60 千米。

继"编队 -BP"系统后，俄继续开发了"编队 -PD"无人系统，它使用"蜜蜂 -1K"飞行器，K 意即昼夜型。2004 年，"蜜蜂 -1K"飞行器开始试验，此版本略微增大了飞行器翼展，翼尖也由原来下掠改为拉直，并配备了新的控制舵面和飞行控制系统以改善飞行器的机动性能，其实用升限也提高至 3960 米，经修改设计后，其任务半径仍保持原来的 60 千米，但飞行器控制品质得到提升。2007 年，"编队 -PD"无人系统还选择过另一款较大型的飞行器进行改装，即双发的"尤利娅"（Yulia）飞行器，与以往"蜜蜂"系列飞行平台相比，新飞行器可提供四倍的续航时间和航程，以及提升后的载荷能力。由于航程较远，"尤利娅"飞行器利用一套机载数据通信中继装备来联系远距离外的地面控制站。考虑到其较远的航程，"尤利娅"飞行器也可能作为一种空中平台，在敌后纵深为俄军现役的"伊斯坎德尔"（Iskander）精确战术弹道导弹提供末端目标指示。

2005 年，莫斯科国际航空展上，织女星无线电公司（Vega Radio）和鲁契（Luch）航空设计局公布了其新开发的战术无人平台，称为"远东羊茅"（Tipchuk 或 Tipchak），代号为 9M62，这一代号也表明该飞行器已获得俄政府认可的官方地位。飞行器采用双尾撑、发动机后置以及平直主翼结构，其搭载的侦察系统组件代号为 1K133。"远东羊茅"配备有一套实时数据链，可实时将其侦察数据传输回地面，侦察模块组采用光电 / 红外综合传感器组，还能利用其机载激光照射器进行激光目标指示。两家公司中，织女星无线电公司负责其传感器组的研制，鲁契设计局则负责机体和控制系统的开发。2006—2007年，该型机进行了试验，2008年末首套系统进入俄军服役。俄罗斯国防部也于2007年定购了10套该系统，最初准备于2008年交付完毕。俄军方原要求为其每个炮兵旅（含3~4个炮兵营）配备一套"远东羊茅"系统，但后来俄军方意识到"远东羊茅"仅是一类常规用途的无人系统，于是改为仅少量装备，采购速度也被调整为从2010年起每年采购一套，共采购3套系统。此后，俄政府开始与以色列谈判，以期获得更令人满意的无人系统。根据生产方介绍，"远东羊茅"系统在回收后，可在30秒内获得任务简报（据推测可能是通过系统读出），

"远东羊茅"系统飞行器

翼展：3.4米

机身：长2.4米

全重：60千克（载荷14.5千克）

续航时间：约3小时

任务半径：40千米（取决于其数据链传输距离）

最大任务航程：70千米

实用升限：3000米

最高飞行速度：200千米/时

巡逻速度：90.3千米/时，动力采用一部13马力的内燃式发动机

通过地面控制设备也可同时对两架飞行器进行控制。2008年，"远东羊茅"系统随俄军参与了对格鲁吉亚的作战行动，但总体效果较不理想。据称，战后俄军方有感于现有系统的不足，正在开发一种更大版本的无人侦察作战系统，它可发射"地狱火"级别的战术空地导弹。上文中提及"远东羊茅"系统所采用的飞行器，在俄内部也称为BLA-05。2009年时，织女星无线电公司和鲁契航空设计局合作对更小型的BLA-07飞行器进行改装，后者体积尺寸较小，为便于运输其机翼也可折叠。

从苏联时代提出"编队"项目以来，主要发展和应用的就是其中的"编队-P"（团级无人机），事实上"编队-A"和"编队-F"两个级别的无人机，苏联和后来俄罗斯的相关部门都曾进行过研究，并形成了一些样机和成果，例如作为"编队-A"系统的"德亚特尔"（Dyatel）飞行器〔由苏霍伊（Sukhoi）和雅科夫两个设计局竞争〕以及用于"编队-F"系统的"库逊"（Korshun）飞行器（由图波列夫设计局设计）。后来"库逊"这一代号也被图波列夫设计局用于为其"图-300"型无人空中作战飞行器（UCAV）冠名，这将在后文中提及。与成员繁多、发展较为成熟的"编队-P"系

对页图：苏霍伊"佐德–1"无人机模型，其机身上搭载着相控阵早期预警雷达。（国际无人机系统协会）

列无人飞行器相比，"编队–A"和"编队–F"的命运并不好，没有一种进入过试验程序，更不用说装备部队在实战中应用了。但在 2004 年，俄军方利用"图–300"型无人作战飞行器重启了"编队–F"无人系统计划，主要用于出口，其型号为"库逊–F"。

2003 年莫斯科航展上，苏霍伊设计局展出了一系列新一代长滞空无人飞行器，他们称之为"佐德（Zond）–1/2/3"，其中"佐德–3"最小，近似于美军现役的"捕食者"无人机。像"捕食者"一样，"佐德–3"也采用发动机及螺旋桨推进器后置，其传感器组也置于机鼻下方的稳定传感器塔架上，机鼻处配置有一套信号接收装备，据推测可能用于卫星通信或雷达。"佐德–2"从广义上看，更像是美国的"全球鹰"无人战略侦察机，它采用涡轮喷气发动机作为动力，也具有标志性的倒 V 形尾翼，其机身数据接收装备据信也可用于接收卫星通信信号。"佐德–1"机体外形与"佐德–2"相似，但体型尺寸更大，其机身后上侧则搭载有一副巨大的三角形雷达天线，显然其搭载的是相控阵雷

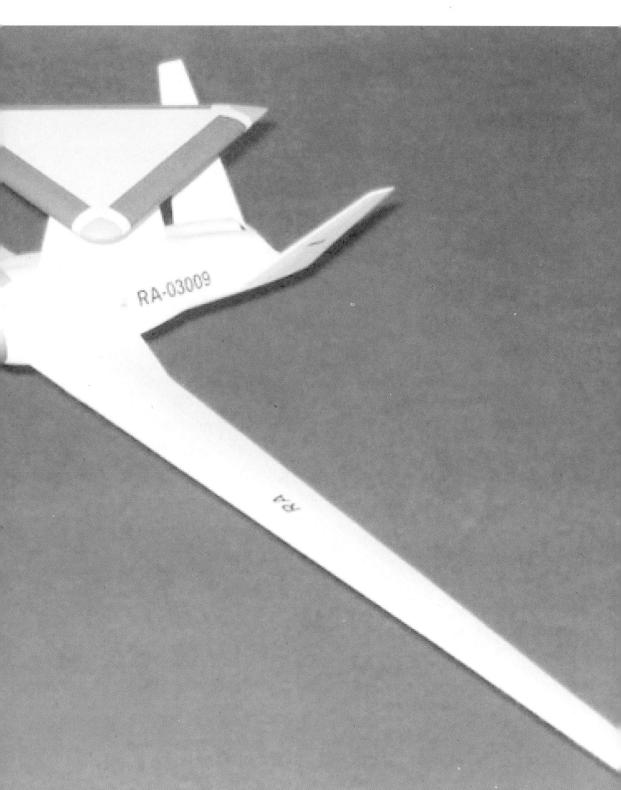

"伊尔库特 –800" 无人机

翼展：23 米

机身：长 8.42 米

全重：860 千克（载荷 200 千克）

飞行速度：165～270 千米/时

实用升限：约 9000 米

活动半径：200 千米（续航时间约 12 小时）

"多热尔 –3"

机身：长约 7 米

最大航程：约 3500 千米

载荷：约 100 千克

续航时间：约 6 小时

达，用作长滞空的早期预警机。这三种机体外形相似的设计表明，苏霍伊设计局并未对其进行更深入的研究，但这也意味着俄罗斯国内飞行器开发部门开始关注西方式的长滞空无人空中平台，其开发思路和设计理念也日趋向西方靠拢。事实上，苏霍伊设计局先前曾开发过代号为 S–62 的高空长航时无人机，但在完成概念设计后，项目因一些因素被终止。

1999 年，俄伊尔库特公司（Irkut）启动了一项长期的无人飞行器开发项目。2003 年，该公司从以色列购进了"航空之星"无人飞行器的组件及相关技术。该公司的无人飞行器项目主要聚焦于民用领域，计划发展三种级别不同尺寸的无人飞行器："伊尔库特 –800" 无人机采用德国"斯泰默"（Stemme）飞行器机身，尺寸更大些的"伊尔库特 –850"，也是同级别的中空长航时无人飞行器。此外，还有采用以色列飞行器机身和平台的"伊尔库特 –60" 和"伊尔库特 –200"。

俄喀琅施塔得（Kronstadt）防务公司则开发了名为"多热尔"（Dozor，巡逻、监视及警戒之意）的系列无人飞行器。该系列首款飞行器为"多热尔 –2"，它采用双尾撑、发动机及螺旋桨推进器后置的传统无人平台设计方案（曾在 2007 年莫斯科国际航空展上公开展出，当时称将于 2008 年 2 月进行试飞及试验），测试批次的 12 架"多热尔 –2"已生产完成，被俄边境部队采用。"多热尔 –3" 也是其系统产品之一，该公司称将于 2008 年 4 月对其进行试飞，但现在可能仍未进展到这一步。据公司的宣传资料介绍，"多热尔 –3" 可携带武器，起飞全重 600 千克（载荷 100 千克），2008 年关于该机型的一幅图片被公开，显示它的基本外形与美制"捕食者"无人机相似，都有一个球根状机鼻，据推测其内可能安装着卫星天线，此外，倒 V 形尾翼、三点式起降架以及后置螺旋桨推进器等特征也较为相

"多热尔 –2"

翼展：4 米

机身：长 2.6 米

全重：50 千克（载荷 8 千克）

实用升限：3960 米

续航时间：约 10 小时

航程：750 千米

巡航速度：110～147 千米 / 时

起飞滑跑距离：约 100 米

降落滑跑距离：约 60 米

"多热尔 –3"

翼展：12 米

机身：长 6.7 米

全重：500 千克（载荷 115 千克，含飞行 1 小时的油料）

实用升限：4500 米

续航时间：约 8 小时（最大油料载量）

最大航程：约 900 千米

巡航速度：120～150 千米 / 时

起飞和降落时滑跑距离：300 米

"多热尔 –4"

翼展：4.8 米

机身：长 2.8 米

全重：60 千克（载荷 10 千克）

实用升限：3000 米

续航时间：约 10 小时

航程：750 千米

巡航速度：120～147 千米 / 时

似。2009 年莫斯科航展上也曾展出过"多热尔 –600"的模型（航展中介绍称将于 2010 年试飞），极有可能就是"多热尔 –3"。

2008 年秋，"多热尔 –4"曾在北高加索达吉斯坦（Daghestan）向当地的边境部队进行过为期 5 天的性能展示，它采用上单翼机身，翼展 4.8 米，起飞全重 90 千克（载荷 10 千克），动力系统采用一台 19.2 马力的活塞式内燃发动机（螺旋桨推进器后置），续航时间约 8 小时，航程约 1200 千米，升限约 3000 米，侦察定位精度达到 15 米。实际上，"多热尔 –4"是"多热尔 –2"的进化版本，只是采用了传统的 V 形尾翼，而非倒 V 形尾翼。"多热尔 –5"首飞于 2009 年，其机体更大一些，起飞重量也增加至 100 千克，相应续航时间也有所提升。

"多热尔 –4"起降和上述几种"多热尔"系列无人机一样，都采用起降架滑跑方式。

注意，此处"多热尔 –3"性能参数与上文提到的有异，据该公司表示，主要是机鼻部可选择安装一块直径 50 厘米的抛物面天

"科乐比"无人系统

翼展：5.9 米

机身：长 4.25 米

全重：380 千克

巡航速度：120～150 千米 / 时

实用升限：3500 米

活动半径：70～80 千米

续航时间：8 小时

"鹳"式飞行器

翼展：8 米

机身：长 4.7 米

全重：500～550 千克（载荷 100 千克）

续航时间：约 12 小时

最高飞行速度：249 千米 / 时

巡逻速度：129 千米 / 时

任务半径：约 230 千米

实用升限：6100 米

操作高度：100～6000 米

线，它也可算作载荷，算上它的重量后，其载荷即为 115 千克。

俄罗斯的其他无人机开发项目还包括"科乐比"（Colibri）、"鹳"（Aist）等。

2005 年，经俄国防部授权，"鹳"式无人飞行器由库伦公司开发，该项目也称为 BLA-06，BLA 意即"无驾驶员航空飞行器"，2007 年莫斯科航展上这一消息得到证实。2009 年 1 月，"鹳"式飞行器原型机开始为期 2 年的试验计划，其间将会评估将其用于为"伊斯坎德尔 -M"弹道导弹系统提供目标指示的可能性。"鹳"式飞行器采用下单翼、V 形垂尾结构，两台小型活塞发动机分别置于两片主翼上。该型飞行器与"多热尔 -3"和"丹—巴鲁卡"（Dan-Baruk，见下文）都为同一类级别飞行器。

在 1975—1980 年间，据称苏联国防部曾被一份美国兰德公司的研究报告所吸引，该报告称由于价格上涨等因素，到 2000 年时，有人驾驶战机将逐渐被淘汰，未来将属于无人飞行器（应是高性能无人空中作战飞行器）。由于也认同报告中的观点，全苏几乎所有主要的航空设计局都被要求尽快开始无人飞行器的研究工作。苏霍伊设计局设计的概念是由"库逊"（Korshun）无人机携带 500 千克重炸弹，在改进型苏 -24 战斗轰炸机的控制下完成战斗任务，后者改型也称为 PUN-24（PUN 意即"导航控制点"），该项目于 1982 年启动，但到 1983 年便被终止。

由于技术过于复杂以及考虑到作战效能的问题，苏霍伊设计局的方案被否决后，新的尝试便转移到图波列夫设计局，后者设计的是"图 -300"型无人飞行器，它与"图 -141/143"设计方案相似。"图 -300"于 1991 年开始进行飞行试验，并在 1995 年和 1997 年的莫斯科航空展上展出（但未提供细节参数）。这一系统可能是特别为攻击航母战斗群而设计，有关它的照片显示其机鼻一侧下方明显有红外或光电传感器组件的整流罩，甚至还可能有配备电子支援设备（ESM）的天线罩，整机采用内置式武器舱，此外，机腹中央位置也配置有大型武器挂架，据称可挂载 KMGU-1 集束式弹药布撒器或传感器组件。"图 -300"无人飞行器也是"Reys-F"无人攻击系统中的组成部分（F 意即战术攻击航空器）。根据俄国内网站的介绍，该飞行器的飞行速度约 950 千米 / 时，作战高度 50～6000 米，续航时间约 2 小时，作战半径 200～300 千米，起飞重量约 3000 千克，至于其尺寸数据则不得而知。"图 -300"型无人机明确有两种型号——"图 -300R"型（侦察）和"图 -300U"（打击）。苏联解体后，"图 -300"飞行器项目被终止，但 2007 年该项目似乎已再次启动，同时图波列夫设计局也称将完善原先的设计并对"图 -300"进行现代化改装，这意味着该机型已量产并交付使用。

下图：图波列夫设计局开发的"图 -300"型无人机，其后部是 VR-3D/"图 -243"无人机系统。（斯蒂芬·扎洛加）

"丹—巴鲁卡"

翼展： 5.63 米

机身： 长 4.6 米

全重： 500 千克（机舱外载荷 90 千克、舱内 30 千克，也有认为其载荷为 100 千克）

任务半径： 150 千米（也有资料认为其航程高达 2400 千米）

作战高度： 50～6000 米

续航时间： 约 15 小时

巡航速度： 120～240 千米/时

"刺鳐"无人空中作战飞行器

翼展： 11.5 米

机身： 长 10.25 米

全重： 10000 千克（载荷 2000 千克）

巡航速度： 800 千米/时

航程可达： 2000 千米

作战升限： 12000 米

2007 年莫斯科航展上，索科尔（Sokol）设计局展出了其开发的"丹—巴鲁卡"猎—歼式无人飞行器（与美制"捕食者"较相似）。它采用传统发动机及螺旋桨推进器后置设计，唯一较特别的特征是其光电传感器组位于机鼻下方的整流罩内，而非旋转式传感器塔架上，其机鼻内也配置有一部雷达。"丹—巴鲁卡"型飞行器机腹下设置有硬挂载点，推测其可挂载武器或传感器吊舱，航展上展示的模型显示其挂载 Motiv 子弹药系统，其相当于美国的"传感器融合武器"（Sensor Fuzed Weapon）。也要注意到"丹—巴鲁卡"型飞行器是作为"编队 -A"一级无人系统进行开发的，俄军方也无意像"捕食者"那样使用"丹—巴鲁卡"，前者在发现目标后利用其机载精确制导武器对目标实施攻击，而且"丹—巴鲁卡"无人机本体是一种靶机体系，是"拉 -17R"的替代机型。"丹—巴鲁卡"无人机也有一改型，称为"丹 -M"，它是一种现代化的喷气式无人机，具有一副向上倾斜的机翼，配备有侧视合成孔径雷达、多波段辐射器、电磁干扰阻塞装置以及宽带数据链等电子设备，其速度 300～750 千米/时，作战高度 50～9000 米。

米格（MiG）设计局在 2007 年莫斯科航展上也展出了自己的无人机模型，即"刺鳐"无人空中作战飞行器。该项目于 2005 年启动，其外形设计与美制 X-47 试验机相似，飞行器动力系统采用卡里莫夫 RD-5000B 涡轮喷气发动机（推力约 4989.5 千克）。机体也采用内置式武器舱设计，可装载两枚空对地导弹或两枚 250 千克，或一枚 500 千克炸弹。

除了米格设计局的产品外，雅科夫设计局也开发了其"雅克 -131""突破"（Proryv）无人空中作战飞行器，也有消息称雅科夫设计局是与意大利阿莱尼亚/赛莱克斯·伽利略公司合作开发的该项目。2006年"突破"无人系统首次露面，据称，它采用较为常规的机身设计，采用 AI-222 型涡轮喷气发动机，传感器和飞行控制系统也中规中矩，较有特色的是它可配置三种机翼，其中两种用于亚音速监视机型（"突破 -R"为侦察型，"突破 -BLD"为信号情报收集

"突破"系列作战飞行器

全重： 10000 千克（载荷 1000~3000 千克）

速度： 1100 千米/时

作战升限： 16000 米

型，其机背脊部配置一具较大的设备天线罩），另一种后掠式机翼用于配备"突破 -U"型作战用飞行器。根据俄罗斯互联网公开数据，要注意的是，雅科夫设计局还以"雅克 -130"训练机为基础开发过一种名为"雅克 -133BR"的飞行器，两者约有 40% 部件通用，但它完全像是某种训练机，具有一副三角形机翼，没有任何垂直尾翼。据称，这也可能是苏霍伊设计局的产品，但其具体性能数据不详。

2008 年，俄罗斯开始转向以色列以求获得先进的无人飞行器技术，这很大程度上是由于其国内设计机构无力拿出让政府满意的产品，俄最初从以色列采购了"鸟眼 400""I - 视野 Mk150"以及"搜索者 Mk II"型无人机。以色列国内媒体有猜测说，俄罗斯还准备购买更先进的无人系统，比如"赫尔墨斯"系列飞行器。

也许，在无人机开发领域，俄罗斯本国当前最具独创性的设计是图拉市合金精密仪表设计局（Splav）开发的无人机。合金精密仪表设计局设计的 R-90 型无人机可由多管火箭炮发射装置发射，比如现役的 300 毫米"暴风雪"（Smerch）火箭炮。R-90 型从火箭炮发射筒发射升空到达目标区域后，即打开机鼻部的电视摄像机，并将侦察信息以实时数据链下传到火炮部队的火控部门。无人机机体呈圆柱形，其上附有可折叠的串列式两套主翼和垂直尾翼，这样是为了便于装填进发射筒。据称，整个飞行器重约 41.73 千克，发射后可在侦察区域上空 180~550 米的高度巡航约半小时，机体动力系统采用脉冲式喷气发动机，数据链下传距离范围为 70 千米。该设计局称，对 R-90 的试验显示，使用该火力校射/目标指示飞行器后，打击目标所需发射的火箭弹数量下降了 25%。2002 年初，

上图：R-90 管式发射无人飞行器在飞行中。（斯蒂芬·扎洛加）

"佐拉 421-08"

翼展：0.8 米

机身：长 0.41 米

全重：1.9 千克

续航时间：90 分钟

巡航速度：65～150 千米/时

最大升限：4000 米

无线电链接距离：25 千米

"佐拉 421-12"

翼展：1.6 米

机身：长 0.62 米

全重：3.9 千克

续航时间：约 2 小时

巡航速度：65～120 千米/时

R-90 曾被俄国内媒体公开报道过，第一次展示则是在 2006 年 8 月的俄罗斯地面力量展示上，目前该飞行器已进入俄军现役。而根据合金精密仪表设计局的介绍，如果火箭炮本身也采用具有精确制导、打击能力的智能化弹药，并将 R-90 与整个火箭炮系统进一步融合，将会发挥更重要的作用。

俄罗斯在微型无人飞行器领域的产品主要是"佐拉（ZALA）421-08"，其整个外形酷似一面小型飞翼。整套系统包括两架飞行器和地面遥控设备，总重约 8 千克。"佐拉 421-08"飞行器使用较为简便，可在 3 分钟内完成发射准备，其机载传感器主要是视频摄像机/照相机，或者红外照相机。与前者相比，"佐拉 421-12"的体型稍大，也是其后继替代产品。此外，还有"佐拉 421-06"无人直升飞行器，它主要为俄内务部所采用，用于隐藏侦察和监视。

俄罗斯第一种无人直升飞行器是卡莫夫设计局开发的"卡-37"飞行器，之后该设计局于 1993 年又自筹资金研制了"卡-137"

无人直升飞行器。与该设计局开发的其他有人驾驶的直升机一样，"卡–37"也采用共轴反向双旋翼（每副旋翼有两片桨叶）设计，主要用于农业等民事领域。但重新优化设计和完善后的"卡–137"明确用于军事用途。有报道称，目前俄军边境部队以及海岸警卫队的一些巡逻舰配备有这种无人直升飞行器。

"卡–137"

旋翼：5.3 米

机体直径：1.22 米

起飞重量：280 千克

续航时间：约 4 小时

飞行速度：175 千米 / 时

实用升限：3500 米

新加坡

新加坡最初接触无人飞行器始于 1979 年，当时其军方从以色列进口了"驯犬"无人飞行器，1984 年则以"侦察兵"无人机替代之（由新加坡空军第 128 中队使用）。20 世纪 90 年代初，新加坡原本订购了一大批"侦察兵"无人机，但据称由于军方对其性能不甚满意，订单被取消。之后，到 1998 年，新加坡又与以色列

下图："佐拉 421–08"飞翼式微型无人飞行器。（斯蒂芬·扎洛加）

"空中之刃Ⅱ"

翼展：1.83 米

机身：长 1.22 米

全重：5 千克

采用活塞式发动机时续航时间：约 2 小时

采用电动马达时续航时间：1 小时

最高飞行速度：129 千米/时

巡航速度：55.3 千米/时

失速速度：33.2 千米/时

实用升限：457 米

"空中之刃Ⅲ"

翼展：2.6 米

机身：长 1.4 米

全重：5 千克

续航时间：超过 1 小时

巡航速度：129 千米/时

航程：约 8 千米

签署了价值约 1400 万美元的技术转让合同，准备引进无人机技术自行生产。为融合军方的无人机资料，2006 年 5 月，新加坡空军组建了一个横跨三军种的无人飞行器司令部，统辖全军的无人机力量，其下辖三个中队，除原先的第 128 中队外，还有第 119 中队（配备"搜索者"无人机）和新成立的第 116 中队（配备"赫尔墨斯 450"无人机）。在 1998 年新以协议的框架下，新加坡科技宇航公司（STA）开始授权生产以色列埃米特（EMIT）公司"蓝色地平线"无人机系统，2000 年时该机曾在新加坡进行过展示。

新加坡陆军采用的无人机则是国内科技宇航公司研制开发的"空中之刃"（Skyblade）系列微型无人飞行器。新陆军于 2004 年定购该无人机，2005 年开始交付部队，每套系统包括 3 架飞行器和相应的地面设备。据称，新一代"空中之刃Ⅱ"于 2003 首飞，当年 11 月开始密集进行试验，2006 年 1 月开始交付部队。该机型采用模块化传感器舱设计，互操作性较好，并据陆军对第一代机型的使用经验对一些细节进行了改进和完善。2005 年末，新加坡军方公布了准备采购 7 套该系统的计划，至 2008 年时最终采购了 20 套。2006 年，科技宇航公司开始研制"空中之刃Ⅲ"无人机，它使用电动马达替代了前两代产品中的汽油发动机。"空中之刃"系列产品中，最新的是Ⅳ型，它采用滑轨发射起飞，也是尺寸最大的型号，其外形与以色列埃米特公司的"麻雀"无人机相似，因此也有推测认为该机极可能是以色列授权生产的衍生型号。与这两种无人飞行器相比，"空中之刃Ⅳ"则是一种完全不同的飞行器，其采用汽油发动机，螺旋桨推进器位于其机尾。它的机体截面呈圆柱形，2006 年时科技宇航公司曾对它进行过重大修改，形成了一种新的改型，新改型

对页图："空中之刃Ⅳ"微型无人飞行器。（新加坡科技宇航公司）

于 2008 年露面，其机体呈明显的渐缩流线形设计，当然，两种版本其他方面的变动较少，其传感器组仍位于机身中前部下侧的可旋转塔架上。

2001 年，新加坡公布了一项计划，与美国鲁坦（Rutan）公司签订了合作协议，由后者协助开发一种低升限长航时无人飞行器用于海洋监测，该项目后续进展情况不详。其间也传出新加坡可能向美国申购"全球鹰"无人机的传闻。

2004 年 2 月，科技宇航公司公布了开

"空中之刃 IV"

翼展：3.51 米

机身：长 1.98 米

全重：50 千克（载荷 12 千克）

续航时间：6~12 小时

巡航速度：92~147.4 千米/时

航程：约 100 千米

实用升限：4570 米

发采用喷气动力的无人飞行器以及多用途飞行器（MAV）的计划，实际开发工作可能于更早时间就已开始。当时，科技宇航公司称新项目即将进行首飞，但直至 2005 年下半年都未进行过计划中的试飞，也有消息称甚至到 2006 年 2 月，首款多用途飞行器"MAV-1"都未进行实飞试验。"MAV-1"飞行器实际上是新加坡第一种完全自主开发的无人系统，它的启动主要是想检视和展示科技宇航公司的技术能力。之后，科技宇航公司以"MAV-1"为基础，开发一种无人空中作战系统。2006 年，有报道称"MAV-1"将成为一项研制先进飞行器项目的一部分，该项目全称为"可配置模块化智能作战飞行器"，简称"SWARM"。在机体外形上，"MAV-1"与德国"梭鱼"和"瑞典高级先进研究构型"（SHARC）无人飞行器有几分相似，都采用较平直的宽大机身、短后掠主翼和 V 形尾翼。根据资料显示，该飞行器采用内置式武器舱设计，其翼展约 3 米、机身长约 2.5 米，全重 80 千克（载荷 20 千克），最高飞行速度可能为低亚音速。

此外，科技宇航公司还与法国萨基姆公司联合开发一种小型的采用涵道风扇结构的垂直起降飞行器"扇尾鸽"（Fantail），据悉其飞行试验始于 2005 年 5 月，其外形和构造与法国伯蒂公司的"盘旋眼"飞行器较为相似。"扇尾鸽"飞行器在起飞和降落时采用垂直升降模式，但飞行时却采用水平飞行。其机身呈圆柱形，其涵道风扇在机身中部突出出来，动力系统为一部 3.5 马力的汽油发动机。据称法国也对此飞行器表现出浓厚的兴趣。

2004 年 2 月，在当年的亚洲航空航天展上新加坡克瑞丹斯服务（Cradance Services）公司展出了其"金鹰"（Golden

"扇尾鸽"飞行器

旋翼叶片直径：30 厘米

机身：高 65 厘米

全重：2.5 千克（载荷 0.2 千克）

续航时间：半小时（悬停时）

航程：8 千米

最高飞行速度：100 千米/时

在城市地形环境下航程：1 千米

"金鹰"

翼展：0.65 米

机身：长 0.77 米

全重：0.85 千克（载荷 0.08 千克）

续航时间：约 2 小时

任务半径：10 千米（受数据链传输距离限制）

最高飞行速度：71.8 千米/时

最低飞行速度：29.5 千米/时

典型作战高度：500 米

Eagle）微型无人飞行器，它与以色列产"蚊"无人飞行器属同一
类别，也采用与后者相似的外形和结构，其机身呈半圆形，机尾的
螺旋桨推进器由电动马达驱动，两者的腹鳍和方向舵控制面也较相
似。但"金鹰"被认为要比以色列飞行器大一些，该型无人机也被
认为可在高攻角（5°～45°）状态下，仍保持较稳定的飞行品质，
因而特别适宜于城市复杂环境。

南非

在实现国内种族和解前，南非由于长期因种族歧视问题而受
到国际制裁，但得益于与以色列的紧密关系，南非在无人机领域的
发展并不晚。最初，南非广泛采购以色列产无人系统，这成为其进
一步发展的基础。据称，南非曾从以色列采购两套"侦察兵"无人
系统，后来还采购过"赫尔墨斯 1500"型无人机；在无人系统输
出方面，南非曾向阿尔及利亚出口过"搜寻者"（Seeker）无人机，
该项输出于 1997 年被批准，2000 年交付完毕。

"短尾鹰"

翼展: 15 米

机身: 长约 10 米

起飞重量: 1000 千克(最大 1400 千克)

载荷: 200 千克(最大 500 千克)

续航时间: 18 ~ 24 小时

使用半径: 750 千米

最大航程: 3500 千米

使用升限: 7620 米

名义上的巡航速度: 可达 250 千米 / 时

巡逻速度: 120 千米 / 时

"短尾鹰"

南非丹尼尔宇航(Denel AeroSpace)公司开发的"短尾鹰"(Bateleur)〔也曾称"非洲鹰"(African Eagle)〕系统是一种中空长航时无人机,该公司自 2004 年就展示了该机型的模型,当年 4 月,丹尼尔公司开始研发工作。当时,"短尾鹰"项目并未获得政府资助,完全是该公司自己的风险性研发投入,为降低风险和成本,研制中大量采用了商用现货设备以及现有的"搜寻者Ⅱ"无人机、"贼鸥"(Skua)高速靶机等的成熟技术。"短尾鹰"无人系统的一个特色是与"搜寻者Ⅱ"无人系统的地面设备完全兼容,潜在客户只要有"搜寻者Ⅱ"系统,就能使用"短尾鹰"。该机型的翼展在确定设计时也考虑了运输因素,它可由标准的 6

下图:"短尾鹰"中空长航时无人机。(戴伦·奥利维尔)

米集装箱进行运输。整机采用模块化制造，载荷模块舱位于机鼻下方，机身中部上侧布置有平滑的圆形天线整流罩，内置数据链，也可能是碟形卫星天线。"短尾鹰"的定位是可进行电子情报和通信情报的收集，或者常规的照相侦察任务（也可携带激光指示器和激光测距仪对目标进行攻击指示）。丹尼尔公司也设想为其安装合成孔径雷达，使其具备雷达成像及侧视侦察等能力。据称，丹尼尔公司对"短尾鹰"的开发工作还得到海外合作伙伴的支持（具体企业、机构或组织仍不得而知）。"短尾鹰"飞行器采用发动机及螺旋桨推进器后置，与"捕食者"有相似之处，但前者主翼翼尖上掠，主翼上并排布置着两个较小的整流罩，据推测内部可能安装着卫星数据链。2004 年时，曾预计"短尾鹰"将于 2007 年完成首飞，如获军方采购的话，最快在 2010 年形成操作能力。但是，到 2009 年，该项目因未找到国外合作伙伴、未获得进一步资金支持而被终止。丹尼尔公司曾称之前与该机型的数个潜在客户进行过接触，包括巴西（2008 年）等。与巴西的接触可能也与两国已签署的合作开发协议相关联，两国当时正合作开发的"A– 投掷者"（A–Darter）空对空导弹。

"鸫鸟"

　　"鸫鸟"（Kiwit）无人系统是南非先进技术 / 工程公司（Advanced Technologies and Engineering）于 2006 年 10 月开发完成的微型无人机，2007 年初该机型开始低速率试生产。"鸫鸟"飞行器在外形上与以色列生产的微型飞行器非常相似，其机身都呈圆柱形，采用螺桨推进器和下悬式传感器组、电池模块。但南非武装力量是否已采用这种飞行器仍不得而知。

"鸫鸟"飞行器

翼展： 2.5 米

机身： 长 1.2 米

全重： 3 千克

续航时间： 45 ~ 60 分钟

活动半径： 5 千米

最大巡航速度： 50 千米 / 时

"搜寻者"

　　"搜寻者"无人系统是肯创（原 Kentron，现丹尼尔宇航公司）公司基于以色列的"侦察兵"无人机开发的产品。1986 年完成了

"搜寻者Ⅱ E"

翼展： 7 米

机身： 长 4.43 米

起飞重量： 240 千克（标准载荷 40 千克，最大载荷 50 千克，空重 165 千克）

续航时间： 12（最大载荷）~15 小时（标准载荷）

巡航速度： 129 千米 / 时

任务半径： 约 250 千米（无副油箱）、400 千米（带副油箱）

实用升限： 5500 米

下图："搜寻者Ⅱ"无人机机鼻前起降架位置装有雷达天线及天线罩，其光电传感器旋转塔和"搜寻者Ⅰ"一样，但位于机身下方。（丹尼尔宇航公司）

开发工作，1988 年才为人所知。1987 年，它首次在南非在安哥拉的军事行动中使用。但在 1991 年，南非军方将其所拥有的"搜寻者"无人机中队（含 3 套系统、10 架飞行器）进行了退役处理。一套"搜寻者"系统包括 4~6 架飞行器和 3 台地面车辆。2004 年，丹尼尔公司开始对外宣传"搜寻者Ⅱ"或"搜寻者 400"型系统，为其寻找潜在客户，2008 年，该公司称南非武装力量将采用这种无人系统。与上代产品相比，"搜寻者Ⅱ"是一种完全数字化的无人系统，其航程约 250 千米，具有昼夜侦察监视能力。后来，据称南非空军及其警察部队曾于 2000 年前后采购过 10 套该型系统，更大型的"搜寻者 400"型系统（载荷能力为 100 千克）则于 2008 年达到商业生产阶段。两种系统都采用双尾撑、发动机及推进器后置的结构，

"搜寻者 400"也使用与"搜寻者Ⅱ"相同的航电及地面设备，但与后者相比，其载荷更大，可搭载更多的设备。400 型的动力系统采用南非本国生产的低噪声发动机。

1996 年，"搜寻者"曾参与奥地利军方举行的无人系统项目采购投标，在胜出后于 1997 年被奥地利试验性地选择数套进行试用，但后来奥地利政府并未与丹尼尔公司签订合同，而是采购了欧洲产的无人机。2009 年 6 月，据报道称，丹尼尔公司曾向四个国家出售了总计 7 套"搜寻者Ⅱ"系统。1998 年和 2000 年，阿尔及利亚曾分别购买过"搜寻者Ⅰ／Ⅱ"系统各一套，阿联酋也于 2003 年采购过 5 套"搜寻者Ⅱ"系统。

从现有"搜寻者ⅡE"系统资料看，其动力系统采用一台 50 马力的四缸二冲程活塞内燃机。

"炽天使"

2002 年，肯创公司公布了"炽天使"（Seraph）隐形深度渗透无人飞行器的开发项目，当时提出的性能指标为速度须达到 0.85 倍音速，续航时间超过 100 分钟。根据其作战、设计概念和几个较高端的技术指标，可以推测该项目可能是南非军方早期绝密飞行器开发项目"流程图"（FlowChart）的副产品，"流程图"项目在完成初期的风洞模型试验后就再未继续进行。2005 年，丹尼尔公司展示了挂载"雨燕"反坦克导弹的"六翼天使Ⅱ"无人空中作战飞行器。一幅关于此无人机的图片显示，其狭窄突出的机鼻两侧设计有一组进气道，其机鼻尖端明显是设备整流罩，机体主翼翼形为箭形三角翼，与瑞典萨博 –35"龙"（Draken）战斗机较相似，一对内倾垂直尾翼位于机尾。但根据后

"搜寻者 400"

翼展：15 米

机身：长 10 米

起飞重量：不详（载荷 100 千克）

续航时间：约 16 小时

实用升限：2440 米

"六翼天使"无人飞行器

翼展：3 米

机身：长 5.7 米

最大载荷：80 千克

续航时间：约 1.4 小时

最高飞行速度：马赫数 0.85（9100 米高空时）

最大航程：1300 千米

实用升限：9100 ~ 12100 米

数据链跟踪引导作用范围：250 千米

来丹尼尔公司公布的图片显示，只有其箭形三角翼的翼形与以前流传的"六翼天使"图片相似，并无进气道和机鼻处的整流罩。整套系统可能拥有 3～6 架飞行器，以及相关的地面设备。

在飞行自动控制方面，"六翼天使"也需预先制定任务规划。

"秃鹰"

"秃鹰"（Vulture）无人飞行器是基于南非军队在安哥拉的作战经验，由先进技术 / 工程公司为炮兵支援部队开发的战术型无人机。其结构外形在此类无人飞行器中较为特殊，它的机身设计还算传统，但其推进活塞发动机安装在其肩翼上。不像南非开发的其他无人机，"秃鹰"无人飞行器开发时有明确的目标，就是将其作为自行火炮部队战场 C3I 系统中的情报侦察子系统。军方于 1995 年正式开始资助此项目，该无人机首次试飞也于当年完成。1997 年，"秃鹰"系统进入量产阶段，但那年南非军方考虑要提升其性能后再进行采购，新系统名称为"超级秃鹰"（Super Vulture），因而整个系统的量产被推迟至 2000 年。但是原先的"秃鹰"无人系统在

下图："秃鹰"无人飞行器。（丹尼尔宇航公司）

这期间也被提供给未被披露的国外政府（只有一套）。目前，先进技术/工程公司在该系统的宣传手册中只承认，"秃鹰"系统只在南非炮兵部队中服役。为提高"秃鹰"系统的市场适应度，生产商也以最初的系统为基础，搭载不同载荷形成了"秃鹰"的系列产品，包括"夜秃鹰"（Night Vulture）、"超级秃鹰""持久秃鹰"（Endurance Vulture，续航能力达到 8~9 小时，而非原来的 3~4 小时）和"民事秃鹰"（Civil Vulture）。

以最初的"秃鹰"系统为例，在进行目标指示时，精度在 30 米以内，其发射、飞行和回收全自动进行。机体上的控制计算机由战斗机/直升机的任务计算机改装而来，其上还搭载了南非开发的视频传输数据链，飞行导航采用惯性导航与差分 GPS 相结合的方式。在飞行器发射后，如果任务途中遭遇重大故障还可自动返回发射地点，以便回收检修。

"秃鹰"

翼展：5.2 米

机身：长 3.1 米

全重：125 千克（载荷 35 千克）

续航时间：约 3 小时

任务半径：60~200 千米

最高巡航速度：158 千米/时

巡逻速度：120 千米/时

失速速度：88.5 千米/时

实用升限：4880 米

西班牙

21 世纪以来，西班牙国内企业界虽一直致力于无人空中系统领域的发展，西班牙太空建设公司（CASA）也曾与 EADS、以色列航空工业公司（IAI）及英德拉（Indra）公司等组成企业集团，联合开发先进无人系统技术，但西班牙政府为尽快为其驻阿富汗部队配备无人系统，还是选择了现成的国外产品。西班牙军方配备了一套以色列产"搜索者Ⅱ"无人系统（4 架飞行器，2007 年 4 月宣布采购）、27 套美制"渡鸦"系统，其中，一些系统于 2008 年随西班牙部队部署到阿富汗。西班牙也曾与美国谈判申请采购其"全球鹰"无人系统，但在 2008 年接到美国国务院的延迟复函。

"轻型观察飞行器"

2000 年，西班牙为其陆军配备了"轻型观察飞行器"（ALO，

上图：ALO 微型无人飞行器和地面控制车。（INTA）

Avión Ligero de Observación）微型无人飞行器，2005 年后，这一系统被"渡鸦"和"搜索者Ⅱ"所取代。该飞行器由西班牙国家航空航天研究院（INTA）开发，军方于 1995—1996 年对其进行了评估，在完善了设计后，军方于 2000 年采购。ALO 飞行器采用传统的推进器配置方案，上单翼和 V 形尾翼，动力系统采用一台活塞式发动机。

"亚特兰大" / "米兰"

　　"亚特兰大"（Atlante）无人系统是 CASA 和 EADS 西班牙分公司联合设计的长航时无人机系统，配备于西班牙陆军，主要遂行目标探测、火力校射和毁伤评估等任务。此外，该飞行器还可胜任海岸及海上反走私、反偷渡监视等用途，在阿富汗，它主要执行日常侦察监视任务。西班牙开发"亚特兰大"无人系统的最大目的是为其国内军工界积累无人机开发、制造经验。2008 年，

ALO 飞行器

翼展：3.03 米

机身：长 1.75 米

全重：20 千克（载荷 6 千克）

续航时间：约 2 小时

航程：约 50 千米

最高飞行速度：200 千米 / 时

巡逻速度：50 千米 / 时

实用升限：1000 ~ 1500 米

EADS 和 CASA 接受了开发合同，但至少在 2009 年秋之前，该系统原型机仍未达到试飞阶段。根据资料，"亚特兰大"系统包括至少 4 架飞行器，飞行器设计采用上单翼和 V 形尾翼，采用螺旋桨推进，传感器组（含光电及红外传感装置）位于机腹下部的可旋转塔架上。

　　"米兰"（Milano）无人系统是西班牙国家航空航天研究院开发的中空长航时无人飞行器项目，2009 年巴黎国际航展上，该项目的模型曾公开展示。开发工作实际在 2006 年 9 月就已开始，其原型机首次试飞原来预计在 2009 年中期。该机型的续航能力较为突出，滞空时间长达 25 小时（当时在航展上介绍称其可续航 20 小时），其机身尺寸参数不详，全重 900 千克，最高飞行速度 230 千米/时，实用升限 7000 米。在开发时，它采用了低雷达截面的设计，具有一定的雷达隐身能力。飞行器起飞和降落都全自动进行。

"亚特兰大"

翼展： 8 米
起飞重量： 380 千克（载荷 60 千克）
续航时间： 约 12 小时

下图："亚特兰大"长航时无人飞行器。（EADS）

上图：2009 年巴黎国际航展上展出的"米兰"无人飞行器，注意其机身中部的整流罩突起，其内配备一面卫星通信天线。"米兰"也被设计成可搭载合成孔径雷达，其位置在靠近翼尖外的翼尖荚舱内，这一设计只在其设计图中可以看出，展出的模型中并不包含这一特点。（作者收集）

"西瓦"无人飞行器

翼展：5.81 米

机身：长 4.025 米

全重：300 千克（载荷 40 千克）

续航时间：约 10 小时（最大载荷时续航时间缩减至 6 小时）

最高飞行速度：170 千米/时

巡航速度：140 千米/时

任务半径：约 150 千米

实用升限：6100 米

"西瓦"

"西瓦"（Siva）无人系统是 INTA 和西班牙塞色尔萨（CESELSA）公司（负责地面控制系统）及德国道尼尔（Dornier）公司（负责导航系统及自动控制系统）联合开发的战术无人飞行器。"西瓦"采用常规无人机结构布局，使用螺旋桨推进器及 V 形尾翼，为便于运输其主翼外侧可折叠。1993年巴黎国际航展上，"西瓦"飞行器首飞公开展示，最初其 6 架原型机于 1995 年末进行了试飞。2003 年 7 月，在承包商完成一系列试验后，一架原型机被交付给西班牙陆军进行试用评估，直至 2006 年 9 月，项目才进入量产阶段开始向陆军实际交付（主要用于训练）。2008 年，一套"西瓦"系统在马德里参加军方演示，据悉该系统被分配给西班牙陆军第 63 野战炮兵团的目标鉴别及获取大队。飞行器动力采用一部 48 马力的四缸二冲程内燃发动机。

瑞典

瑞典国防研究机构 FOA 早在 1979 年就启动了一项小型无人侦察飞行器的研究工作，该小型飞行器即"喜鹊"（Magpie），但该项目于 1983 年被终止，原因是它与瑞典军队现有同类装备相比，并不具备先进性。

1997 年末，瑞典陆军采购了其第一批战术无人飞行器——3套"食雀鹰"无人系统，但这几套无人系统主要是用于评估和试验，并未装备部队。军方真正为旅、营一级部队配备标准的无人系统是在 2002—2004 年，但当时并未采购用于评估的"食雀鹰"无人系统，而是准备采购更为先进的"战术空中多用途无人飞行器"（TUMAV）。该无人系统由萨博（Saab）公司于 2006 年开发，2007年该公司为减少研发风险开始寻找合作伙伴，其精力也逐渐转移到改造现有无人系统上来。TUMAV 飞行器也被看作是专为新成立的"欧洲快速反应部队北欧战斗群 II"而配备，这个主要以瑞典军队为主的欧洲联合部队 2009—2010 年获得该系统。

2000 年前后，瑞典防务发展机构 FMV 开始长航时无人飞行器的研制工作，其项目的研制背景主要是当时诸如美制"捕食者"、以色列"赫尔墨斯150"以及通用原子公司的"阿塔斯"（Altus）等长航时无人机项目在实际运用中取得较好的效果，瑞典也希望在这一领域有所作为所致。

瑞典塞伯航空（Cybaero）公司也开发了代号为"APID 55"（工业数据获取及自动探测）的无人直升飞行器，尽管该项目在称谓上不像军用项目，但它却已被瑞典武装力量及阿联酋军方采用，其中阿联酋于 2009年前共采购了 7 套系统。

萨博公司的"斯柯达（Skeldar）V150"

APID 55

旋翼直径：3.3 米

机身：长 3.2 米

全重：150 千克（空重 95 千克，含油料载荷 55 千克）

续航时间：3～6 小时

任务半径：50 千米

最高飞行速度：88 千米/时

巡航速度：59 千米/时

实用升限：3000 米（取决于载荷情况）

"Neo S300"型飞行器

旋翼直径：3.3 米

机身：长 4 米（含旋翼）

起飞重量：200 千克

续航时间：4～5 小时

任务半径：100 千米

"斯柯达"

翼展：4 米

机身：全长 3.9 米（机体长 2.7 米）

全重：400 千克（载荷 60 千克）

续航时间：约 12 小时

最高飞行速度：250 千米／时

巡逻速度：150 千米／时

任务半径：约 250 千米

"优势"

旋翼直径：2.77 米

机体：长 2.84 米

全重：174 千克（载荷 15.9 千克）

无人系统也基于 APID 55 系统，该飞行器项目于 2004 年末启动，2006 年 5 月，"斯柯达5"原型机首飞，萨博公司希望 2007 年整个项目可达到实用阶段。瑞典皇家海军此时也考虑对此系统进行上舰测试和试用。2009 年 5 月，萨博公司与瑞士无人飞行器（SUAV）公司签署战略合作协议，共同开发更先进的垂直起降型无人飞行器。在该协议的约定下，瑞士无人飞行器公司于 2008 年提供了一架 75 千克重的 "Neo S300" 型飞行器，采用萨博公司的地面控制站技术进行进一步开发。其后继采用重油发动机的 V-250 型全重约 250 千克，也称为 "斯柯达（Skeldar）M" 型系统，它将航程进一步拓展至 180 千米，其载荷能力也更强。

2007 年末，萨博公司开始寻找海军伙伴以完成上述垂直起降型无人飞行器项目的试验，这与瑞典海军的想法不谋而合，随即飞行器进行了上舰试用。但在当时，瑞典海军并无多余资金采购这一新垂直起降系统，但萨博公司直至 2009 年仍希望能将此垂直起降无人系统与海军 9LV 舰载 C4I 系统进行整合。在 2009 年，萨博公司希望其第一套 "斯柯达" 系统能与瑞典海军最新的 "维斯比"（Visby）级隐形护卫舰进行整合试验，考虑到该护卫舰 9LV 型 C4I 指挥控制系统的模块化特征，只需为飞行器增添一套模块化飞行控制软件即可。在经过试用和设计修改后，新系统的起飞重量增加到 200 千克。2009 年萨博公司亦将意大利赛莱克斯·伽利略公司的 "Pico SAR" 合成孔径雷达组件以及本公司研制的电子支援设备（ESM）套件配备于无人机，使其侦察探测及电子作战能力更为突出。

"斯柯达"系统除上述几种改型外，其本身只是萨博公司庞大无人机开发项目中的一部分，以其为蓝本，萨博公司还研制了中航程长航时系统，其载荷能力更强，机体全重也增加到 400 千克。2006 年，萨博公司展出了这种中航程长航时系统的图片，可知其外形结构为宽后掠翼配合前置鸭翼，一具涵道风扇推进器位于机尾部。

瑞典塞伯航空公司也与美国海军研究实验室（NRL）合作开发了名为"优势"（Vantage）的无人直升飞行器。它采用差分 GPS 导航。

在先进无人系统开发方面，萨博研制了两种小比例尺寸的无人空中作战飞行器演示机："瑞典高级先进研究构型"（SHARC）和"创新性低可探测性无人飞行研究"（FILUR）。萨博公司于 2001 年公布这两个研究项目，计划于 2002 年 2 月试飞。SHARC 演示机采用后掠主翼、传统水平尾翼及倾斜的 V 形垂直尾翼，进气口位于机体上部后侧。SHARC 演示机首次试飞在 2002 年，之后的试验中测试了飞行器的自主行为（包括自动起飞和降落等），通过一系列

SHARC 演示机

翼展： 2.1 米

机身： 长 2.5 米

自重： 60 千克

飞行速度： 320 千米 / 时

下图：SHARC 小比例尺寸演示机。（萨博公司）

FILUR 演示机

翼展：2.5 米

机身：长 2.2 米

全重：55 千克

最高飞行速度：300 千米/时

试验，验证了该机型的耐飞性及自主控制能力。SHARC 也被作为未来 5 吨级无人空中作战飞行器的 1/4 比例验证机。

FILUR 则是一架 1/2 比例尺寸的隐形无人飞行器演示机，它采用与 SHARC 相同的导航和控制系统及发动机。FILUR 演示机的开发则是希望验证未来无人侦察系统的电磁特征信号管理。样机采用飞翼式外形设计，机体中部截面呈菱形，具有后掠式主翼及内斜式双垂直尾翼，其发动机进气口也在机体上部。2005 年 10 月，该样机进行了首飞。

此外，为了替代军方早期采购的 3 套"食雀鹰"无人系统，瑞典政府要求萨博公司提供一种新的战术无人飞行系统，这一项目亦以萨博为主展开。萨博公司为降低成本大量采用商用无人系统现货，结合萨博最新的传感源情报中心组件，完成开发，新系统于 2011 年具备使用能力。

萨博公司还启动过一个名为"卡斯特"（Castor）的无人系统技术演示项目，以验证无人平台在受约束的空域内运行的能力。该无人机样机测试了在隔离或毫无约束（限制）的空域内运行的情况。萨博公司想通过一系列试验演示无人系统在不同条件下的自主行动能力，例如空域中是否存在其他飞行器、电磁频谱环境复杂程度等。这需要飞行器具备一定智能水平和全面的环境感知能力（自主传感感知/空中防撞/导航等），它在空中要能自主生成飞行计划，并在飞行过程中实时调整修改。通过前期试验，萨博的飞行感知系统可在飞行器前方 110° 方位角和 15° 俯/仰角内达到有效感知和规避的能力。

2009 年 6 月，萨博成为欧洲无人飞行器开发项目"MidCAS"的正式合作伙伴企业，该项目包括瑞典、法国、德国、意大利及西班牙等多家航空界防务企业。

瑞士

瑞士最早启动的无人系统开发项目始于 1986 年，此前的 1985

年，瑞士军方曾试用了四套以色列研制的"侦察兵"无人系统，对这类新出现的装备产生了浓厚的兴趣。这一项目名为"巡逻兵"（Ranger），它是由德国康特拉夫斯—瑞士厄立孔公司以及以色列航空工业公司/马拉特电子公司（IAI/Malat）联合研发的项目。"巡逻兵"的原型机于1988年12月进行了首飞，紧接着次年生产了6套预生产型无人机，瑞士军方给予了其军方编号"ADS-90"（ADS意即德文"侦察无人机系统"）。ADS-90于1990年开始测试，其改进型亦于1993年进行了测试。后来，军方又发展了ADS-95无人系统，"巡逻兵"飞行器亦作为其中的一部分。1995年4月，军方与承包商正式签订了采购合同，采购了28架无人飞行器（共5套系统），准备于1998—

"巡逻兵"无人飞行器

翼展： 5.708 米

机身： 长 4.611 米

全重： 280 千克（载荷 45 千克）

续航时间： 约 9 小时

数据链传输距离： 约 180 千米

最高飞行速度： 240 千米/时

巡航速度： 178 千米/时

巡逻速度： 129 千米/时

失速速度： 90 千米/时

实用升限： 5500 米

下图：停放在苏黎世航空博物馆的"巡逻兵-2"无人飞行器。（南威尔士航空集团公司）

"超级巡逻兵"无人飞行器

翼展： 9.48 米

机身： 长 6.74 米

起飞重量： 500 千克

续航时间： 提升至 20 小时

任务半径： 180 千米

巡逻速度： 240 千米 / 时

实用升限： 6100 米

2000 年间交付。瑞士军方之后制订了新计划，准备采购更多的类似产品。2007 年巴黎国际航展上，瑞士鲁格（Ruag）航空公司展出了以"巡逻兵"为蓝本的增强型"超级巡逻兵"无人系统，该公司称此系统是一类介于中空长航时大型无人系统和小型战术无人飞行器之间的过渡产品，它具备类似中空长航时无人系统的性能特点，但成本方面却较为低廉。鲁格公司还称，"超级巡逻兵"系统是首款全面满足国际无人飞行器系统耐飞性需求标准的无人产品，并预计将于 2008 年进行该项目的首飞，但这实际上被拖延，2009 年后此项目的消息就越来越少，可能已被终止。

芬兰国防军曾采购过"巡逻兵"系统，但是从以色列购买的，据称这些无人机于 2001 年开始交付。2003 年，芬兰第二批采购的"巡逻兵 –2"无人系统，2005 年则通过瑞士公司交付给芬方，共计 6 架飞行器，总值约 2000 万美元。

土耳其

1991 年，土耳其军方曾从德国接收了数套 CL–89 无人侦察机，据称这可能是土耳其使用的第一批无人机。1992 年末，土耳其政府计划对"蚊蚋（Gnat）700""猎鹰（Fallon）600"（AAI 公司）以及"搜索者"等几种无人系统进行测试，准备从中挑选出满意的机型以供装备，但后来由于资金问题这一装备计划被修订。1994 年，土耳其接收了两套地面控制站和 6 架"蚊蚋 750"型系统（1998 年又订购了两架同类机作为备份）。与此同时，为管理土耳其与美国在当地共同生产的 F–16 战斗机，土政府专门组建了土耳其航空工业公司（TUSAS），该公司在生产 F–16 期间，也在 1989—1992 年间开发了自己的"UAV–X1"无人系统，但是这款产品并不成熟也未进行量产。后来，该公司继续开发了"UAV–X2"无人系统，也就是后文所记述的"巴伊库什"（Baykus）无人系统，这一机型于 2003 年进行过试飞，但到 2009 年也未得到过订单。

虽然在无人系统的研制方面并不突出，但土耳其却是较早大规模提出无人系统军事需求的国家。早在 1998 年，土军方就开列了庞大的列装规划，准备为其三军配备 14 套短程系统、8 套中程系统和 5 套远程系统（高空长航时）。但不久之后的 1999 年，远程系统就被削减，只预计采购 19 套短程系统和少数几套中程系统；之后，情况再次出现变化，原本选定准备采购的短程无人系统也从清单上被划去，因为此时其国内开发的短程无人系统已初具雏形。2001 年，土军方再次计划装备 6 套中程系统和 5 套远程系统，到 2004 年又调整成 6 套中程系统和 3 套远程系统，总计将从国外采购 54 架无人飞行器，至于短程系统则主要由国内企业提供。在 2001 年规划采购的 11 套中、远程系统中，其中 4 套中程系统将配备陆军，3 套远程系统配备海军，2 套远程系统配备空军。2002 年，土耳其军方计划采购 3 套现货中空长航时无人机系统分别配备于陆、海、空三军（分别含 4、4、2 架飞行器），另从土耳其航空工业公司采购 6 套战术无人机系统，其中中空长航时无人机主要从美制"捕食者"和以色列"苍鹭"无人系统中选择，最后土耳其选择了"苍鹭"系统（采购了 10 套）。与此同时，土耳其航空工业公司也开发了 TIHA 中空长航时无人系统，这将在下文中细述。

TIHA 中空长航时无人系统最初在 2005 年时曾被当作是短程无人系统，后来才被发现是中程无人机。2005 年时，土耳其曾计划对该机型在 39 个月内进行试飞，51 个月内完成第一套系统的交付，并到 2010 年时交付余下的 5 套系统。但 2006 年 7 月，土耳其和巴基斯坦达成合作协议，双方共同开发新的战术无人系统，由巴基斯坦提供飞行器，土耳其负责航电系统，当时土耳其军方计划采购 6~7 套这样的系统。

2005 年 8 月，土耳其国防工业部副部长宣布了一项需求数量为 19 套的微型无人飞行器采购案，当时的选择是"旗手"（Bayraktar）无人系统，该系统已处于可量产、部署的阶段。

据称，土耳其也一直希望获取无人空中作战飞行器，特别是美制"捕食者"或"死神"。

"旗手 A" 型飞行器

翼展：1.6 米

机身：长 1.2 米

全重：5 千克（载荷 1 千克）

续航时间：约 1 小时

数据链通信距离：约 20 千米

最大升限：3660 米

实用升限：610 米

巡航速度：70 千米 / 时

最高飞行速度：90 千米 / 时

"旗手" / "戈罗比哈"

　　"旗手"微型无人系统是土耳其军方实际装备并运用的第一种无人机。该型系统由拜卡机械（Baykar Machine）公司于 2003 年开始研制，2005 年 10 月进行试飞。它采用手持抛掷式发射，机体采用上单翼、箱体机身及桁架结构设计，动力系统采用电动马达驱动的螺旋桨推进器。2006 年，该机型出现 B 型版本，至 2009 年初，该机型已累计在土军中飞行了超过 4000 小时。这是一种自动化程度较高的无人系统，具有路径点控制飞行能力（即可按飞行前规划的飞行计划，沿特定路线飞行），并有能力在任务完

下图："旗手"微型无人飞行器。（拜卡公司）

成后自行返回发射点。拜卡机械公司称，它在目标区评估目标位置时的精度可达到 10 米以内。2006 年 8 月，土耳其陆军与生产公司签署采购合同，前者将再购买 19 套该系统（每套系统 4 架飞行器），从 2007 年中期开始陆续向军方交付。要注意的是，在 2006 英国范堡罗航展上展出的该机机体模型以及生产商的产品手册中展示的，都是双尾撑双螺旋桨推进器机身以及倒 V 形尾翼设计，其机体与 B 型仍较为相似，可以推测这可能是"旗手 A"型无人飞行器。而其他一些来源的图片资料则显示飞行器采用单尾撑的常规箱式机体和桁架结构，这与展出的模型完全不同。2009 年土耳其国内网站的分类目录中也将"旗手"飞行器列入双发发动机的系列中。

2009 年 9 月的国际防务系统及装备展（DSEi）上，土耳其代表团也以其"旗手"无人系统为重点，根据代表团的介绍，它是与环球泰克尼克（Global Teknik）公司的"戈罗比哈"（Globiha）同级别的无人系统，后者的航程可达 15 千米，续航时间约为 1.5 小时，采用独特的操作软件界面和实时控制硬件。与"旗手"相似，它的自动化程度较高，具备自主返回发射地点的能力。

"旗手 B"型飞行器

翼展：1.9 米

机身：长 1.2 米

全重：4.5 千克

续航时间：1 小时

数据链通信距离：约 15 千米

最大升限：3660 米

实用升限：610 米

巡航速度：55 千米 / 时

"戈罗比哈"

翼展：1.51 米

机身：长 1.4 米

全重：3.1 千克

续航时间：75 分钟

数据链传输距离：15 千米

最高飞行速度：110 千米 / 时

巡航速度：65 千米 / 时

任务高度：45 ~ 450 米

"巴伊库什"

"巴伊库什"无人系统由土耳其宇航工业公司开发，它采用常规的前置螺旋桨推进器、双尾撑机体结构，动力装置采用两台二缸二冲程汽油发动机。

"巴伊库什"

翼展: 7 米

机身: 长 6 米

起飞重量: 250 千克（空重 100 千克，载荷 80 千克）

续航时间: 约 12 小时

任务半径: 50 千米

巡航速度: 202 千米 / 时

最大升限: 4560 米

Ari 无人系统

翼展: 1 米

全重: 约 1 千克（载荷 0.2 千克）

续航时间: 约 30 分钟

任务半径: 1 千米

最高飞行速度: 120 千米 / 时

巡航速度: 60 千米 / 时

最大升限: 3050 米

EFE/Ari

伟视达（Vestel）公司生产的 EFE 无人飞行器目前已在土耳其军方服役，这是一种采用电动驱动的微型无人飞行器，在设计概念上与以色列"云雀"及其他类似电动飞行器相似。整套系统由一架飞行器、一部地面站、地面数据终端以及昼夜使用的不同载荷设备组成，由于设计合理，全套系统可装载在一部背包中由单兵背携，这与同为微型无人系统但仍无法由单兵携带的"旗手"系统相比是较大的进步。由于现在其已知的性能参数仅有续航时间（约 1.5 小时）和数据链传输距离（12 千米），仍缺乏该型飞行器其他具体数据，这说明该机型至少在 2009 年时可能仍处于开发阶段。但是，令人疑惑的是，在伟视达公司后来所印发的 EFE 飞行器的宣传手册上，其机体外形和结构与"旗手"飞行器较为相似，都采用箱式机体、桁架尾撑和 V 形尾翼，在描述其性能数据时，手册中明确其续航时间约 2.5 小时，最高飞行速度 160 千米 / 时、巡航速度 80 千米 / 时，数据链传输距离 15 千米，最大升限为 4510 米，但并未提供机体尺寸数据。

除 EFE 微型飞行器外，伟视达公司还生产名为"Ari"的微型无人飞行器，在 2009 年 DSEi 展上，该飞行器也未和 EFE 系统一同被展出。根据伟视达公司的介绍，Ari 系统是小建制部队构建视距外战场环境下自动化指挥（C4ISR）系统中侦察、监视和目标获取子系统的理想解决方案。Ari 无人系统采用工程塑料一次铸模而成，具有传统飞行器的设计特征，其螺旋桨推进器位于机尾，整套系统在拆卸后也可装入背囊，由单兵背携。飞行器采用电动马达驱动，手持投掷式发射，具有多种昼夜可选载荷，能够遂行全天候侦察、监视任务。

"卡亚瑞尔"

　　"卡亚瑞尔"（Kayarel）无人系统也是伟视达公司开发的一种中空长航时战术飞行器，2009 年 9 月的国际防务系统及装备展（DSEi）上，它也出现在土耳其公布的宣传品中，该系统现在也被土军方采用。从展览上公布的图片看，该飞行器采用螺旋桨推进器驱动，具有可回收三点式起降架以及 V 形尾翼。其具体尺寸数据不详，目前仅知其续航时间约 10 小时，使用升限约 5500 米，具备战场视频实时传输功能（传输距离约 150 千米），其弹性稳定传感器塔架可携带昼夜型传感器和激光目标照射器（具备战场目标指示功能）。飞行器的起飞和降落均可由其自主控制进行，展会上关于它的宣传更是强调了它可在粗糙路面上起降的能力。

"马拉兹戈特"

旋翼直径：1.8 米

机身：长 1.2 米

载荷：1 千克

续航时间：35 分钟（采用电动马达）或 90 分钟（采用汽油发动机）

航程：20 千米

最大升限：3660 米

使用飞行高度：约 1100 米

下图："马拉兹戈特"无人直升飞行器。（贝哈卢克公司）

"马拉兹戈特"

　　"马拉兹戈特"（Malazgirt）无人直升飞行器现已由土军方装备，它是由凯列（Kale）和巴科塔（Bakhtar）公司制造，后者也生产"巴科塔"（Bakhtar）无人系统。生产商关于该机型的资料宣传称，它的性能多数集成于其飞行控制软件中，而飞行器硬件的成本相对较低廉。基于软件的能力包括自动起飞/降落、自动悬停、自主航路点导航、保持机体朝向条件下的自主悬停、在GPS/惯性导航支持下的自动路径点跟踪以及自动驾驶辅助遥控杆控制飞行等。生产商称该无人直升系统是土耳其军方率先使用的微型无人系统，据称它在2007年已开始交付部队。

下图：2009年巴黎国际航展上展出的TIHA无人飞行器模型。（作者收集）

"土耳其无人空中飞行器"

TIHA 无人系统是土耳其宇航工业公司近年来开发的 1.5 吨级中空长航时大型无人飞行器，它已于 2009 年进行了试飞，据信土耳其宇航工业公司还以其为基础开发了更大型（3.5 吨级，其中载荷 500 千克）的 TIHA–B 型无人系统。该机型的开发是为满足土空军的作战需求，其结构和配置与美制"捕食者"无人机较为相似，也采用较长的水平主翼、螺旋桨推进器后置和 V 形尾翼的机体布局。"TIHA"为"土耳其无人空中飞行器"的土耳其语缩写，研制合同最初签订于 2004 年 12 月，当时要求在 2009 年完成 3 架原型机制造，研制阶段于 2011 年前完成。土军方至少需要 6 套 TIHA 系统，每套系统含 3 架飞行器和相应的地面终端，其武装型号的开发也在规划中。

按照规划，TIHA 的武装型号 TIHA–B 可携带激光制导导弹或美制"联合制导攻击武器"（JDAM）。

乌克兰

由于资料残缺不全，仍不知晓（如果有的话）乌克兰军方已购买了多少数量的下文中记叙的小型无人飞行器系统。乌克兰陆军可能已于 2005 年开始采购"雷米兹（Remez）–3"型无人系统，而乌海、空军现在可能装备着"信天翁（Albatros）–4"型无人系统。两种无人系统都是由乌国内的基辅起飞（Vzlet）设计局开发，该设计局早在 20 世纪 90 年初就开始着手此类系统的研究。1998 年，起飞设计局与保加利亚政府签订了开发合同，由前者为保加利亚军方开发无人系统，当时开发

TIHA

翼展：17 米

机身：长 10 米

全重：1.5 吨（载荷 200 千克，最大燃油载量 250 千克）

续航时间：约 24 小时

任务半径：200 千米（取决于数据链传输距离）

巡航速度：超过 138 千米 / 时，可以 360 千米 / 时的高速持续飞行

"雷米兹 –3"

翼展：2 米

机身：长 0.78 米

全重：10 千克（载荷 3 千克）

续航时间：约 2 小时

地面设备控制距离：5 千米

最高飞行速度：105 千米 / 时

失速速度：57 千米 / 时

"信天翁"型飞行器

翼展：2.475 米

机身：长 1.425 米

全重：18.3 千克

续航时间：2 小时

地面设备控制距离：20 千米

飞行速度：59～123 千米 / 时

的产品也在 2000 年 6 月的欧洲萨托里防务展（Eurosatory）上展出。起飞设计局专注于无人机的研制，其产品的生产则由其下属的科技工业系统公司（Scientific Industrial Systems）负责（成立于 1996 年）。起飞设计局对"雷米兹"（Remez）系列无人机的开发工作始于 1997 年 6 月，"雷米兹 -1"和"雷米兹 -2"的区别主要在于载荷的复杂程度，"雷米兹 -3T"则可携带两个可抛弃的载荷（各 1 千克），至于"雷米兹 -3U"（于 2005 年试飞）则是一类通用型号，据推测它既可军用也可民用。"雷米兹"系列飞行器的外形和结构基本相似，以其标准型号"雷米兹 -3"为例，它的机身采用前置鸭翼布局，机体中部两侧为主翼，具有涵道螺旋桨推进器和垂直尾翼，方向舵位于主翼和尾翼后侧，其动力装置采用一台 2.5 马力的活塞式内燃机。

"信天翁 -A4"型无人飞行器采用箱式机身和桁架尾撑结构设计，两具螺旋桨推进器位于主翼后缘，原型机首飞于 2000 年 6 月。2001 年 12 月，采用弹射器发射的"信天翁 -4K"型飞行器开始进行试验。"信天翁 -4B"型飞行器则专为高温使用条件下开发。根据上述数据判断，这种无人系统更可能主要用于民事用途而非军用。

英国

当前，英国最重要的无人系统开发项目是皇家陆军的"守望者"，理论上，该项目用于替代"凤凰"（Phoenix）系列的无人系统，但实际上它的用途更加广泛，远比取代后者更为重要。在"守望者"开发之前，英国已有两项不同级别的无人机开发项目，一种是短程的作战单元级无人系统"发送者"（Sender），它的任务半径约为 30 千米，另一种是中远程师或编队级无人系统"目击者"（Spectator），其任务半径约 150 千米，"守望者"项目启动后这两个项目就正式终止了。1998 年 11 月，英国军方演示的一部幻灯片中体现出两者的区别，作战单元级无人系统可在 60 千米半径内进行操作（活动半径 30 千米、携带武器打击距离 30 千米），其任务空域高度不超过 122 米；编队级无人系统则可在以发射点为中心的直径约 150 千米的区域内操作（其发射武器可达 150 千米），其任务空域高度也提升至 3000 米，这一空间大小也能同时容纳多个作战单元级无人系统在其中活动。英国军方原计划，在这两级无人系统的基础上，下一步再开发部队级无人系统，其活动空间超过 250 千米（发射武器可达 250 千米），可容纳多个编队级无人系统在其内活动，任务空域高度则达到 21340 米。

　　事实上，在"守望者"项目之前，英国军方还有一个中空长航时无人侦察系统项目，2004 年 8 月泰雷兹（Thales UK）公司赢得了这一项目的合同（于 2005 年 7 月正式签订），于 2010 年进入到现役。为了这一项目，军方准备花费 8 亿英镑，采购多达 54 架飞行器（每架单价约 1500 万英镑）。泰雷兹公司在对以色列产"赫尔墨斯 450"无人机进行了重大技术修改后，完成了样机研制，新机型亦称为"WK 450"无人系统，其主要合作伙伴包括波音、立

下图："守望者"项目是英军最重要的无人系统开发项目，目前已接近完成定型阶段，图中为 2009 年参加巴黎国际航展的"守望者"样机。（作者收集）

方体（Cubic）公司和奎奈蒂克（Qinetiq）公司等。与原机型相比，WK 450 的机体稍大，航电系统设计采用了新的分离式飞行控制和任务计算单元，重新设计了其主翼、压电式除冰装置，并加强了起降架，使之可以在简易机场上起落。WK 450 的主要载荷也进行了更新，其机鼻部前端搭载一部泰雷兹公司的"眼大师"（Eye Master）合成孔径雷达（具备地面动态目标指示功能）和一部以色列产"罗盘（Compass）Ⅳ"光电／红外传感器组；其数据链采用美国的战术通用数据链（TCDT），飞行器还配备泰雷兹公司开发的"魔术"自动起降系统，具备无人值守起降的能力。尽管泰雷兹公司在开发时曾称，新的 WK 450 系统将不配备武器系统，但就像"赫尔墨斯 450"最初一样，一旦情况需要，它也能整合武器系统具备攻击能力。泰雷兹公司称，WK 450 的续航时间达到 16 小时，使得利用两架飞行器对特定区域保持全天 24 小时持续监控成为可能。相比之下，"守望者"项目是继 WK 450 后英国军方（甚至在欧洲各国之中）较为庞大的无人机开发计划，它的基础合同金额就价值 8 亿英镑（该合同于 2005 年签订，所需资金除额外拨款外还从其他项目抽取了相当比例的经费）。很明显，英国军方之所以下大决心采购"守望者"，部分原因在于早期装备的"凤凰"系列无人系统存在着诸多缺陷，在伊拉克战场上表现得尤为明显，比如该型系统无法适应中东高温的战场环境，甚至到夏天很多部署在伊拉克的"凤凰"无人飞行器因高温无法起飞，至于阿富汗则根本无法部署和使用。

当初，英国军方希望"守望者"项目开发能尽快完成，并预计到 2011 年能够初步形成操作能力，但它却不可避免地一拖再拖。考虑到此时英国正和美国一起进行着全球反恐战争，急迫的战争需要使英国国防部不得不采购现有的无人系统［包括"沙漠鹰""狼蛛"（Tarantula）、"捕食者"和"死神"无人系统］部署前线部队应急。2007 年，军方甚至还从埃尔比特公司（Elbit）租借了两架"赫尔墨斯 450"型无人机部署于前线（自 2009 年 3 月，两架飞行器已累计飞行了 1.8 万小时）。自采用这两架飞行器后，2007 年末，"赫尔墨斯 450"摄制的战场视频和图片就可被实时下载到前沿部队装备的笔记本大小的 L-3 型远程视频增加型接收器（ROVER）中。

而早在 2004 年时，皇家空军就派出一支由 40 名无人机驾驶员组成的特遣小组赴美国内达华州的克里奇（Creech）空军基地，由他们在位于克里奇基地的无人机遥控指挥中心，通过卫星数据链远程遥控位于伊拉克的英军"捕食者"无人机系统。皇家空军于 2006 年夏正式从美国购入"捕食者"系统，并于 2007 年 10 月开赴阿富汗战场，次年 5 月，英军控制"捕食者"在阿富汗执行了攻击任务。在整个 2008 年间，英军共使用"捕食者"无人机发射了 20 枚"地狱火"（AGM–114P）导弹、投掷了 13 枚 226.80 千克的激光制导炸弹。在购入"捕食者"无人机的同时，英军也购买了 2 架"死神"无人系统，并计划再采购 3 架或者更多。英军在伊、阿战场上使用美制无人系统的经历也使其深信无人空中作战系统在未来战争中的前景，这也使英国国防部在 2009 年追加了采购更多"死神"的预算。据称，为了争取到国防部的采购预算，英国 BAE 系统公司努力游说军方高层未来采用更多的国产先进无人系统，例如"螳螂"（Mantis），该机型原型机理应于 2009 年中期就具备操作使用能力，但进展被延迟。但是，无论从哪方面看，英国军方计划配备各类先进无人系统的进展已大大提速了：反恐战争爆发后，英国除采购现成的美制系统外，还于 2006 年签订了开发"雷电之神"（Taranis）无人系统的合同，于 2013 年试飞，皇家空军计划到 2025 年时用这种无人系统取代有人的"狂风"战斗轰炸机，但随着反恐战争日益进入胶着状态，开发计划明显更为急迫了。

在经历了 21 世纪最初几年缓慢的项目开发进展后，《2005 年英国国防工业战略白皮书》中竭力倡议应集中国防研发资源和精力于先进无人空中系统的开发上，并希望英国能够在这一领域成为世界级的研发强国，特别是英国本土企业正在进行的开发项目，更是被寄予厚望。冷战结束以来，由于军备项目减少，原本庞大的英国军用航空工业也日益凋零，甚至为了维持技术能力而不得不参与其他欧洲国家的有人战机开发项目，因此，对无人空中系统的期望也可看作是振兴英国军用航空工业的重要筹码。基于这一决策，英国并未像以往那样，参与欧洲诸国的联合先进无人系统开发项目，比如法国主导的"神经元"项目，而是全力推进本国的无人机开发项目。BAE 系统公司声称他们已获得了开发更具智能化的无人系统的技术，能够研制出完全自主的无人飞行器，飞行器只有在需要时，比如需要进行攻击或原先分配的任务被变更时，才与后方进行通信联系。

为了推进这一自主发展战略，英国学术界和企业界也行动起来，如英国工程和自然科学研究委员会（EPSRC）以及BAE系统公司，于2004年6月与英国克兰菲尔德大学为首的大学联盟，签订了为期5年、价值650万英镑的先进无人技术开发合同。合同项目名为"无襟翼飞行器综合工业研究"（FLAVIIR），明确要求开发不同于传统无人飞行器的无襟翼飞行器。当时预计该项目应于2008年利用名为"魔鬼"（Demon）的演示样机完成试飞。飞机一般都是通过改变机翼表面形状来改变掠过机翼的气流方向，但这一采用无襟翼的概念机型主要利用射流控制装置将压缩空气从机翼后缘狭槽中喷出，以此改变机翼表面的气流方向，当一侧机翼上的一排狭槽喷出的空气压力大于另一排，就导致掠过机翼后缘的气流偏向上方或偏向下方，与副翼起到的作用完全相同，飞机随之上升或下降。与同类无人机相比，采用无襟翼概念设计的飞行器由于结构更为简单，其造价也要显著低廉，而且由于减少了机体各类边缘和间隙，机体也可更为平滑，易于提升其隐形性能。BAE系统公司甚至希望这类机型的无人飞行器可以做到免（少）维护的地步。基于这一新型飞行技术的开发，BAE系统公司也启动了名为"日蚀"（Eclipse）的无襟翼飞行器开发项目。

2009年，英国国防部大力推进"创新空中能力构想"项目，期望其中涉及的新型无人飞行器项目到2015年时能生成试验性的使用能力，通过在飞行器生存能力、机动性、载荷一体化以及运输速度等方面的创新，推动无人飞行器的发展。项目的目标是开发一种航程达600千米、可从护卫舰上发射及回收（意味着它极可能采用垂直起降方式）的无人空中作战系统，飞行器发射后可在目标区域长航时地巡逻，在对目标实施打击后进行毁伤评估，如果需要的话还可进行补充性打击。同时，在城市环境下可靠运行也是重要的设计指标。飞行器搭载载荷包括射频及激光发射/接收组件。英国已着手进行高能微波武器（EMP）开发超过20年，并已研制出适宜巡航导弹搭载的高能微波武器载荷，稍经修改即可用作无人飞行器载荷。由于飞行器的低可探测性能已在"雷电之神"项目中有过充分的实践，相信新飞行器的战场隐形性能会只高不低。规划中的创新性空中能力则是更大的英国防务技术开发项目（2009年2月启动）的一部分，该项目由 BAE 系统公司、MBDA 公司（欧洲导弹开发企业）以及克兰菲尔德大学联合建议启动。此外，MBDA 公司亦和意大利赛莱克斯·伽利略公司、GKN 公司组成工业开发团队，建议开发名为"黑色阴影"（Black Shadow）的无人机项目，目前具体情况仍不明。

早在 20 世纪 80 年代初，英国 AFL 公司就开发过一系列小型无人飞行器，它由 AEL4800"食雀鹰"无人侦察飞行器发展而来。"食雀鹰"飞行器在完成从"瞪羚"（Gzaelle）直升机上的发射试验后，于 1986 年被提供给法国陆军装备。该无人机机体结构较为简单，上单翼、螺旋桨驱动，可携带一部电视摄像机和下行数据链。1983—1984 年，该原型机参与了英国国防部"凤凰"无人机项目的竞标，后者要求采购一种具备低可探测性能的无人机，它要能从弹射器发射并用降落伞回收，载荷要求热成像仪具备昼夜监视能力。

同一时期甚至更早，BAE 系统公司也研制了一系列"稳定眼"（Stabileye）无人飞行器，用于国防部试验传感器及载荷的项目。正如其项目名称所暗示的，该项目设计的目标是开发一种机体具有稳定飞行能力、无须载荷再进行稳定的飞行器。1974 年 10 月 24 日，"稳定眼 Mk1"型试飞，到 1981 年共制造了 12 架同类飞行器用于装备军方；1979 年 12 月"稳定眼 Mk2"型飞行器试飞，它加强了机体，可携带 2 倍于 Mk1 型的载荷（15 千克）。两型飞行器在试飞中也达到了军方所要求的续航时间指标，其续航时间分别为 30 分钟和 1 小时。后来，BAE 系统公司还开发

"食雀鹰"飞行器

翼展： 3.21 米

机身： 长 2.77 米

全重： 59 千克

续航时间： 约 1 小时

航程： 30 千米

最高飞行速度： 300 千米 / 时

Mk4

翼展： 3.66 米

机身： 长 3.40 米

全重： 131.5 千克（载荷 50 千克）

续航时间： 4～7 小时

飞行速度： 125～160 千米 / 时

实用升限： 4000 米

"凤凰"

翼展：3.50 米

机身：长 2.83 米

全重：137 千克（载荷 44 千克）

续航时间：5 小时

最高飞行速度：170 千米 / 时

巡航速度：125 千米 / 时

航程：约 630 千米

"赫蒂" 无人飞行器

翼展：12.6 米

机身：长 5.1 米

起飞重量：500 千克（载荷 150 千克）

生产型的起飞重量：750 千克

续航时间：约 24 小时

任务半径：1500 千米

飞行速度：220 千米 / 时

最大升限：超过 6100 米

了该系统的后继型号——Mk3 型，它采用现在常见的双尾撑机体结构，能够搭载 25 千克的载荷（全重约 80 千克）；Mk4 型，采用类似"捕食者"无人机螺旋桨推进器后置的机体结构，传感器组莢舱位于机首下侧。其中 Mk4 型也是英国国防部"凤凰"无人机项目的竞争者，现在也可根据 Mk4 型的性能参数看出当年军方对"凤凰"的要求。

参与"凤凰"项目竞标的还有英国另一家防务航空企业——弗兰尼蒂（Ferranti）公司，该公司的机型在竞争中落败后，将其推向了市场。此机型也是一种采用传统机身结构设计的飞行器。"凤凰"项目的竞标在几家公司之中进行，最终 GEC 航电公司（GEC Avionics）赢得了合同，其开发的飞行器将在下文中详细介绍。

英国 BAE 系统公司也对超长航时无人飞行器开发非常感兴趣，觉得如果能够试验成功也能获得军方的青睐。于是在 2000 年后，BAE 开发了"西风"（Zephyr）超长航时演示飞行器，它由太阳能电池配合电动马达驱动（携带有锂离子电池作为备份），两侧主翼上各有一个螺旋桨推进器。飞行器翼展 12 米，起飞重量 27 千克，2005 年该飞行器进行首飞，在 2007 年的飞行试验中"西风"飞行器连续飞行了 54 小时（飞行过程被一个机械故障打断）。2008 年"西风"飞行器更连续在空中飞行了三天之久；到 2010 年时，BAE 系统公司希望能够利用它进行连续飞行数周或数月的性能演示。

"赫蒂"

"赫蒂"（HERTI）是 BAE 系统公司为"高耐久性快速技术插入"项目而研制的无人飞行器，项目英文缩写为"HERTI"，简称"赫蒂"。该项目旨在开发完全自主的智能型无人飞行器，最初在澳大利亚军方的秘密项目掩护下进行。它于 2006 年开始研制，2007 年迪拜航展空上展出样机模型。完全自主的飞行能力是希望减少机体电磁信号接收与辐射来降低其可探测性能（因电磁辐射而被敌方发觉的概率）；试验其人工智能，则是对于感兴趣的目标飞行器能够自主选择合适的传感器进行鉴别和判断。由于具有高度的自主行动能力，"赫蒂"只有在需要时才将探测到的情报数据通过数据链发射出去。据称，它能在中空探测到穿越边境的偷渡者；或在 2750 米的上空在时速 150 千米的飞行状态下有效使用固定光电红外传感器，此时也可切换到使用安装在机首下侧旋转塔架上高分辨率的照相传感器，为地面人员提供可用于鉴别判断的图片数据。"赫蒂"于 2004 年进行了首飞，交由斯林斯贝（Slingsby）公司负责制造，后者是英国一家知名的滑翔机制造商。从外观上看，"赫蒂"的外形并不出众，它采用波兰 J&S 航空设计公司设计的电动滑翔机作为机体，采用下单翼、单尾撑、V 形垂直尾翼的结构，其主要核心性能都体现在

下图："赫蒂"全自动无人飞行器。（BAE 系统公司）

其飞行控制软件和传感器组上。2008 年，BAE 系统公司展出了以"赫蒂"原型机为基础的武装型号——"狂暴"（Fury），它在"赫蒂"的基础上加装了泰雷兹公司的轻型多用途导弹［由原来"短标枪（Short Javelin）/ 吹管（Blowpipe）"系统轻型导弹发展而来］及火控系统。到 2009 年中期，BAE 系统公司为完善自身设计及进行各类试验，共制造了约 20 架"赫蒂"无人机；至 2008 年，BAE 系统公司的第一批标准生产型"赫蒂"无人机下线，公司希望军方采购这批无人机，以便能够重新前往阿富汗战场，但军方除了少量的采购外，并未大规模将这一机型投入实战。

2005 年 8 月 18 日，"赫蒂"原型机第一次在英国本土完成全自动的任务飞行。当次试验中，飞行器从苏格兰的坎贝尔敦（Campbelltown）机场自动起飞，飞赴马克里汗尼诗（Machrihanish）湾目标空域中，并完全自主地折返回坎贝尔敦机场自动降落，在目标区上空飞行器也自主地完成了预计飞行科目。此次试验体现了自主无人飞行器的现实性，之后在 2006 年，"赫蒂"原型机又在澳大利亚的武默拉（Woomera）靶场完成了全自动飞行试验。

"赫蒂"原型机共有两种改型，"赫蒂 D"型概念演示飞行器仍沿用 J&S 航空设计公司的机体和动力系统，其地面控制站则与"科莱克斯"（Corax）和"渡鸦"相同。该改型机概念设计于 2004 年 6 月完成，当年 12 月在澳大利亚进行了首飞；"赫蒂 A"（或 1–A）型机的尺寸较原型机稍大，其载荷及续航能力也更强，也就是这架飞行器完成了 2005 年 8 月的全自动飞行试验。2006 年 9 月，英国军方为期两年的无人飞行器战场实验项目"幻影之神"（Morrigan，出自凯尔特神话）启动，该项目旨在验证英国现有武装力量在实战中运用新型无人系统的能力，军方亦将采购的两架"赫蒂"生产型飞行器于 2007 年夏投入阿富汗战场进行试验。

"螳螂"

"螳螂"是 BAE 系统公司开发的中空长航时演示型无人飞行器，它首次于 2009 年 2 月展出于印度航展（Aero India）。2008 年 7 月，BAE 系统公司宣布与国防部达成合作协议，以将其开发的"螳螂无人自主飞行器系统"（Mantis UAS）作为英国国防部的先进概念

演示机。据称，"螳螂"的自主飞行能力也受益于 BAE 系统公司从
"赫蒂"项目上取得的经验和成果，而且它的性能与后者比更加优
良。为达成英国国防部的项目预期，BAE 系统公司联合多家航空、
电子企业（罗尔斯—罗伊斯、奎奈蒂克、通用电气航空系统公司、
赛莱克斯·伽利略以及美捷特公司等）组成实力强大的工业研发团
队，共同进行开发。2008 年英国范堡罗航展上，该机型展出了模
型，当时预期其原型机的首飞将于 2009 年初进行，实际上"螳螂"
的首飞是在 2009 年 9 月澳洲武默拉靶场进行的。范堡罗航展上展
出的模型显示，该机型采用常规外形设计，下单翼、T 形尾翼，其
机腹及机翼下共有 6 个硬挂载点，可挂载 4 枚 GBU-12 型激光制
导炸弹及 2 枚"硫磺石"（Brimstone）导弹；在传感器方面，其机
首下方安装着光电传感器转塔，机腹下方配置有一部雷达，卫星及
数据天线则位于机鼻处突出部及机尾垂直尾翼上端。2009 年 2 月，
BAE 系统公司发行的出版物中附带了"螳螂"在最后总装时的图片，
这一版本的"螳螂"也被称为"螺旋 1 阶段"开发型号（"螺旋 1

下图：2009 年 10 月 21 日，
"螳螂"原型机的首次升空飞
行。(BAE 系统公司)

阶段"中，英国国防部于 2007 年开始拨款资助总计达 55 架"螳螂"的制造），BAE 系统公司希望通过该阶段成功，在其"螺旋 2 阶段"开发时也能获得国防部的资金支持。"螺旋 2 阶段"的型号起飞重量达到 8.5～9 吨，两倍于美制"死神"飞行器。

BAE 系统公司将"螳螂"飞行器视作由本国生产的、未来用于替代美制"死神"无人机的产品，而英国军方在仅购买了两架"死神"之后未再采购的情况也说明，其可能对采购"螳螂"更感兴趣。"螳螂"飞行器项目最初在英国国防部战略无人飞行器的项目下获得资助，之后又被转而作为战术无人飞行器项目。"螳螂"原型机于 2009 年 10 月 21 日首飞，只比预定首飞时间节点略微拖延，但仍在项目开始后的 19 个月内完成原型机的制造。

"螳螂"原型机的性能参数如下：翼展 22 米，续航时间约 24 小时，最大升限 1.5 万米。它采用两台罗尔斯—罗伊斯公司生产的 RB250B-17 型 250 马力涡轮螺旋桨发动机，发动机位于机身后部两侧机翼上方的发动机莢舱中。

"凤凰"

"凤凰"无人飞行器是由英国马可尼（Marconi）公司和 BAE 系统公司联合开发的项目，它首飞于 1986 年，是为参与 1982 年英国军方提出的新型"战场炮兵目标交战系统"（BATES）投标而研发。当时，该项目也被认为是取代早期放弃的"监督者"（Supervisor）开发计划，最初预计它应于 1989 年配备炮兵部队，但首飞完成后拖延了相当长时间仍未能达到服役要求，这也反映出此无人系统在控制系统及整合方面遇到困难（机体结构相对较易设计和制造）。之后，该项目一直未彻底完成，1994 年该机进入小批量预生产阶段。1995 年 3 月英国国防部再次对此项目进行了审查，并与开发商重新进行了谈判，商定了未来的开发生产期限。新的服役时间改为 1998 年 12 月，但实际上"凤凰"于 1997 年配备

"凤凰"无人飞行器

翼展： 5.50 米

机身： 长 3.76 米

起飞重量： 209.2 千克（载荷 52 千克，空重 157.2 千克）

续航时间： 超过 4 小时

任务半径： 约 50 千米

飞行速度： 约 158.5 千米/时

最大升限： 2750 米

了英军。1995 年审查时的结论认为，虽然现有不少无人系统接近军方所需的性能指标，但"凤凰"无人机在这之中最为接近，仍较值得继续完善开发并采购。之后"凤凰"系列无人系统顺利配备于部队，并替代了早前装备于部队的同类无人机（1972 年起便配备第 22 皇家炮兵营和第 94 皇家炮兵团的"蠓蚋"无人系统）。相比之下，"蠓蚋"无人系统采用胶片式侦察方式，不具备实时数据传输功能，而"凤凰"则可利用其实时视频数据链完成战场侦察监视。

使用时，"凤凰"系统的地面控制站通过军方的 BATES 系统与炮兵火力单元的火控计算机相连，其侦察监视到的战场图像可直接传输到火控计算机上用于校射和修正。后来，英国陆军第 32 皇家炮兵团也部分采用了"凤凰"无人系统，共拥有 3 套系统，含 27 架无人机。一套地面控制站可同时控制两架飞行器，两架飞行器发射准备时间间隔为 8 分钟。

军方最初采购了 198 架"凤凰"无人飞行器，并于 1999 年部署到科索沃，首批部署的 27 架飞行器中，损失了 12 架。2003 年伊拉克战争开始后，"凤凰"无人机也随第 32 皇家炮兵团直布罗陀营部署到当地（参与了"泰里克行动"）。在 2003 年英军"泰里克行动"中，"凤凰"无人机共出击了 138 架次，但 23 架无人机被击毁，另有 13 架遭毁伤后修复。事后经调查表明，在所有损失的飞行器中，仅有 15% 是被敌火力直接摧毁，其损坏主要是由于当地酷热、干燥的环境所致，在这种环境下，飞行器性能极端不稳定；此外，调查报告中提及损坏和故障的一大重要原因是飞行器在复杂电磁干扰的情况下控制失灵，这也表明其系统指挥数据链并非数字式。即便遭遇较大损失，但"凤凰"无人机在战场上的应用，仍显示出炮兵支援等重要价值。有战场报告显示，当时在战场上的有些损失甚至是无法避免的，主要是为保持对重要监视目标的接触和覆盖，很多无人机因油料耗尽、无法返航而坠毁。"凤凰"无人系统在伊拉克战场上的最后一次出击是 2006 年 5 月，之后由于损失过大，该型无人机被迫撤出伊战，并于 2008 年 3 月 20 日全部退役。原本在采购"凤凰"时，英国军方希望它能服役到 2013 年，但英国军方很快就在 2002 年为后来的"守望者"举行国际招标竞争（以色列"赫尔墨斯 180"无人系统中标），也表明英军清楚"凤凰"根本撑不到预定时间。可能是由于在战场上过高的损失率，导致不太成熟的"凤凰"系统过早退役，而当时"守望者"虽已完成大部分前期开发，但仍未能到伊战战场进行实战试验（直至 2007 年才开始进行）。英国军方在 2008 年时则准备到 2010 年实际部署"守望者"系统，其间的战斗力空档期则由"赫尔墨斯 450"来填补，配备"赫尔墨斯 450"部署到阿富汗战场的是第 56 普特普尔（Bhurtpore）皇家炮兵营，该单位还装备着"沙漠鹰"微型飞行器。

在"守望者"进一步完善真正进入服役前，退役的"凤凰"飞行器还将继续作为试验载机，负责验证和发展无人飞行器及无人空中作战系统的概念设计和软件。"凤凰"飞行器采用双尾撑的常规机体设计、由螺旋桨推进器驱动，传感器组位于机腹下侧（传感器整流罩位于机首和机尾，其中光电／红外传感器组位于机首下侧的旋转式塔架上），机体并未设计有起降架，其发射采用火箭助推升空，着陆时用降落伞回收，伞降时机腹朝上以保持其传感器组件，其机体背部也经过强化，可缓冲和吸收伞降机背着地时的冲击力。

"可靠毛瑟"

"可靠毛瑟"（Reliant Mauser）无人系统是 BAE 系统公司开发的模块化概念研究验证机，其机身可更换机翼和发动机，采用常规气动布局和 V 形尾翼，其发动机既可使用螺旋桨推进器，也可换装喷气发动机，发动机舱位于机体后部上侧，换用喷气发动机时须配合较长的主翼（这种较长的主翼也可与螺旋桨推进发动机配合使用）。其飞行控制系统也可采用多种工作模式。

"雷电之神"/"科莱克斯"/"红隼"/"渡鸦"

在欧美各国争相开发可直接用于作战的先进无人空中作战飞行器后，英国也于 2006 年 12 月与 BAE 系统公司签署了开发"雷电之神"无人空中作战技术演示飞行器的合同。该型先进验证机于 2010 年首飞，2007 年 9 月开始制造第一架原型机，次年 2 月第一架样机开始组装。BAE 系统公司还赢得了 2005 年 3 月英国国防部启动的"战略无人飞行器"（SUAV）合同。正是有这一先进机型为基础，英国并未参与泛欧"神经元"先进无人空中作战飞行器项目。

2005 年，SUAV 项目的启动也标志着英国官方正式接纳了当年《英国国防工业战略白皮书》中所提出的倡议：英国要在未来先进无人机开发领域占据一席之地。正是在这一项目下，英国多家企业开发一系列无人演示飞行器，例如"科莱克斯"（翼展约 9.1 米、机身长约 5.5 米）、"红隼"（翼展 5.5 米、采用固定起降架）和"渡鸦"（翼展 5.5 米、采用可收回式起降架）。从外形上看，"科莱克斯"是全尺寸技术验证机，用于无人机外形设计验证和演示，它采用无尾翼设计，机体截面呈菱形。"雷电之神"则可看作为未来替代"狂风"这类有人攻击战机的先进无人作战飞行器，它采用类似 B2 的低可探测性飞翼式设计，三角形进气口位于机体中部上侧。它的尺寸较大（与"鹰"式教练机类似，该机型翼展 9.94 米），具有较好的隐形性能，估计其全重约 8 吨。上述关于这几种机型的尺寸评估数据，都是基于现已公布的视频录像和图片分析而得，这几种飞行器的智能化程度都较高，据称都实现了从起飞到降落的全自动运行。

下图：2009 年 DSEi 展上展出的"雷电之神"演示机模型。（作者收集）

"红隼"的动力系统采用两台 AMT 涡轮喷气发动机（单台推力约29.48 千克）；"雷电之神"则采用单台阿杜尔（Adour）951 涡轮风扇发动机，推力达到 2939.28 千克，和一些小型有人战机不相上下，其翼展为 9.94 米、机身长 12.43 米。据称，在进一步开发完善后，"雷电之神"的全尺寸飞行器具备洲际攻击能力，其人工智能也达到相当高的程度。根据现在"雷电之神"所表现出的性能特点来看，其研发概念与美国空军提出的几类远程超音速无人轰炸机相似。

"红隼"飞行器是由 BAE 系统公司和克兰菲尔德大学联合开发的融合翼无人系统，它也是第一种经过英国民用航空局（CAA）认证许可（2003 年 3 月颁发）、可用于民用领域飞行的喷气式无人飞行器。"红隼"在样机完成试飞后，接连进行了数月的飞行试验，表现出较佳的可靠性和适航性。

下图："科莱克斯"无人飞行器主要用于验证"雷电之神"项目中采用的技术和概念。（BAE 系统公司）

"渡鸦"飞行器是由 BAE 系统公司于 2003—2004 年开发的三角翼演示机，从概念设计到完成首飞只用了 10 个月时间，开发它的目标是用来验证很多应用于"雷电之神"飞行器上的技术和概念，

特别是后者的全自动飞行控制系统。该机型样机于 2003 年首飞，也是美国之外的国家成功开发的第一种无尾翼无人飞行器。

"科莱克斯"飞行器则采用了"渡鸦"的机体，只是其复合材料机翼是全新设计。

"雷电之神"的隐形特征则是在"复制品"（Replica）项目支撑下逐步设计和完善的。"复制品"项目旨在生产一种全尺寸的低可探测性飞行器模型，其重要的目标就是在低成本的无纸化设计和生产环境下，利用较低成本实现机体的低可探测性能。

早在 2000 年前，BAE 系统公司和克兰菲尔德大学就联合开发了小型的低可探测性演示飞行器——"日蚀"（Eclipse），该飞行器于 2000 年首飞。它采用菱形机翼和单垂直尾（无水平尾翼），喷气发动机进气口位于机身上部中央，其机鼻向前突出。"日蚀"演示机也可能是"无襟翼飞行器综合工业研究"（FLAVIIR）项目的一部分，后者的目标是开发成本较低的无襟翼无人飞行器。

"雷电之神"这一项目名称取自凯尔特人传说的中"Taranis（雷电之神的名字）"，足见英国国防部对其重视程度。BAE 系统公司在 2008 年时称，该项目反映了英国防务航空工业近十年来在全自主性飞行器开发领域所作出的努力，可以说是集众家之大成的重要机型，参与的企业和机构包括 BAE 系统公司、罗尔斯—罗伊斯公司、奎奈蒂克公司、通用电气航空系统公司以及英国国防部的防务科学和技术实验室等。涉及"雷电之神"的开发项目牵涉多家防务企业所开发的无人机型，例如上文提到的"赫蒂""渡鸦"和"欧夜鹰（Nightjar）Ⅰ/Ⅱ"等。在开发过程中，BAE 系统公司澳大利亚分部也担负了 5% 的工作量。2009 年中期，据称"雷电之神"全尺寸样机已完成组装，但实际服役可能还需一定时间。

"西风"

"西风"无人飞行器由奎奈蒂克公司开发，它可能是全球第一架接近实战部署阶段的军用太阳能无人飞行器。据称，美国国防部已在伊拉克或阿富汗战场上将这种无人机

"西风"无人飞行器

翼展： 18.2 米

机身： 长 5 米

全重： 45 千克（载荷 3 千克）

实用升限： 18300 米

巡航速度： 约 92 千米/时

上图："西风"太阳能无人飞行器。（奎奈蒂克公司）

投入使用，利用它从远距离外收集信号情报。虽然奎奈蒂克公司是一家英国企业，"西风"无人飞行器却明显打算供美军使用。在美军服役期间，"西风6"甚至创下了连续巡航82小时37分钟的纪录。美国与奎奈蒂克公司签订了采购"西风7"的合同，其中美国海军已采购过该系列的飞行器。2009年5月，奎奈蒂克公司获得了美军采购7架飞行器和一部地面控制站的订单。

美国

在很大程度上，由于美国在伊、阿以及全球反恐战场上广泛地使用无人机系统对抗恐怖分子，美国现在已成为全球最大的无人飞行器使用国，其开发中的项目、配备的无人系统数量远超其他国家。事实上，美国无人机开发、使用的历史虽较为悠久，但在越南战争后这种优势就逐渐被其他国家所赶超，甚至在1991年海湾战争期间，美国海军还不得不使用以色列的"先锋"无人机，这可能是此类飞行器首次搭载实时数据链投入实战。实际上，据称美国海军陆战队更早就采用了以色列生产的这款无人系统，在1983年贝鲁特爆炸案后（当时恐怖分子驾驶的自杀式卡车撞进美国驻贝鲁特的海军陆战队兵营后引爆，导致重大人员伤亡），海军陆战队就采购了"先锋"无人系统，用于侦察和监视。后来，在海军陆战队司令 P.X. 凯利（P. X. Kelley）将军访问以色列期间，以方向其展示了无人机拍摄的关于他在特拉维夫街头步行时的图像，凯利大为震惊，他也想使其部队具备这种能力。之后在 1984 年 3 月，以色列又向美国海军演示了其装备的"驯犬"无人系统的性能，并将其降落到海军两栖攻击舰"关岛"号上，而当年 9 月，海军陆战队已在其驻北卡罗来纳州勒热讷（Lejeune）兵营配备了这种无人系统。与此同时，时任美国海军部长约翰·F. 莱曼（John F. Lehman）公布了一项无人系统采购项目，他需要更快、航程更远、续航能力更强，以及配备较为安全的通信数据链的无人空中系统，项目竞标于 1985 年 8 月公布，最终合同被马扎拉特公司（后来并入以色列 IAI 公司）与美国 AAI 公司组成的团队夺得。上文中提及的"先锋"无人系统实际是以色列"侦察兵"无人系统的改进型，它于 1986 年投入量产。

　　最初，美国军方在为无人系统编写军用编号时，采用的是导弹序列的编号模式，即以"M"打头，再加上前缀"Q"，这一做法有其历史。之前，美军为无人系统采用"Q"的前缀，是为标示一些由有人战机改装而成的无人机，例如，QF-4 就是一种由 F-4 战

下图：在试飞中的"西风"无人机，由奎奈蒂克公司（QinetiQ）开发。2008 年 8 月，它飞行了 82 小时 37 分钟，超过了无人飞行的官方世界纪录。（奎奈蒂克公司）

机改装的无人系统。1997年，军方深感未来无人系统将越来越多，原有使用加"Q"前缀的办法已不能满足需要，故将此"Q"前缀独立出来，成为无人系统的专用序列编号字母。对于各种用途不同的无人机，则采用类似加前缀的方法来区分，比如"R"前缀意为"侦察"，"M"前缀意为"多用途"，即既可进行作战也可用于侦察。

20世纪80年代中期，美国军方重新意识到了无人系统的重要性，便在沉寂十多年后重启了不少开发项目，但在一些项目经历了反复的拖延和巨额超支后，1987年美国国会通过了冻结所有无人飞行器和遥控驾驶飞机项目资金的提案，使得当时三军联合进行的无人机开发项目暂时中止〔其中，美国陆军的"天鹰座"（Aquila）计划也受到波及〕。直至1988年6月，美国国防部才提交一份为期7年、金额高达23亿美元的无人系统开发总体规划，规划中将无人系统分为四类：近距离、短程、中程和远程无人系统，其中近距离无人系统被定义为50千米以内，短程为200千米。美国国防部将这一规划交由海军空中系统司令部（NASC）下属的联合项目办公室（JPO）管理，项目资金来源则直接由国防部部长拨出。后来，规划中的近距离和短程系统被合而为一，并又增加了舰载无人系统的分类。后来，美军装备的RQ-5"猎人"无人系统即源自这一规划，此外，还有RQ-6"警卫"（Outrider）无人系统也同样出自此，而且当时美国陆军和海军陆战队在较短时期内同时采购了这种无人系统。考虑到RQ-6系统是根据"先进概念技术演示"项目开发出来的，而国防部对于这类两个军种都有需要的采购项目总是要采取竞标的方式来选择防务提供商，所以对于无人系统的竞标安排在1999年12月，而当时陆军和海军陆战队对所需战术无人系统的要求完全不同，最后两军种却采用了同一种无人系统，这在以往是从未有过的。此次陆军和海军陆战队同时采购了RQ-6无人系统，直接导致五角大楼成立了联合需求监督委员会（JROC），用以审批各个军种的装备采购。在陆军方面，这使得当时RQ-7"阴影"无人系统加速开发，也就是目前的旅级无人飞行器。

1994年，与国家侦察办公室（NRO）功能相似的空中防御侦察组织（DARO）开始组建，前者主要负责空间侦察，后者则致力于管理广域内的有人及无人空中侦察系统。该机构成立后，接管了早期联合项目办公室（JPO）的大多数权力。

2009 年，美国国防部先进项目研究局（DARPA）启动了一项开发新型机载能源的计划，以便于使高空长航时的重型无人系统具有更强的续航能力。2009 年 3 月，DARPA 与科罗拉多州艺创（Eltron）研究开发公司签订研发合同，由后者开发一种金属氢化物以便能高密度地储存能量。DARPA 更喜欢在稀薄、低温大气环境下能长期储存能量的解决方案。艺创公司设计了一种燃料电池，它由金属氢化物构成，既能用作燃料源，也可当作燃料电池的阳极。

一直以来，美国空军就热衷于开发各类无人飞行器，近年来这种兴趣更加浓厚。1983 年，空军就要求波音开发一种多用途的无人系统，并与该公司签订了开发合同，这就是"波音机器人空中飞行器"（BRAVE 200）项目的由来，项目旨在开发一种类似后来"哈比"无人机的徘徊式反雷达导弹，同时它也可用作电子设施的持续性干扰

YQM-121A "铺路虎"

翼展：2.57 米

机身：长 2.12 米

全重：120 千克（发射时）

源。1983—1984 年，波音公司研制并制造了 14 架样机，进行了试验飞行。但 1984 年底，该项目被取消，同时已取得的研究成果和生产出的样机也被空军接收，空军赋予了其军用编号，即 YQM-121A "铺路虎"（Pave Tiger）。1987 年，空军重启了这一徘徊式反雷达无人飞行器项目，将其作为 YQM-121B "搜寻旋转球"（Seek Spinner）继续开发；同时，将原"铺路虎"所具备的电子干扰阻塞功能剥离出来，命名为新的 CEM-138 型干扰阻塞飞行器。后两种飞行器重量约 200 千克，机体结构采用飞翼式设计，其主翼翼尖处上翘后作为垂直安定面。然而，好景不长，两个被复活的项目于 1988—1989 年再次被下马，据推测原因可能是国会不满军方无人系统开发的低效，而冻结了所有的无人系统开发项目。

2000 年以后，美国陆军为更便于全球部署，急欲构建带有转型色彩的轻量化的"未来战斗系统"（FCS），这一系统更强调对战场信息的收集与应用，因此对各类用于情报及态势感知用途的无人飞行器也就青睐有加了。在经过冗长的投招标后，波音/科学应用国际公司（SAIC）获得了总体的 FCS 开发合同，两家主承包企

业又选择了一些企业开发 FCS 系统所要求的不同级别的无人飞行器。通过大量配置 FCS 系统，陆军完成冷战后最重要的一次重组和转型，重组之后，陆军将构建以旅级战斗部队为主的新型武装力量。在整个转型构想中，陆军将无人机区分为几类，每个新的陆军战斗编组将配备 200 余架各类无人飞行器，其中 108 架一类无人飞行器、36 架二类无人飞行器、48 架三类 / 四类（A/B）无人飞行器。一类无人飞行器也称为排级飞行器（航程约 16 千米、0.453 千克载荷、续航时间约 90 分钟）；二类无人飞行器称为连级组织无人飞行器（航程约 30 千米、4.536 千克载荷、续航时间约 5 小时、实用升限约 300 米），后来，二类飞行器指标又被重新调整为续航时间约 2 小时、航程达 10 千米、飞行器总重约 50.80 千克；三类无人飞行器称为营级无人飞行器；四类则是旅级（师级）无人飞行器（四类无人飞行器又分为两种，其中 A 型为旅级，B 型为师 / 军级）。由于篇幅所限，本书中只收录 FCS 系统中三类和四类无人飞行器。上述陆军规划的分类中，一类和二类无人飞行器由于任务区域高度重叠，其功能和任务范围根本无法区分。

2006 年 5 月末，FCS 系统中的无人飞行器开发第一阶段（共 12 种系统）的系统开发演示（SDC）合同交由霍尼韦尔（Honeywell）公司负责，此无人系统主要是手持投掷发射的微型无人系统，而二类无人飞行器则采用涵道风扇结构的垂直起降飞行器，但在 2006 年，二类无人飞行器的预算被国会以严重超支为由而从 2008 财年中削减。

2005 年 8 月，波音 / 科学应用国际公司选择三种备选机型用于对三类无人系统进行挑选：皮尔斯基（Pieseki）公司的"空中卫兵"（Air Guard）、AAI 公司的"阴影 Ⅱ"以及"勘探者"（Prospector，是德国 KZO 无人飞行器在美授权生产型号）。但不幸的是，与二类无人飞行器类似，三类无人飞行器的预算也在 2006 年被国会削减，甚至连系统开发演示的机型都未选择。而之前，陆军曾反复强调二类及三类无人飞行器是其类似系统中最为优先的项目。

早在 2003 年 5 月，美国陆军就从通用原子（GA）公司采购了三架"蚊蚋"式无人飞行器，用于验证军方未来对无人机的性能需求。2004 年，这三架飞行器部署到伊拉克战场，正是通过这次试用，陆军正式将原来构想的第四类飞行器区分为两类，其中 A 型仍保留原先的定义，B 型则被定义为"扩展航程多用途无人飞行器"（ERMP-UAV）。为挑选合适的第四类 B 型无人系统，陆军选择了两家竞标的工业团队，由其提供产品进行竞争：通用原子 /AAI 公司开发了改进型"捕食者"（亦称"武士"），诺斯罗普·格鲁曼公司则将以色列"苍鹭"无人系统改进为"猎人Ⅱ"参与投标。最终，2006 年 8 月 8 日，通用原子 /AAI 公司的方案被选中，也就是现在美军装备的"捕食者"型无人侦察攻击机。

在选择第四类 A 型无人系统方面，"火力侦察兵"无人系统最终击败了波音公司的 AH-6 系统及贝尔公司的 407X 系统（后来，407B 系统赢得了无人武装侦察直升机的竞标）。"火力侦察兵"原本在一项海军开发项目下进行，陆军看中其性能，将其挑选为 FCS 系统中的无人机型。但后来，2010 年 2 月，陆军也因预算问题，终止了第四类无人飞行器的项目。

美国武装力量 21 世纪初的变革同样也影响了海军陆战队。作为最有可能在事态爆发后就进行全球部署的精锐力量，海军陆战队从人员规模、力量结构等方面规划了三种任务特遣部队，其分别是海军陆战队远征群（MEU）、海军陆战队远征旅（MEB）以及海军陆战队远征军（MEF），这三种部队编组大致对应陆军的营级、旅级和师级战斗部队。2003 年，海军陆战队开始考虑为每一级编组部队配备相应的无人空中系统，其项目代号为"蒂尔"（Tier），每一级编组部队根据其任务需求分别对应一种"蒂尔"的无人系统项目，即三种力量结构分别配备"蒂尔Ⅰ/Ⅱ/Ⅲ"型无人飞行器。在 2005 年时，海军陆战队配备的"蒂尔Ⅰ"采用了手持式的"龙眼"（DragonEye）飞行器，它主要由海军陆战队营级部队使用，可为其下属的连、排级部队提供作战支援；也就在 2005 年，为达到海军陆战队使用需要，该飞行器经过特别改装，加装了战术通信中继载荷，这是因为海军陆战队惯常在城市等复杂环境下作战，这种地形复杂的战场条件使连、排配备的无线设备传输距离大减，使用具有中继能力的"龙眼"后，便能解决这一问题。2006 年，海军陆战队希望与陆军和特种作战司令部联合进行无人系统开发，以便获得性能更优良的"蒂尔Ⅰ"系统，海军陆战队将其性能指标修正到航程 10 千米，在 90～150 米低空飞行时具备昼夜成像能力，以便海军陆战队探测、分类及识别人体大小的目标。

"蒂尔 II"主要用于旅级海军陆战队，同时也来填补在"自由伊拉克"行动中暴露出的旅级部队缺乏有效情报、侦察和监视能力的缺陷。海军陆战队要求这类短程战术无人飞行器续航时间需在 12 小时左右，使用高度约 3660 米。过渡期的"蒂尔 II"飞行器将由微型的"扫描鹰"来充任。2005 年海军陆战队想尽快找到"蒂尔 II"飞行器的解决方案，并要求新的"蒂尔 II"具有低可探测性能、易于运输，并可上舰使用。除了基本的光电／红外传感器组外，它还要携带激光测距／指示装置，其地面控制设备也要能与"蒂尔 I"和"蒂尔 III"级的无人系统具备互操作能力。根据规划，"蒂尔 II"将部署到团／旅级部队，特别是在典型的登陆作战行动中，这类飞行器上舰能力及与下一级飞行器的互操作及衔接能力至关重要。

"蒂尔 III"主要装备大规模的远征部队，如师／军一级规模的登陆部队或海军陆战队航空联队（MAW），它也是"蒂尔"系列飞行系统中唯一一种适合搭载武器的无人系统。2005 年时，担负这一角色的是"先锋"系列无人系统，但在 2003 年，海军陆战队提交的"先锋"无人机在数年内退役的方案已被批准，这意味着急需一种新的无人系统来填补空缺。但是后来，由于新研制的"鹰眼"无人系统迟迟无法交付，"先锋"系统的退役时间或将推迟至 2013—2015 年。"鹰眼"无人系统主要由海岸警卫队投资开发，后被证明存在致命的缺陷。迫不得已，海军陆战队只得用 RQ-7"阴影"作为"蒂尔 III"的主要机种，担负未来"先锋"无人系统退役后留下的能力空缺。

要注意的是，由于海军和海军陆战队在作战时天然的配合关系，海军也负责海军陆战队所使用的飞行器的开发与采购，并且海军也总是希望为两个军种提供所使用的各类飞行器。因而，海军的无人飞行器计划中也会包括海军陆战队的项目，例如，海军把海军陆战队的"蒂尔 II"无人飞行器称为"小型战术无人飞行器"（STUAV）。在 2000 年海军的计划中，他们也要求保留"先锋"无人系统（当时该机型也在舰上使用），直至合适的垂直起降无人飞行器（VTUAV）成熟达到可实战部署时，再将前者退役。与此同时，海军还开展着其他的无人机开发项目，如多用途长航时无人飞行器（MRE）和未来的海军无人空中作战飞行器（N-UCAV）。在1999 财年时，海军共拥有 5 套"先锋"无人系统（每套含 5 架飞行器），计划到 2000 财年时将其削减为 2 套，余下的等到垂直起降无人飞行器部署后再完全退役。此时，"火力侦察兵"无人系统作为垂直起降无人飞行器已逐渐成熟，在经过短暂犹豫后，海军终于采用了"火力侦察兵"。

此外，美国海军同样也对潜基发射的无人系统非常感兴趣，特别是在美国新的军事战略要求下，考虑到传统用于反舰、反潜的海军攻击核潜艇也将担负起对陆攻击、支援特种部队等常规任务，为其配备合适的潜基无人系统就非常有必要了。早在 2003 年，诺斯罗普·格鲁曼公司就获得海军资助，开发"可负担隐形容箱系统"（SACS）；当年 5 月，国防部先进项目研究局亦资助了"鸬鹚"（Cormorant）潜基无人飞行器的开发，但后来该项目被取消了。2006 年，与该项目相关的回收技术还进行了试验。

与传统用于侦察、情报等支援性任务的无人飞行器不同，更先进的无人空中作战飞行器（UCAV）概念一经提出，就同时吸引了海军和空军的强烈兴趣，但目前仅有海军的一个目标仍在进行，也就是本节最初提及的 X-47B 项目。事实上，早在 20 世纪 60 年代，空军就曾有过类似的无人作战平台概念。1964 年，瑞安（曾设计了标准的美国喷气靶机"火蜂"）在进行"Cee Bee"项目开发时，就曾建议开发一种由轰炸机携带的无人机。这种无人机挂载在大型轰炸机机翼下的硬挂载点上，但这一提议并未吸引军方高层，主要原因在于当时电子技术并不成熟，轰炸机也没有办法将其搭载的无人机在需要时精确地投放。而且，当时美国空军正深陷越南战争中，大量损失正使其焦头烂额，根本无暇考虑这类并不能立竿见影取得成效的项目。然而，美国空军也逐渐意识到仅靠蛮力无法改变当时的战争现状，开始倾向于发挥自己的技术优势开发新型武器系统，1971 年，空军启动了"海弗柠檬"（Have Lemon）项目，该项目试图为"火蜂"无人机加装电视摄像装置和数据链，配备两枚"小牛"（Maverick）导弹或电视制导炸弹，使之能够精确地攻击特定目标。"海弗柠檬"项目主要针对敌方的防空系统进行压制，"火蜂"的操作人员通过机体头部的电视摄像装置经数据链传回的图像锁定目标，就像飞行员在座舱中锁定目标时一样，直至最后操作无人机发射投掷弹药准确地命中目标。1971年12月14日，一架经改装的"火蜂"成功发射了其携带的"小牛"空地导弹，此外，"火蜂"无人机还可挂载"百舌鸟"（Shrike）反辐射导弹。1973—1974年，这种新型的"火蜂"无人系统开始部署，专门用于各类对地攻击任务。但是，随着越南战争进入尾声，美国空军也日益失去对这类飞行器的兴趣，甚至有空军人士认为空军不需要这种没有驾驶员的飞行器，最终在1979年，"火蜂"试验中队被解散。

到20世纪90年代末期，美国空军和海军对无人空中作战飞行器重新燃起兴趣，两个军种都启动了各自的开发项目。要注意的是，最初海、空军的无人空中作战飞行器项目并不包含在军方的无人飞行器发展规划中，到2000年，也只有海军的UCAV-N项目列入了五角大楼的无人飞行器发展路线图。正是在这一时期，类似

下图：2001年春天，在罗杰斯干湖旁，首架波音X-45A原型机停在德莱顿飞行研究中心的停机坪上，进行电磁干扰（EMI）测试。（DARPA）

"持续性空中力量存在"的概念开始成型，开始意识到这一可能主要是考虑到无人飞行器的长航时特性，希望它们能长时间在敌方空域待机盘旋，通过实时地对目标进行打击来抑制敌方活动；也有人认为，这一想法的提出主要是基于美国海、空军在 20 世纪 90 年代末期巴尔干战争空中战役的实践。海、空军虽都把目光投向即将问世的无人作战平台，但两者强调的重点有所不同，海军更愿意使用垂直起降或短距起飞 / 垂直降落的无人飞行器。1999 年 3 月，国防部先进项目研究局授予波音公司开发两架 X-45A 型 UCAV 演示样机的合同，该机型于 2002 年 5 月 22 日首飞。而在 2000 年夏，海军也启动了自己的计划，与波音和诺斯罗普·格鲁曼公司签订了为期 15 个月的概念开发合同，开始对未来先进无人作战系统进行概念研究。而在此时，海军在面对敌方严密的先进防空系统时，其主要任务仍侧重于侦察和监视，先期压制攻击、打开安全空中通道的任务通常都交由空军隐形战机来完成。海军启动此项目的意图也很

下图：波音 X-45A 飞行器曾成功地在试验飞行中投下了炸弹，该机型曾被认为将是美国空军的无人空中作战飞行器，但空军最终放弃了这一项目。后来该机型也曾参与海军的竞标，但诺斯罗普·格鲁曼公司的 X-47B 赢得了海军的合同。该图片中的 X-45A 飞行器现展示于国家航空航天博物馆。（作者收集）

明显，他们开始认真考虑拥有首次打击的能力，弥补自己作战能力的缺陷。2001年初，诺斯罗普·格鲁曼公司设计的X-47A"飞马座"（Pegasus）的概念获得了海军青睐，赢得了与波音的竞争。之后X-47A得以继续开发，2003年7月30日，X-47A原型机首飞成功，在试飞过程中，未采用垂直尾翼的X-47A无人机演示了其优秀的隐形性能。

虽然在与X-47A的竞争中落败，波音公司的X-45型无人系统却得到空军的首肯，由于美国海、空两军种似乎在平行地展开先进无人空中作战飞行器的开发，为避免资源重复投入，2003年10月，国防部先进项目研究局指导组建了联合无人空中作战系统办公室，以便协调两个军种的研发事宜。为了继续对这种新概念机型进行验证，国防部先进项目研究局继续资助波音公司进行X-45B无人系统的开发，并预计于2008年进行试飞。但在X-45B即将定型接收空军的评估时，空军将注意力集中到了性能更优良的X-45C型无人系统上。而与此同时，诺斯罗普·格鲁曼公司与洛克希德·马丁公司组成的无人系统团队也开始谋划X-47A之后的新机型。该团队计划开发更具模块化结构的产品，并以X-47A为基础，这也是X-47B项目的开始。2004年底，空军接管了整个联合项目的开发，但在2006年初，空军还是取消了X-45C项目，部分是由于X-45C与X-47B的性能差异并不明显，部分也是因为其自身需求变化需要重新考虑无人系统的性能指标。也有推测认为，空军在X-45C即将完成之际将其放弃，并非真正否定它的性能，而是将其列入机密开发项目，以便于使其消失在公众视线中。相比之下，海军仍保留了对X-47B的热情，并在2007年年初举行了一场招标，再次挑选了诺斯罗普·格鲁曼公司研制的X-47B型无人空中作战飞行器（另一家参与竞争的是波音公司及其X-45C无人系统）。

在低端无人系统领域，2005年夏，美国国防部先进项目研究局建议启动一项为期3年的开发规划，以开发一种专门用于攻击无人飞行器的飞行器，该飞行器具有低成本长航时的特性，同时也具有较大的俯冲速度。在提到这一项目的潜在价值时，先进项目研究局提到目前无人飞行器的全球性扩散，在当时全球共有250余种无人飞行器处于研发或已服役的状态，考虑到GPS制导、导航服务的快速普及，很多国家和政治实体都具备了开发无人系统的能力，未来美国武装力量必然会面对这股空中无人化的浪潮。因此，国防部先进项目研究局希望能开发一种可大量采购的攻击性无人系统。现在还不清楚，这种专门以无人机为目标的飞行器究竟该算作无人机，抑或一种可在空中徘徊的对空巡航导弹。根据其构想，这样的小型飞行器应该具有较宽大的主翼，能够长时间徘徊在战场上空，它采用小型内燃发动机，巡航速度可达 48～65 千米／时，当探测并确认目标后，它便以极高的俯冲速度冲向对方无人机（先进项目研究局暗示这一机型将采用加速性能显著的小型脉冲式喷气发动机），为平衡宽大主翼所赋予的长航时特性与俯冲时要求尽可能减少主翼面积以便提高速度的要求，飞行器在俯冲时将自动抛离其主翼。2007 年 2 月，先进项目研究局迫于国会压力，公布了此项目的资金情况，该项目从 2006 财年开始投入资金，计划到 2009 财

下图："游隼"无人飞行器专用于攻击对方无人机。（美国国防部先进项目研究局）

年完毕。在公布的信息中未提及相关承包商和实际开发进展，因此也有推测认为该项目遭遇较大技术障碍，抑或只是先进项目研究局的先进概念研究。但是在其他的无人机领域，国防部先进项目研究局的开发力度仍然较大，2009 年 4 月，国防部先进项目研究局一份先进无人飞行器传感器开发合同授予了国内工业团队，该工业团队由航空物理（Aerophysics）、雷声导弹系统（Raytheon）、密歇根科技研究所等三家公司或机构组成。该传感器项目也称为"游隼"（Peregrine），它是一套雷达提示的主 / 被动红外装置，系统基于雷声公司的"静眼"（Quiet Eye）光电传感器塔。现有资料显示，它能够通过探测目标飞行器螺旋桨推进器的多普勒反射回波来探测、识别目标飞行器的型号；此外，传感器塔还内置有激光装置，通过其对目标的照射可获取有关目标的距离、几何形状尺寸等信息，甚至还可用来干扰、破坏目标飞行器的光电传感装置。国防部先进项目研究局还资助过用于攻击无人飞行器及其光电传感器、激光测距仪的高激光项目（据推测可能是地基激光发射装置）。

2009 年 1 月，美国国防部先进项目研究局与双光技术 LLC 公司签订合同，由后者专门为特种作战力量或其他小规模作战单位，开发近距离空中支援系统（据推测可能是基于无人飞行器的攻击系统）。该系统已于当年完成开发，它可由操作人员利用手持式遥控装置控制，可在不暴露己方人员位置的情况下，对敌实施空中攻击。系统搭载的武器可能是微型导弹或火箭。项目开发的第一阶段主要是工程设计，第二阶段将制造原型样机，第三阶段则是生产商合同完成产品的规模化生产。

目前，美国国防部先进项目研究局对一些非常小型的无人飞行器项目非常感兴趣，为此，该机构专门启动了开发"隐形、持久工作、驻留并监视"（SP2S）的超微型无人飞行器的项目。很明显，航空环境公司（AeroVironment Inc）开发与小鸟类似、10 克级的"水星"（Mercury）飞行器获得了该项目的资助，该飞行器已于 2008 年 12 月进行了试飞。该公司还生产了一种更为传统的"黄蜂"（Wasp）飞行器，重量为 430 克。该飞行器先是垂直起飞，在升空后翻转成水平飞行状态，到达飞行目标地后再垂直降落并固定在地面，遂行侦察、监视及数据传输任务（持续工作时间最终超过 24

小时）。这类超微型飞行器将可能由传统大型无人飞行器布撒，搭载着无人值守地面传感器，而且机动性极高、造价低廉，可以很精确地感知、指示目标。如果这类飞行器技术成熟，将为未来地面战场的侦察监视体系带来巨大影响。此外，先进项目研究局还致力于资助一些极为超前的开发项目，例如他们曾资助过一种变形空地载具（MALVs）项目，这一载具既可在空中飞行，也可在地面爬行，2004 年曾有这类试验飞行器（翼展约 71.12 厘米）在埃格林（Eglin）空军基地进行飞行。

　　而这还不是先进项目研究局资助项目的全部，他们还大力开发纳米级的无人飞行器，这一项目由航空环境公司和洛克希德·马丁公司共同负责。根据其界定，纳米飞行器是指自重在 10 克以下，并可搭载 2 克载荷的无人飞行器，它们的几何尺寸，无论是翼展还是机身长度都不超过 7.5 厘米。人们常常提及的机械小鸟和机械昆虫就属于这类飞行器。在用途方面，它们是天生的间谍，可在复杂

下图：航空环境公司开发的纳米级无人飞行器，经适当伪装后更像一只当地的鸟类。（航空环境公司）

环境下，不易被觉察地将 2 克以下的传感器放置于 1000 米范围内。

　　在大型无人飞行器作战应用方面，美国导弹防御局（MDA，以往的弹道导弹防御组织 BMDO）曾试验利用无人飞行器对敌方发射的弹道导弹进行助推段拦截，该项目又名为"战区作战响应飞行器计划"，其英文缩写也译为"猛禽"（RAPTOR）。该计划构想，利用具备长航时特性的侦察控制飞行器及攻击飞行器潜伏在敌方可能发射弹道导弹的空域，侦察飞行器在探测到敌方导弹发射后，将相关信息传输给附近的攻击飞行器，由后者发射高速空对空导弹，将正在助推段以较慢速度飞行的弹道导弹击毁。而且该项目提及了"战区作战"，这意味着其可在战场边缘击毁发射中的短程弹道导弹。

　　这一项目并非只是构想，其中携载导弹的无人机原型机已完成初步试验，这种原型机名为"鹰爪"（Talon），它由缩尺复合体（Scaled Composites）公司设计，是一种传统外形设计和结构的飞行

下图：DARPA 的纳米飞行器（NAV）项目正在开发一种超小型、超轻型飞行器系统（尺寸小于 15 厘米，重量轻于 20 克），在室内和室外都可以使用。NAV 项目正在探索新颖扑翼和其他配置，以便在城市作战中提供具备前所未有能力的战斗机。NAV 项目将突破小型飞行器系统在气动、能效比、航时和可操作性方面的瓶颈。这些平台将在利用低雷诺数物理学、复杂环境中导航、远距离通信方面进行革新。（DARPA）

器，采用下单翼、双垂翼，活塞式螺旋桨推进器发动机，武备方面可携带两枚 50 磅重的、射程达 100 千米的高速动能杀伤导弹。除了导弹外，它还搭载有 68 千克的红外控制与跟踪传感器，用于攻击时为导弹提供精确的目标参数。

至于侦察探测，则由飞翼结构设计的"探路者"（Pathfinder）飞行器担任，该飞行器是由航空环境公司开发的太阳能长航时无人飞行器［可参见下文的"太阳神"（Helios）飞行器］。1997 年，"探路者"无人飞行器甚至还打破了此前由活塞发动机驱动无人飞行器所创造的升限纪录，当时其达到了 21640 米的高度。

2000 年以后，助推段反导方面有了更可靠手段，例如，机载高能激光，导弹防御局于是放弃了"猛禽"项目，该项目所开发出的几种无人机也交由美国国家航空航天局（NASA）处理，后者利用这些飞行器进行极限高度的飞行试验。但到了 2010 年，由于"机载反导激光"（ABL）项目受挫，有人便重提当年的无人机助推段反导项目"猛禽"。为了重启该项目，NASA 修改了当年的"探路者"飞行器的设计，新机型称为"增强型探路者"，其翼展延长至 36.3 米（也有资料显示为 37 米），动力系统则提升了原太阳能电池的性能，并加装了两台电动发动机（使发动机总数达到 10 台，每台无刷式电动发动机的功率为 8 马力），螺旋桨推进器采用适应高空低温低压环境的双叶片薄片型推进器。全机起飞重量增加到 340 千克（最大载荷 45 千克），改进后新机型的续航时间达到 15 小时（巡航速度 27.6 ~ 33.1 千米 / 时），最大升限提升到 24300 米。在不同的升限，该机型的载荷也有所不同，在

"鹰爪"

翼展：20 米

机身：长 7.6 米

全重：815 千克（空重 370 千克）

续航时间：可达 50 小时

最高飞行速度：约 450 千米 / 时

作战升限：20000 米

"探路者"

翼展：30.5 米

机身：长 2.4 米

全重：245 千克（载荷 41 千克）

续航时间：理论上是无限的

巡航速度：约 57 千米 / 时

在战区飞行时高度：约 21000 米

"半人马座"

翼展：62.8 米

全重：630 千克

作战最大升限：30480 米

19800 米时载荷约为 45.36 千克，在 24300 米时载荷约 22.68 千克。如果一切顺利，下一步将用"半人马座"（Centurion）无人高空飞行器取代"增强型探路者"，"半人马座"是"增强型探路者"的增大比例型飞行器，也由航空环境公司开发，亦曾于 1998 年 11 月在 NASA 的德莱顿（Dryden）研究中心进行了试飞。目前，"半人马座"飞行器也被认为是超长航时的"太阳神"（Helios）飞行器的原型机，后者的翼展据称将达到 75.3 米、配备 14 台螺旋桨推进发动机和 5 个吊舱，其机翼和机身上的太阳能电池板可产生 37 千瓦的功率，其中 10 千瓦用于驱动电动发动机。它的设计最大升限达到 30480 米，并可在 15240 米的高空续航 4 天。"太阳神"飞行器首飞于 1999 年 9 月（低升限试飞），2001 年 8 月它创造了 29823 米的升限纪录，超过了此前由 SR-71 "黑鸟"（Blackbird）侦察机于 1976 年 7 月创造的水平飞行 25928 米的升限纪录。据称，美国海

下图：2001 年 4 月 28 日，"太阳神"在美国夏威夷考艾岛巴金沙滩的美国海军太平洋导弹测试区进行首飞，在起飞前的功能检查中，地面人员在地面拖车上操纵航空环境公司的太阳能动力"太阳神"原型机的飞翼。（NASA 德莱顿飞行研究中心）

军曾考虑将"太阳神"无人飞行器作为长航时通信中继机。因为利用这类高空无人飞行器作为通信中继可极大地减少海军舰队因集中使用卫星下行数据链路而被敌方侦知的弱点，而且这样也不用卫星具备复杂的下行波束控制能力。

航空环境公司除了开发利用太阳能驱动的高空长航时飞行器外，也开发了"全球观察者"（Global Observer，详见下文）无人系统，它并不依赖太阳能也实现了长航时的性能。

美国海军和海军陆战队目前计划开发新的用于替代"扫描鹰"的小型战术无人空中系统（STUAS），两军种于 2004 年采购前者，主要是为应付伊、阿战争的急需。他们希望获得的机型至少要三倍于现有的"扫描鹰"无人机。两军种的需求论证于 2007 年 8 月开始，2009 年 6 月向各防务生产企业提出了招标事由，当时至少有 12 家防务承包商对此采购项目表达了兴趣，并最终提交了四种机型供海军及海军陆战队选择：AAI 公司的"航空探测 Mk4.7"飞行器、波音 / 英西图（Insitu）公司的"合成者"（Integrator）飞行器、无人飞行器动力公司（UAV Dynamics）的"风暴"（Storm）无人机（该机型是埃尔伯特公司开发的"赫尔墨斯 90"型无人机的改进型）以及雷声 / 雨燕工程（Raython/Swift Engineering）公司的"杀手蜂（Killerbee）4"飞行器。属于"蒂尔 Ⅱ"无人系统的 STUAS 将用于替代两军种的"扫描鹰"无人系统。目前，两军种对这种飞行器提出的性能需求，包括能在舰上或陆上控制站至少从 4 千米外对飞行器进行操作，具有至少 10 小时的续航时间（最终达到 24 小时续航），能为地面控制站提供实时动态视频。系统的耐飞性和可靠性要达到在 30 天内连续保持每天 12 小时的使用强度，而且在这 30 天中有 10 天可保持全天 24 小时的使用强度；在输送性能方面，它要能由通用悍马吉普运输，而且没有一个单独的机体部分需要两名以上的士兵搬运。尽管海军和海军陆战队的招标性能要求飞行器只需在 2012 年时具有初步操作能力，但很快就调整为要竞标的生产商在 2010 年第三季度提交 5 套系统，用于试验和挑选。据评估，两军种可能最终将采购总计多达 250 套这种系统（每套系统含 3 ~ 4 架飞行器），而最初的计划是采购 54 套无人系统。自 2009 年两军种公布招标信息以来，原本预计于当年 8 月或最迟在 9 月就能确定竞争的胜出者，但这一日期一拖再拖，最终，由"合成者"演变而来的"黑杰克"（Blackjack）成功入选，于 2016 年 10 月开始全速生产。

　　美国空军也未放松对未来无人系统的开发，2009 年中期，空军完成了对未来 MQ-X 型无人机的初步性能要求规划。事实上关于 MQ-X 的概念设计工作早在 2004 年就已开始，现在还不清楚空军构想的 MQ-X 性能与海军 X-47B 型无人系统的攻击轰炸机有多大程度的相似，抑或是像"捕食者"或"死神"这样的侦察攻击机型。原本，竞争海军无人空中作战系统的波音和诺斯罗普·格鲁曼公司已对这一项目表现出极大兴趣，而雷声公司也声称要加入与波音和诺斯罗普·格鲁曼公司的竞争，雷声为竞标提供的样机可能是一种将两台喷气发动机配备在机尾的全新机型，也可能是一种将"杀手蜂"放大后的新飞行器。为空军提供"捕食者"系列无人机的通用原子公司也不愿放弃这样的机会，它推出了最新的"捕食者 C"型无人系统，希望其成为 MQ-X，考虑到空军招标最初的意图是以性能更优越的新机型替换现有的"捕食者"和"死神"系统，通用原子公司的胜算还是较大的，特别是其"捕食者 C"型系统在速度和隐形性能方面远超老式系统，而且空军使用这两种机型的时

下图：一架部署于阿富汗的 RQ-1L"捕食者"无人机在完成飞行任务后，准备驶离跑道。该飞行器属于第 57 联队。（美国海军陆战队）

间较长，从习惯方面考虑继续采用通用原子公司的产品将会使其战斗力迅速过渡到新机型上来。而空军在发布的展望从现在至2047年（美国空军成立100周年）的发展路线图中，也构想了连续的无人系统发展阶段：MQ-Ma、MQ-Mb……虽然没有为每个阶段指明时间节点，但也规划到MQ-Mc发展阶段时，无人机将具备空对空作战的能力。

　　在小型无人飞行器方面，美国空军于2010年中期就开始寻找一种管式发射的小型无人飞行器，它可能被常规飞机携带发射，甚至也可能由一架大型的无人机发射。实际上，该项目早在2008年就已露端倪，当时L3日内瓦宇航公司于2008年8月在提及其开发的"可消耗管式发射无人飞行器"（TLEUAV）时，就已显示出这一项目的存在。L3日内瓦宇航公司开发的飞行器长约1米，重约6.8千克，续航时间约1小时，在飞行过程中可将侦察信息经数据链传输到地面控制站。由于价格低廉、使用方便，据称海军和陆军相关机构也参与了其研发，而这也有可能成为一个三军联合开发的项目。L3日内瓦宇航公司称，该飞行器封装入发射筒后在18个月内无须维护，它的最高飞行速度达到157千米/时、巡航速度101～120千米/时，采用一部活塞发动机驱动螺旋桨推进器，推进

下图：在伊拉克巴拉德隶属于第46远征航空维修组的3个承包维修人员将RQ-1"捕食者"移到阴凉处。第46远征航空维修组负责RQ-1的维修，由军人和合同工人组成，各占一半。大多数合同工人由军人转业，其中一半为航空兵。（美国空军，杰森·里德尔一级飞行员摄）

器桨叶可折叠以便于运输和储存，单架飞行器的单价约 2000 美元，便于大量采购和补充。这种飞行器一经发射后，便一直飞行直至坠毁。海军的声呐浮标管状发射无人机的使用也与此类似（见下文）。

2010 年 1 月 29 日，美国国防部先进项目研究局（DARPA）发布了一项投标项目，准备通过竞争的方式选取一种用于近距离空中支援的无人飞行器，DARPA 在说明中表明，这种无人飞行器既可能是全新开发的无人空中作战飞行器，也可以通过对现有无人飞行器的改造，使之达到投标要求。DARPA 也特别提及了 QF-4、QF-10 及 AQ-10 等几种由有人战机改制的大型无人飞行器，最后一种 AQ-10 是原 A-10 对地攻击机的双座无人化型号，暗示这类飞行器也符合招标要求。如果是新型的无人空中作战飞行器，它的性能特别是续航时间须不低于现有的 MQ-1、MQ-9 等型号，而由有人战机改装的无人飞行器，其续航时间也要不低于前述几种现有无人机。招标额外要求具有的性能包括高亚音速（马赫数超过 0.65）、机动性（在空中可做过载超过 3G 的机动），据推测就可能是为确保新飞行器在面对敌方空射导弹威胁时并非全无招架之力。新机型的载荷也要求达到 907.18～2267.96 千克，可携带大量的武器弹药。与现有“死神”系统相比，新机型飞得更快，也更灵活。而且最重要的是，不像现有的无人系统，DARPA 明确要求新无人飞行器将替换一部分有人战机。考虑到现在已有的 X-47B 这类高性能无人飞行器也能提供类似的性能（以海军为主开发），DARPA 通常只是把握各类先进项目的发展方向，而非覆盖具体项目，现在还不清楚为何这一开发项目由 DARPA 主导。从这一点看，这也意味着 DARPA 主导的这一项目可能具备更先进的特征，例如更强的智能化水平以及自主能力。

这里，必须对美国军方的无人飞行器项目采购的流程结构进行说明。在理论上，军方从立项、选定承包商、签订合同、研发、试验、验收、量产等，会经历相对较长的过程。但是近年来无人系统的爆炸性飞速发展以及迫切的军事需求，使这一过程越来越不适应形势需要，有时战争开始时签订的开发合同直至战事快结束都无法履约。为了迅速地拿到产品，将新技术尽快应用于战场，很多无人系统的采购都采用特别的程序和办法。其中，最重要的一种就是将

开发中的无人飞行器划归为"先进概念战术演示"（ACTD）项目或
"联合概念战术演示"（JCTD）项目，如此来规避常规的采购程序。
理论上，ACTD 和 JCTD 项目将制造出较多的样机来试验某种新型
技术，以评估其潜在的作战性能和战术价值，特别是在实战下进行
试验也是其开发中非常重要的环节，因此，有时 ACTD 和 JCTD 项
目就会以试验验证的名义，在短期内将样机投入战场，达到军方迅
速采用的目的。而按常规来说，ACTD 和 JCTD 项目在进行完评估
性试验后，如果仍有军方需要，就会演变为一个正常的开发项目；
但是，军方为规避常规立项采购程序会尽量延长实战性评估试验的
过程，其间采购更多的样机进行实战，在这一过程中逐步对其进行
完善和优化。然而，这一折中的办法快是快，有时也会带来不少无
法预期的问题，最突出的就是 ACTD 和 JCTD 项目的标准化问题，
因为作为试验演示项目，这两类项目开发的飞行器无须考虑与其他
系统兼容和标准化，这也是这类项目之所以快的重要原因。过去，
要使一套无人飞行器的地面控制站与现有系统相兼容，通常需要花
费极大的精力和较多时间，在这一方面，海军似乎比陆、空军更有
经验和更成功。

在一项 ACTD 或 JCTD 项目的技术逐渐成熟后，它们就可能
变更标准的立项采购程序。第一次在完成这类技术验证和演示后转
为正常采购程序的项目，可能是陆军于 2005 年为其"增程 / 多用
途无人飞行器"（ER/MP UAV）项目所进行的立项采购，后来这一
项目交给了通用原子公司的 MQ–1C "天空勇士"（Sky Warrior）无
人系统。美国国防部及军方近期采购的无人系统，包括海军及海军
陆战队的 STUAS/ "蒂尔 II" 项目，以及空军的 MQ–X 项目。但
是，美国国防部及其他军种还是较喜欢采用特别的验证试验型采购
合同。也正是由于各军种现在使用的不少无人系统采用 ACTD 或
JCTD 的名目，在战场上使用，这些系统使用的燃料也各不相同，
与国防部现行政策和发展方向不符。到 2009 年时，美国国防部想
统一各军种使用燃料，将各种设备配备的汽油内燃机改为柴油发动
机，此举不仅能增强车辆、载具的机动性和战场生存能力，也可极
大地减少后勤保障复杂性。

2009 年 2 月，美国国防部为规范无人系统开发标准，提高现

有无人系统的互操作能力及各类设备的兼容性，要求三军联合开发单一的无人空中系统控制系统结构，以便将其应用于军方所有的无人飞行器（可能并不包含微型或超微型无人飞行器）。这样一套开放式的系统结构意味着"即插即用"的概念，其软件也要兼容所有飞行器的控制系统。同时，单一的控制平台结构也意味着原本用来执行不同任务的无人飞行器，将来也可用于执行类似的任务。例如，国防部要求陆军评估利用其"天空勇士"无人系统去执行空军"捕食者"无人系统的任务（这两种系统在性能上较为相似）。对于功能相似的飞行器这么做并无不妥，但对于任务性能差距较大的系统，如此可能就会得不偿失，除非单一平台能涵盖所有的现有无人作战飞行器及任务，并在指派时考虑到不同特点的任务对无人系统性能的要求。采用通用的地面控制系统的另一项优势则是为今后不同防务承包企业提供了一个公平竞争的平台。以往由于系统各不相同，很多无人系统的地面控制设备所拥有的功能不具可比性，现在在同一套系统上，其控制软件工具，例如，可视化能力、自动跟踪、数据获取及标注等，就有了统一的标准和参照，便于各企业竞争和军方挑选。目前，美国陆军正在着手推进这一项目。但这一想法也并非没有缺陷，其中较突出的问题就是各军种使用无人系统的习惯不同，统一后可能会造成新的不便。例如，由于该项目，空军被迫取消了为"捕食者""死神"无人系统开发先进控制座舱的项目，空军原计划开发的这种座舱可为无人机操控人员提供逼真的模拟操作环境，它可让操作人员全景式地感觉空中飞行的环境，操纵机体做过载机动时舱内人员也能感觉到。空军之所以需要这类高仿真座舱，是由于其无人机操纵者多由飞行员转行而来，他们更习惯在真实飞机中的感受。这也反映出空军将无人飞行器当作需要全职驾驶人员的战机的看法，而这一观点却并不为其他军种认同。

注意，下文中开列的各类飞行器中，将首先列举获得美国军方无人机"Q"序列编号的飞行器，其次是两种官方认可的验证型项目飞行器，它们也被军方赋予了代表试验型号的"X"序列编号（X-47B、MQ-X），最后所列出的则是未取得当前"Q"序列编号的飞行器（以字母顺序排序）。

RQ/MQ-1 "捕食者" / "天空勇士" / "蚊蚋 750"

"捕食者"无人系统，采用通用原子公司的"蚊蚋 750"飞行器为基础，也是美国空军装备的第一种中空长航时无人飞行器。"捕食者"项目源自早期的"蒂尔 I"及"蒂尔 II"中空长航时飞行器开发项目（"蒂尔 I"项目最初主要由中央情报局出资开发，1993—1994 年时，中情局亦将其部署到前南斯拉夫，用于侦察和监视）。1994 年 1 月，通用原子公司以改进型的"蚊蚋 750TE"飞行器赢得了国防部的"蒂尔 II"竞标项目，取得了 RQ-1A 的军用编号，并于 1995 年夏被部署到波斯尼亚。在 2000 年左右，该

"捕食者"

翼展： 14.8 米

机身： 长 8.1 米

全重： 1134 千克（载荷 204 千克）

续航时间： 约 35 小时

任务半径： 约 740 千米

最大升限： 7620 米

实用作战高度： 4600 米

最高飞行速度： 210 千米 / 时

巡航速度： 125 千米 / 时

巡逻速度： 116 千米 / 时

机型的后继改进和完善成为空军主导的项目，也正在这一时期，其"捕食者"的绰号才广为人知。空军在 2000—2008 财年，共采购了总共 199 架"捕食者"飞行器（如包括早期采购型号，其总数超过 268 架，2009 财年空军又列编了采购另 38 架的预算）。同时，2009 财年空军预算分配预期显示，到 2013 财年结束时，空军将总共拥有 413 架 RQ-1"捕食者"飞行器。后来，通用原子公司再次对其进行改造和完善，研制成新的"捕食者 B"型飞行器，而原型号也就称为"捕食者 A"，B 型也就是后来的 MQ-9"死神"无人机（见下文叙述）。

2009 年 9 月，通用原子公司称，截止到当时"捕食者"系列飞行器已累计飞行了 50 万小时，执行了超过 5 万次任务，其中 85% 是战斗任务。达成 50 万小时里程碑的无人机是一架编号为 P-131 的"捕食者 A"型飞行器，当年 7 月 6 日，它执行一次武装侦察任务时幸运地飞行到第 50 万个小时，这架特别的飞行器在部署的两年半时间内，已执行了超过 300 次作战任务（飞行时间超过 6000 小时）。现在美国空军的"捕食者"无人系统在反恐战场上以及执行国土安全任务中，每月累计的飞行小时数平均达到 2 万小时

以上。而这只是美国武装力量和安全机构大规模运用该机型的一个缩影。

在"捕食者"飞行器的前身"蚊蚋"系列飞行器问世的 20 世纪 90 年代初，当时的"蚊蚋"无人飞行器主要有两大客户：土耳其和中情局，其中前者只拥有一套该系统（共 6 架飞行器），后者则是其主要用户。当时，中情局需要一种可持续飞行的侦察、监视平台，用以监控波斯尼亚不断扩大化的战争。由于通用原子公司现有的"蚊蚋"系列飞行器正好满足中情局的要求，后者便很快采购了一批该型系统，部署到巴尔干半岛。其具体使用过程为，"蚊蚋"飞行器通过其机载视频和红外传感器，将拍摄到的图像视频经一架有人驾驶的"施韦策"（Schweizer）飞机中继传输到地面站。原本其遥控和地面设备设置在意大利，但在发现意大利电视及无线电台会对"蚊蚋"的数据链传输造成干扰后，中情局遂将接收设施转移到了阿尔巴尼亚。1994 年 2 月—3 月，共有一队"蚊蚋"飞行器部署到阿尔巴尼亚，当年冬季来临时为不影响飞行器正常使用又转移到克罗地亚沿海。部署直到 1996 年 7 月才正式结束，该系统首次海外部署经历表明了它的高效，但当地寒冷多雨的环境也使其可靠性受到影响。

1993 年 7 月，美国国防部公布了"蒂尔 II"系统飞行器的性能需求：飞行器的载荷须达到 181.44～226.78 千克（载荷传感器可提供分辨率为 0.3048 米的图像），起飞后航程达到 800 千米、续航时间达到 24 小时。通用原子公司将其"蚊蚋 750"无人机整体放大后形成了新的机型，称为"捕食者"飞行器，以此参加国防部的竞标，最终赢得合同，并于 1994 年 1 月 7 日接到海军的开发、采购订单。"捕食者"于 1994 年 7 月 3 日首飞，正好满足合同规定的为期 6 个月的开发研制阶段。在之后的系列试验飞行中，它展示出极佳的续航性能，最长续航时间达到 40 小时 17 分钟。在之后"捕食者"系统也参与的"流沙"演习中，该机型展现出非常高的可靠性和出勤率，在演习期间它高强度地连续飞行了 26 天，提供了演习中所使用的 85% 的图像情报，对 200 余个各类目标进行了照相和侦察。军方对此非常满意，很快就将其部署到驻欧部队，希望它能提供早前"蚊蚋 750"所具备的那种视频侦察能力。"捕食者"在欧洲上空第一次飞行任务始于 1994 年 7 月，当时它部署到巴尔干半岛，因巴尔干战争持续时间延长，最初原本计划 60 天的飞行任务也延长到 120 天。之后该机型又被部署到匈牙利塔西扎尔（Taszar）空军基地，用于监督巴尔干半岛冲突各方履行"戴顿和平协议"的执行情况。1997 年 8 月，"捕食者"无人系统成为第一款正式由"先进概念战术演示"（ACTD）项目开发完毕的成熟机型。

"捕食者"在科索沃上空的行动同时也暴露出一个严重的问题，即通过该飞行器侦察到目标，并在尔后实施攻击的时间间隔过长，这对固定目标倒不是什么问题，但对于移动目标却常造成攻击力量无法利用其情报。对付这类移动目标，当时美国空军的解决方式只能是武装"捕食者"，由其发现目标后随即开始攻击。具体的改装是将激光指示器加装到机首下方的传感器组旋塔中，由它为飞行器搭载的"地狱火"激光制导导弹指示目标。2001 年 2 月，这一组合在加州"中国湖"进行了试验，试验结果表明了可行性，RQ-1 的军用编号也随之正式变为 MQ-1。在经过对武器系统的调试和优化后，新的武装型"捕食者"称为 MQ-1B，其可挂载 2 枚"地狱火"导弹。

与美国空军开始执行攻击任务的"捕食者"相比，中情局运营的同类型更多地仍执行侦察、监视任务。2000 年时，中情局的"捕食者"系统开始进驻巴基斯坦，以其为基地飞临阿富汗上空遂行各类监视任务。据称，2001 年"9·11"事件后有一架中情局的"捕食者"曾捕捉到了本·拉登，但并未攻击，据推测可能当时"捕食者"没携带武器。可能也正是因为那次侦察到拉登却无法攻击的小插曲，中情局很快也决定将其"捕食者"武装起来（和空军一样搭载"地狱火"导弹），并于当年 10 月就由这些飞行器发动了第一次空中攻击。随后这些中情局所属的武装侦察系统广泛使用于全球反恐战场，阿富汗、伊拉克、巴基斯坦西北边境地区以及后来的也门等地，都留下它们的足迹。

2008 年 6 月，雷声公司宣称独自开发了一种适用于"捕食者"搭载的小型导弹系统，并已为一个未经透露的客户采用，据推测极可能是大量采用"捕食者"系统的英国。这种导弹名为"格里芬"（Griffin），它是一种管状发射的火箭弹，其弹体头部有一个激光寻的器，由于体积较小，单个"地狱火"挂载点可携带 3 枚这样的导弹。连同其发射装置，单枚导弹的重量约 20.41 千克，长 1.07 米。

由于无人系统拥有量激增，2007 年美国空军组建了第一支无人飞行器联队——第 432 无人机联队，它包括 6 个作战中队和一个维护中队。该联队还想继续补充兵力，最终拥有 15 个中空长航时无人机中队（由"捕食者"和"死神"无人机群组成）。规划中第 432 联队的大多数无人机将由空军国民警卫队（ANG）负责日常管理和使用。英国也曾采购一批武装型"捕食者"系统，其派出人员在位于美国的控制中心遥控使用，这部分人员和装备则附属于美国第 15 无人机中队。同时，空军评估认为一个无人机联队每年将执行 5000 小时的飞行任务，其人员和装备的 85% 都处于出勤状态。之后随着无人系统增多，也为美国特种作战司令部指定了一个专门的中队，为其提供战场支援和攻击服务。2007 年，美国空军在伊、阿空域总共只能保证维持 12 架"捕食者"全天 24 小时滞空待命，自"捕食者"开始服役以来至当年 6 月，该机型已累计飞行了 25 万小时；而到了 2008 年空军就已能维持 21 架"捕食者"全天 24 小时滞空待命。

由于"捕食者"系统在部队使用得最为广泛，其遭受的损失也就比其他机型更重。到 2002 年初，先前制造的 65 架"捕食者"中有 1/3 已坠毁。2002 年 5 月，据报道"捕食者"飞行器在战场被击落了 9 架，由于机械故障或恶劣天气原因坠毁 8 架，由于人为操作失误造成坠毁的有 6 架。1991—2003 年，美国武装力量共损失了 185 架无人飞行器。在 2004—2006 年间，有统计表明"捕食者"的损失比例达到每 10 万小时飞行中损失约 32 架。

2009 年 4 月，美国空军接收了第 2000 架 MQ-1 无人系统，这也是空军早先计划的一部分，空军希望到 2009 年末时，能在中东反恐战场空域随时保持 31 架滞空待命的"捕食者"飞行器。2010 年，空军也规划要采购足够数量的"捕食者"和"死神"无人系统，在阿富汗上空建立 65 个"作战空中巡逻区域"（CAP），其定义是"在特定区域中，当需要时有 95% 的概率获得附近无人系统的支援"。这一概念与先前的无人机滞空待机区域相似。空军评估，需要 2.5 架飞行器才能维持一个 CAP 区域，再考虑到损耗和备份的无人系统，要建立 65 个 CAP，共需要约 260 架无人飞行器。

2006 年 8 月，美国陆军选择了 MQ-1C 型"捕食者"作为其"增程多用途无人飞行器"，以替代原有的 RQ-5"猎人"无人系统，新的增程无人系统并未采用原"捕食者"使用的地面设备，而是采用 AAI 公司的地面控制站（与小一些的 RQ-7A"阴影"无人系统相同）。这一增程系统将被称为"天空勇士"［2010 年 2 月，也有消息称很快该机型将改称为"灰鹰"（GrayEagle）］。而在与 MQ-1C 型飞行器竞争中失利的则是诺斯罗普·格鲁曼公司与以色列航空工业公司联合推出的"苍鹭 II"系统。通用原子公司在竞标期间，强调新的"天空勇士"配备有三余度飞行控制系统（可能其他"捕食者"系统并不具备这一特性），其发动机也采用重油内燃机，对赢得合同信心十足。胜出后，该公司也宣称该系统将比陆军预计部署时间提前两年达到量产服役阶段。首批飞行器已于 2007 年 6 月 6 日试飞成功，而这一批次的飞行器也很快部署到伊拉克战场。每套"天空勇士"系统包含 5 部地面控制设备，以及 12～18 架飞行器。陆军当时计划为其 10 个现役师级作战部队各配备一套"天空勇士"无人系统，总计约需 132 架飞行器。MQ-1C 是 MQ-1 飞行器的改进型，具体变化包括发动机改为蒂勒尔特柴油机，油料改为 JP8 型航油，更新自动起降系统、一部雷声公司开发的通用光电/红外传感器载荷以及战术通用数据链。据称该系统飞行器后继型号也将配备诺斯罗普·格鲁曼公司开发的具备地面动目标指示（GMTI）功能的"蓝锆石"（Starlite）合成孔径雷达，2011 年时又加配一部战术信号情报（SIGINT）收集组件。MQ-1C 飞行器机腹下共有四个硬挂点，两个支持 227 千克级载荷，另两个则是 113 千克载荷。理论上说，它最多可携带 4 枚"地狱火"导弹，比先前老式的"捕食者"多 2 枚。MQ-1C 的续航时间延长至 40 小时，相比之下 MQ-1B 只有 24 小时。据陆军透露，该系统实战条件下性能试验及评估于 2013 年开始，此外，在"快速反应能力"（QRC）项目的支持下，MQ-1C 所配用的"地狱火 P"型导弹也于 2010 年 1 月完成实战试验，目前这种可对付快速机动目标的空地导弹也已在伊、阿战场小规模试用过。至于控制软件部分，2010 年 5 月，通用原子公司已开发新的升级控制软件包，当年 7 月采用新控制软件的作战单位就可部署，它完全兼容先前采购的"捕食者"系统。

对于此类增程型长航时飞行器，陆军已有相当的使用经验。早在 2004 年 3 月时，陆军就曾使用过 5 架增程型的"蚊蚋 –ER"型飞行器；2008 年 4 月，陆军也曾在伊拉克部署使用过另 16 架由"捕食者"改装而成的"阿尔法勇士"（Warrior Alpha）飞行器，到 2009 年春据称有 9 架此型飞行器部署于伊拉克，另 3 架部署于阿富汗。目前，陆军已采购了 11 架"勇士"第 0 批次飞行器，它具有 C 波段的数据链和通用原子公司专门开发的地面控制站，但不具备自动起降系统、硬挂载点及除冰装置。到 2009 年初陆军在伊拉克共部署有 4 架这样的飞行器。

美国陆军规划中的"勇士"系统演示计划，也正是想开发一种航程、续航时间更长，略经改装即具备攻击功能的无人系统，以应对久拖不决的反恐战争。2008 年 4 月，陆军演示计划的原型机开始试飞，第一批次共生产了 17 架飞行器，后来又追加生产了 8 架。准备为陆军现役的 10 个陆军师各配备一套该系统，外加备份的一套，总共需要采购 11 套系统，每套系统含 12 架飞行器，但后来陆军表示将增加采购量，使拥有的数量达到 35 ~ 45 套，据称增加采购量很可能反映出陆军将更多地以旅级战斗部队而不是以师级作战单位投入日益扩大化的全球反恐战争中。同时，陆军也对通用原子公司新开发的"增强勇士"（Enhanced Warrior）飞行器很感兴趣，它拥有更大的航程，其机腹下也增加了一个 225 千克载荷的硬挂载点。

2008 年，陆军称 2005—2007 年，"捕食者"系列飞行器每 10 小时的坠毁率已下降了 80%，而同期该机型的飞行时数增长了 3.8 倍（绝对数值不详），这意味着初期高事故、高坠毁率很可能是由于缺乏合适的维护所致，在配套维护措施完善后，故障率自然也就大幅下降。2009 年中期，通用原子公司的宣传手册称，军方配备的"捕食者"系统飞行器已积累飞行了超过 70 万小时，其中 65% 飞行时数执行作战任务，在任何时刻都有超过 40 架"捕食者"飞行器在全球各处的空域巡航，而单架飞行器的飞行时数已超过 1.4 万小时。

"捕食者"系统除广泛应用于陆、空军外，通用原子公司也想将其拓展到海军，公司曾改进过"捕食者"形成新的型号参与海军的"广域海上监视"（BAMS）项目的竞标，但败给了"全球鹰"飞行器。2006 年 12 月，海军采购了一架 MQ-9A 飞行器，但并未说明其用途，根据其配置它不可能用于"广域海上监视"项目，因而极有可能用于支援海军特种力量在伊、阿的特种行动。但有消息也认为，海军采购这架"死神"飞行器也很可能是为了试验将这类武装型无人飞行器引入现役舰只，以便在美国无法取得陆上基地的条件下与恐怖组织作战。2009 年时，通用原子公司大力推动其专为海军陆战队开发的"捕食者 B"型飞行器，该机机腹下悬着的较大荚舱内携有一部多模式的海用雷达，其性能参数如下：翼展 20 米、机身长 11 米，最大升限超过 15300 米，最高速度超过 442 千米/时，续航时间超过 30 小时。该飞行器也保留了原先系统在其机首下方的光电/红外传感器组旋塔，但为适应海军陆战队使用还加配了一套用于接收商用船舶自动识别系统信号的接收装置。目前仍不清楚该机型传感器载荷是否可换用电子支援设备（ESM）/信号情报收集包，或是诸如"山猫"（Lynx）之类的具有地面动目标指示功能的合成孔径雷达。

早在 1994 年，土耳其就采购了两套地面站及 6 架"蚊蚋750"无人飞行器，1998 年时还追加采购了 2 架，这些也是"捕食者"系统的早期型号；由于其性能优异，2000 年意大利也采购了 6 架 MQ-1B 型"捕食者"无人机，后来又追加采购了 5 架；此外，2004 年英国还向美国空军租借了数量不明的"捕食者"用于伊拉克战场，后来英国也采购了这种飞行器。

法国萨基姆公司也曾考虑与通用原子公司合作，以后者的"捕食者"为基础衍生发展成新的型号——"霍鲁斯"（Horus，埃及神话中的太阳神），用于参与"欧洲中空长航时（EuroMALE）飞行器"项目的竞争，但最后该计划流产。

除军方外，"捕食者"系统还广泛为美国边境巡逻部门、海关以及 NASA 等部门使用。这些民事和执法部门所属"捕食者"

"捕食者 C"

翼展：20 米

机身：长 12.5 米

最大升限：18300 米

最高速度：超过 740 千米/时

续航时间：超过 20 小时（巡航速度飞行时）

无人系统的控制中心亦分别设于大福克斯郡及北达科他州等。从2009 年 2 月 16 日起，由"捕食者"飞行器组成的机队也开始执行美—加边境的巡逻和监视任务。

2009 年，通用原子公司发布了采用喷气式发动机的"捕食者 C"型飞行器［以往也称为"复仇者"（Avenger）无人机］，该机于当年 4 月 4 日试飞。与原先采用螺旋桨推进器的"捕食者"相比，C 型机的性能出众，携带更多武器。据通用原子公司称，由于优化了机体外形设计并涂覆了隐形涂料，发动机尾喷口采用扩散冷却液，它也拥有对热辐射和雷达反射的低可探测性能。据推测该机极可能大量配备"小直径炸弹"（SDB），其武器舱也可配备其他大型侦察设备组件，配备这类载荷时，武器舱舱门将被移去。2009 年，美国海军协会展上也展出了"捕食者 C"型机的图片，该图片显示"捕食者 C"具有着舰尾钩，其机翼也可折叠，表明它也具备上舰的能力。2010 年 2 月，最新消息称喷气型"捕食者"已有了第一个买家，但具体是哪个军种目前并未披露。

下图：通用原子公司于 2009 年在美国海军协会展上展出的喷气式"捕食者 C"型无人机。（作者收集）

RQ-2"先锋"

　　RQ-2 型"先锋"无人系统是美国 AAI 公司获得以色列航空工业公司授权后生产的无人飞行器，它也是美国武装力量在越南战争后拥有的第一种现代意义上的无人系统。早在 1985 年，美国海军就曾以极快的速度采购了这型系统，其最主要的原因是海军对以色列在 1982 年黎巴嫩战争中运用的这种飞行器印象深刻。1986 年，"先锋"无人系统正式服役，在其服役的十年间，"先锋"机群总共飞行了约 1.4 万小时。1986 年 1 月 7 日，海军共采购了三套该型系统（共 21 架飞行器），其中两套配备于大型舰只，一套交付给海军陆战队使用。当年 6 月第一套系统正式交付；1987 年，海军再次追加采购了两套系统，次年又买了四套。1987 年 1 月，海军"依阿华"级战列舰在中美洲海域巡航时部署了它的第一套"先锋"无人系统，海军希望该飞行器能为战列舰提供基于图片的侦察和监视能力。除了大型战列舰外，该系统也可用于同样拥有宽大甲板的两栖登陆舰，在这类舰只上起飞多采用弹射器，回收则利用巨大的网兜。1991 年海湾战争期间，"先锋"无人系统也随海军一同参战，共执行了约 300 次战斗任务。后来，在美国多次对外干涉的军事行动中，例如海地、索马里、波斯尼亚等地，都留下了"先锋"飞行器的身影。在 1990 年前，海军总共采购了 9 套"先锋"无人系统，每套系统含 8 架飞行器。在使用过程中，也暴露出"先锋"系统的缺陷，主要是机上设备抗电磁干扰能力较差，以及舰上回收困难易造成飞行器损坏等，而这可能也是海军后来并未为其舰队大规模普及该机的原因。尽管存在着种种问题，但海军的"先锋"系统还是比预期服役了更长的时间，1994 年，海军为补充损失的飞行器，再次采购了 30 架飞行器。新世纪以来，"先锋"飞行器仍活跃在战场上，直至不久前才全部退出现役。2003 年伊拉克战争时期，第一陆战师入侵伊拉克时就曾拥有 16 架"先锋"无人机，用于作战支援，在后继的费卢杰战役行动中，"先锋"无人机

"先锋"飞行器

翼展： 5.12 米

机身： 长 4.24 米

最大起飞重量： 210 千克

续航时间： 约 6.5 小时

实用升限： 4570 米

最高飞行速度： 202 千米 / 时（俯冲时）

巡航速度： 120 千米 / 时

失速速度： 96 千米 / 时

续航时间： 3.5 ~ 4 小时

上图：RQ-2A"先锋"无人机，该型飞行器曾于1991年海湾战争中从"威斯康星"号战列舰上起飞执行任务，任务包括评估战列舰火炮对法拉卡（Faylaka）岛上敌方目标的毁伤情况，在其低飞掠过目标区时，甚至还拍到了附近的伊拉克士兵发出的投降信号。图中为RQ-2A陈列于国家航空航天博物馆。（作者收集）

对页图：这次RQ-2A"先锋"演示的是伴有大量烟火的火箭助推起飞。（克雷格·巴拉德，先锋无人机公司）

也曾广泛参与行动。

　　"先锋"系统在伊拉克战场服役的最后阶段，海军陆战队曾公布了该系统的服役数据，在整个机群最后的1045个飞行时数中，只发生了一次故障；在伊拉克战争期间，海军陆战队的"先锋"无人机共飞行了62373小时，平均每123个飞行小时会发生一次故障，平均每472个飞行小时会损失一架飞行器。

　　"先锋"飞行器机体载荷为昼间彩色CCD照相机，或是换用一部前视红外成像仪。1998年时海军陆战队曾为其载荷升过级，换用了分辨率更高的红外装置及照相机。

RQ-3"暗星"/"臭鼬"RQ-170"哨兵"

　　"暗星"（Dark Star）无人系统由大名鼎鼎的洛克希德·马丁公司臭鼬工厂与波音公司联合开发。该机型最初作为公司参与美国国防部"蒂尔Ⅲ-"高空长航时飞行器竞标的样机，该项目由DARPA联合无人飞行器项目办公室资助。后来虽然该项目于1999年2月被取消，但它也对未来隐形无人侦察飞行器的开发进行了探索和研究，当时所取得的不少成果至今仍具备相当前瞻性。"暗星"也是DARPA第一个开发进展到生产出可试飞的原型机、尔后

"暗星"

翼展： 21.03 米

机身： 长 4.572 米

载荷能力： 约 453.59 千克

最高速度（也是巡航速度）： 555 千米/时

巡逻速度： 约 240 千米/时

续航时间： 约 12 小时

任务半径： 超过 921 千米

实用升限： 约 15240 米

起飞滑跑距离： 1220 米

下图：陈列于国家航空航天博物馆的"暗星"无人飞行器。（作者收集）

因种种原因而遭到取消的无人机项目。有关"暗星"的先进程度，曾传闻说，其诸如最大升限、续航性能、信号特征等技术性能特征，须一整张纸才能写下。1994 财年时，"暗星"样机的单价就达到 1000 万美元，到 1999 财年时，DARPA 评估认为"暗星"的单价达到 1370 万美元，同时期的"全球鹰"无人战略侦察机的单价则是 1480 万美元。"暗星"这一项目名称也暗示了更强调其低可探测性能。它采用无尾式机体结构，据称隐形性能非常优异，可见其主要用于深入敌国纵深进行战略侦察。相比之下，作为补充的"蒂尔Ⅱ+"无人飞行器项目则更注重航程、续航能力等特征，实际是用于危险不大的侦察环境。在搭载载荷方面，"暗星"的

载荷能力不如"全球鹰",它只能从光电/红外传感器组以及雷达中任选一项搭载,而后者则可同时搭载两种载荷。"暗星"飞行器首飞于 1996 年 3 月,但在 1996 年 4 月进行的第二次试飞中由于样机飞行控制软件出现故障而导致坠毁。1998 年,"暗星"系统正式取得军方 RQ-3 军用编号,但很快由于预算问题该项目在 1999 年 1 月被取消。

在美国一直有人认为"暗星"项目实际上比公布的时间更早就已开始研制了,就像极度机密的臭鼬工厂的其他作品一样,而成为"蒂尔Ⅲ-"高空长航时飞行器项目后,也就表明它可能已从黑暗的幕后走向前台,也意味着洛克希德·马丁公司有了更需要保密的项目和技术。之后"暗星"还参与了无人先进航空侦察系统(AARS)项目的开发。据称,该公司早年曾花费 100 万美元开发的、在冷战末期被取消的"石英"(Quartz)隐形无人飞行器实际并未真正取消,在"暗星"项目于 1999 年被取消后,"石英"飞行器项目就已重启。

2003 年夏,空军官方宣称洛克希德·马丁公司臭鼬工厂已继"暗星"后开发了新的隐形无人侦察机。据称,在 2003 年伊拉克战争期间,这种隐秘的飞行器曾对伊拉克进行过秘密侦察飞行,猜测认为新飞行器的载荷能力不及 U-2,其航程不及"全球鹰",但其耗费的资金却几倍于这两者。这种神秘的飞行器可能就是传闻中的"臭鼬"(Polecat),2006 年 6 月 19 日,它曾在巴黎国际航展上展出过图片。与"暗星"的外形不同,"臭鼬"更像 B-2 的飞翼式机体,根据其尺寸推测它可能也是一种多用途的无人飞行器(既可侦察,也可攻击)。公司在提及"臭鼬"样机时称,它只是技术验证平台,并非用于作战的机型。2006 年 12 月,"臭鼬"在完成 3 次试飞后坠毁于试飞场。但是在 2007 年,一家法国杂志公布了一张据称是拍摄于当年阿富汗坎大哈的飞行器图片,图片中明显看到有一架飞翼外形的无人飞行器从空中掠过,这极可能就是"臭鼬"或其衍生型号。另外,流传的一张照片中,一架外形不明的飞行器正在跑道上滑行,其

"臭鼬"(P-175)飞行器

翼展: 27.432 米

起飞重量: 约 4082.33 千克(最大载荷约 453.59 千克)

实用升限: 19800 米

机翼上方有两个凸起包块，据推测这也可能是"臭鼬"为数不多的照片，两块凸起很可能就是其发动机，图片中其尾喷口只有一个。目前从关于这种神秘机型的少数几张照片中可推测出它采用双发、飞翼式机体，三点式可收放起落架，无垂直尾翼，具体尺寸数据更是不详。由于其太过隐秘，有时也被称为"坎大哈野兽"。

2009年12月，空军承认这一秘密项目及飞行器的存在，同时给出的信息还有它的军用编号RQ-170"哨兵"（也有报道称其编号为RS-170），至于更多详细的细节则以涉及国家安全为由闭口不提。无论是RQ-170，还是RS-170，这一编号都与现有无人飞行器标准编号序列不符，有推测认为，这可能也像F-117一样，一些机密开发项目会采用随机数字序号来命名。当然还有猜测认为，空军已在阿富汗使用这种隐形飞行器，以阿富汗为基地对伊朗和巴基斯坦进行了秘密侦察。

根据1997年美国国防部无人飞行器的报告，"暗星"采用了与"全球鹰"相同的数据链，尽管现在看来此数据链的传输速率并不高。"暗星"的几个传输波段为：UHF波段卫星（4.8/1.2kbps和2.4kbps）、X波段卫星（通用数据链：高至137Mbps［84可用］下行链路，200kbps控制链路）和Ku波段卫星（1.54Mbps下行）。工作在UHF波段卫星模式时，在同一半球内的所有飞行器用户必须共享所有的UHF卫星链路，1.2kpbs模式将可由三架飞行器共享，单架飞行器时可使用2.4kbps模式用于空中飞行管制。相比之下，"全球鹰"使用48Mbps而非84Mbps的通用数据链（下行传输时），但是它也能在UHF波段卫星信道时使用9.6kbps，并在Ku波段下行链路增加到48Mbps。根据其所具有的更高的数据传输率推测，其卫星天线尺寸较大。

根据上述对比数据可看出，"暗星"的航程较短，在执行任务时必须尽可能靠近目标区域（通过大型运输机运抵前沿大型机场），而"全球鹰"的航程则不存在这类问题。

值得注意的是，从2004年初，美国媒体就已报道有关存在秘密快速侦察无人飞行器的新闻，据称，这种飞行器可在任务区域长时间滞空，还具备极高的速度，外形和现有的飞行器都不相同。根据这些报道，可知空军共有两架这样的飞行器及一部地面控制站，这些飞行器的滞空能力约为 8 小时，据推测其航程可能达到 2000 千米。也有报道称，在伊拉克和阿富汗战争中看到过这种飞机，但并未证实，现在也不清楚这些神秘的无人飞行器是否与臭鼬工厂或是与"暗星""臭鼬"这类飞行器有关。

RQ-4"全球鹰"/"欧洲鹰"

"全球鹰"无人战略侦察机是作为 U-2 的替代者问世的，尽管两者间的差别相当大。美国空军希望这种飞行器能永远地取代有人战略侦察机。老式 U-2 使用胶片照相机，只能获取较大区域范围内的概略性图像，至少在 20 世纪 90 年代之前，电子设备仍未得到充分发展的时代，各国侦察机都是这样。从侦察手段上看，U-2 获得目标图像后也得在返回后方基地后才能将胶片转化为可供辨读的照片，再由专业分析人员进行判读。然而时代的发展和技术的进步，赋予了侦察更具现代的意义，"全球鹰"通过数据链在获得侦察结果的同时，就将这些结果传输回后方。最初有争议认为"全球鹰"缺乏非光学传感器，在面对新型电子情报时将不再有效，而很多大型电子飞机已能从很远的距离外接收微弱的电磁信号，这将使"全球鹰"这类侦察机逐渐过时。但是从另一角度看，只要人类还存在着争斗，清晰照片所提示出的事实，就永远不会被取代。认为照相侦察过时的看法，完全是个伪命题。

1995 年春，在瑞安 /E 系统公司（Ryan/E-Systems）团队被选择负责当时称为"蒂尔 II +"的项目需求论证时，这种高空长航时的战略型无人系统也开始了研究，后来这家公司并入了诺斯罗普·格鲁曼公司，"全球鹰"项目一起带给了该公司。经过三年的开发，1998 年 2 月"全球鹰"原型机开始首飞，由于性能优良，在美国根本没有可与之竞争的机型，美国空军很快就决定采购这种大型无人系统，并成为其第一个客户，系列化量产被列入了 2002 财年计划。之后，美国三军陆续采购大量

"全球鹰"

载荷：（1997 年）达到 889.04 千克

最高飞行速度（巡航速度）： 635.5 千米 / 时

巡逻速度：约 552 千米 / 时

续航能力： 38 小时

航程：超过 5526 千米

实用升限：约 19800 米

起飞滑跑距离： 1524 米

下图：批次 40 的"全球鹰"安装有多平台雷达技术加入计划的 MP–RTIP 雷达，提供高清晰度的地面运动目标指示和高质量的雷达图像。马萨诸塞州汉斯科姆空军基地的电子系统中心监管 MP–RTIP 雷达传感器的研制，而俄亥俄州赖特帕特森空军基地的航空系统中心管理着"全球鹰"的整个计划。（诺斯罗普·格鲁曼公司）

"全球鹰"系统，至 2009 年，空军计划使该机型的保有量达到 78 架。在 2009 年，"全球鹰"成为美国联邦航空局（FAA）批准的第一种可在北美空域采用自动飞行控制的无人飞行器。据称，空军也对"全球鹰"的性能赞不绝口，甚至将其视为 U–2、SR–71 等老式侦察机的当然替代品。就在"全球鹰"成功试飞后不久，2002 年 5 月，该机型首次参加了"链接海 00"演习，飞越大西洋前往欧洲演习区域。由于"全球鹰"率先采用先进的卫星数据链，使其地面控制设备可永久性地位于国内，而操作其活动的区域则遍及全球。在此次演习中，空军首次演练了在国内对远在欧洲的"全球鹰"进行操作，为演习中的舰只、飞机提供大量侦察情报，取得了显著的效果。2001 年 4 月，一架"全球鹰"飞行器飞越 13800 千米抵达澳大利亚，向澳军方显示了它的防务价值，后来澳政府亦决定定购"全球鹰"与这次展示不无关系。在"持久自由"行动中，"全球鹰"共执行超过 60 次侦察任务，总飞行时数累计逾 1200 小时；在"自由伊拉克"行动中，"全球鹰"的出勤次数只占到空军同类高空侦

上图："全球鹰"无人飞行器，通过旁边站立的人群更突显其庞大的体形。（诺斯罗普·格鲁曼公司）

察出动架次的 5%，却提供了超过 55% 的时敏目标图像（可直接用于攻击行动），其具体侦察成果包括：定位了超过 13 个完整的地空导弹单元、50 个地空导弹发射点、70 辆地空导弹运输车、300 余个地空导弹发射架、300 余辆坦克装甲车（约占伊军总装甲车辆的 38%）。要注意的是，"全球鹰"出勤绝对次数并不多，是因为它的滞空性能与有人战机相比更为突出，如此一来，它出勤一次相当于有人侦察机连续出动数架次。

为了进一步增强"全球鹰"的续航能力，将其打造成真正无须落地的全球之鹰，美国空军自其服役后就一直在寻求为其空中加油的技术。由于"全球鹰"尺寸较同级侦察机小很多，空军传统的大型加油机为其空中加油时存在诸多不便，因此空军授权诺斯罗普·格鲁曼公司启动了无人飞行器空中加油项目研究，初步计划是利用民用"利尔"（Leart）系列喷气飞机作为加油机，专门为"全球鹰"加油。2010 年新加坡国际航展上，诺斯罗普·格鲁曼公司称它已成功地试验了利用"利尔"喷气机为"全球鹰"进行空中加油，整个加油过程完全自动进行，无人机接近加油机的环节步骤甚至比有人战机还要准确。由于此项目由诺斯罗普·格鲁曼公司完成，也有推测认为该公司是在为其 X-47B 无人空中作战系统未来的空中加油能力铺路。

2008 年 4 月，美国海军也采购了"全球鹰"无人系统，主要用于海军的"广域海上监视"项目。此外，它还被海岸警卫队采

"湾流 G550"

翼展：28.5 米

机身：长 29.4 米

全重：4.1277 吨

续航时间：约 15 小时

RQ-4A

翼展：35.4 米

机身：长 13.5 米

起飞重量：1.211 吨

载荷：907 千克

最大航程：22100 千米

最大续航时间：35 小时

最大升限：19800 米

巡逻速度：约 632 千米 / 时

RQ-4B

翼展：39.9 米

机身：长 14.5 米

起飞重量：约 14.628 吨

载荷：1360 千克

续航时间：约 36 小时

巡航速度：571 千米 / 时

实用升限：18300 米

用，也应用于类似的平行项目——"深水"（DeepWater）。2007 年，澳大利亚也成为美国"广域海上监视"项目的伙伴国，但后来由于其预算问题而降低了参与程度。"全球鹰"无人系统在竞争"广域海上监视"项目时，打败了波音公司提供的无人化"湾流（Gulfstream）G550"飞行器（2003 年，湾流公司也提出备选的有人驾驶巡逻机的方案，但之后被否决），该飞行器也有军用编号，称为 RQ-37，或波音 BAMS 550 无人系统。为与诺斯罗普·格鲁曼公司竞逐该项目，波音专门改进了 ARY-10 海事雷达，缩小了它的体积，使其能够安装到较小型的"湾流 G550"飞行器上。该雷达也曾被海军采用（主要装备于 P-8 巡逻机），但在设备使用的连续性及可靠性方面，波音公司的"湾流 G550"飞行器较具吸引力。与"全球鹰"相比，"湾流 G550"明显要大上很多。后来，以色列航空工业公司曾以"湾流"喷气机为基础，将其改装为无人驾驶版本，安装了"费尔康"（Phalcon）早期预警系统，其续航能力远超过同型号有人驾驶机型。此外，波音公司的"湾流 G550"单机价格达到 3500 万美元，超过"全球鹰"广域海上监视型的 2500 万美元，种种因素都意味着"全球鹰"能在此项目中胜出。

"欧洲鹰"也是"全球鹰"的衍生型，主要供应北约盟国，明确有采购意向的国家包括德国、西班牙等，此外，韩国也明确提出希望购买这一机型。与原机型相比，"欧洲鹰"在数据链及敌我识别系统方面进行了修改，2009 年 10 月 8 日，第一架"欧洲鹰"

在加州帕尔姆达尔（Palmdale）下线。

"全球鹰"各型号中，RQ-4A 即第 10 批次，共生产了 9 架，三架驻扎于阿联酋专门用于中东地区的侦察，两架由海军用于其"广域海上监视"项目，两架由 NASA 修改为加油机和受油机用于试验无人机伙伴空中加油技术。

RQ-4B 是第 20 批次型，与第 10 批次型相比，其机体略大。RQ-4B 配备有雷声公司的传感器组件，其翼展 39.9 米、机身长 14.5 米，巡逻速度约 571 千米 / 时，最大续航时间约 36 小时。德国在"欧洲鹰"项目框架下采购了 5 架这种机型，传感器组改为 EADS 的产品，第一架飞行器于 2012 年交付。其内部载荷能力提升到 1360.78 千克，舱外传感器供能功率达到第 10 批次型的 2.5 倍，据推测可能与 EADS 的传感器组较为耗电有关。这一版本的"全球鹰"采用开放式的系统结构，起飞重量约 14.628 吨，首架第 20 批次型飞行器于 2007 年 3 月 1 日试飞。

"全球鹰"第 30 批次型飞行器具有更大的载荷能力，设计专门用于搭载"机载信号情报载荷"，用于战略电子情报收集。2009 年底，第 20/30 批次型飞行器已完成试验和评估。西班牙已明确希望采购 5 架此型"全球鹰"。

"全球鹰"第 40 批次型飞行器主要搭载"多平台雷达技术增强项目"（MP-RTIP）传感器组，目前美国军方已定购 12 架。由 17 国组成的北约集团也在"联合地面监视"（AGS）项目框架下采购了 8 架此型飞行器。该 AGS 项目于 2012 年启动，第 40 批次型也于此前交付。

RQ-4N 是"全球鹰"的海军版本，主要用于美国海军的"广域海上监视"项目，预计要完成整个项目构建，海军将采购 68 架飞行器及 6 套系统（部署于航母编队）。第一架该型飞行器于 2012 财年试飞，整套系统于 2016 财年形成作战能力，至 2019 财年时所有飞行器和系统交付完毕。

"欧洲鹰"是欧洲北约诸国采购的"全球鹰"版本，也是多个

"欧洲鹰"

翼展：39.9 米

机身：长 14.5 米

起飞重量：14.640 吨

最大载荷：1360 千克

续航时间：超过 30 小时

最高飞行速度：为 630 千米 / 时

实用升限：19800 米

MQ-5B

翼展：10.44 米

机身：长 6.9 米

起飞重量：885 千克（载荷 100 千克，燃料约为 126.8 千克）

续航时间：约 21.3 小时

任务半径：超过 250 千米（使用通信中继时）

俯冲速度：约 202 千米 / 时

巡航速度：110～147 千米 / 时

实用升限：约 6100 米

国家采购的不同配置的"全球鹰"的总称，其总体由欧洲 EADS 和诺斯罗普·格鲁曼公司联合投资。"欧洲鹰"也是"全球鹰"的第一种国际化版本。

RQ-5"猎人"/EX-BQM-155/MQ-5B

"猎人"无人系统最初由以色列于 20 世纪 80 年代开发，被美国引进后由诺斯罗普·格鲁曼公司生产，军用编号为 RQ-5"猎人"。联合项目办公室（专为管理军方联合无人飞行器开发而组建）将其作为短程无人飞行器进行开发，机型于 1988 年立项。1990 年，在国防部举行的招标中，"猎人"击败了科学 / 麦克唐纳公司（Sciences/ McDonnel）的"天空眼"（SkyEye）飞行器，为军方所采用。它首飞于 1991 年，最初计划生产 50 套系统（每套系统含 4 架飞行器）。但是，美国陆军以其航程过短为由拒绝接收该系统，同时对它的数据链以及机体无法通过战术运输机输送也不满意。但是，陆军在 1993 年已与公司签订了小批量试生产合约（共生产 7 套系统），此后对该系统的进一步试验也暴露出更多的问题，采购亦于 1996 年被中止，当时，国防部正准备订购另外的 52 套系统，而飞行器在各种试验中也坠毁了 20 架。但是，由于缺乏其他可供选择的产品，美国三军还是采用了它，它被用于评估作为无人通信中继飞行器以及进行空中电子战平台的可能性。1999 年巴尔干危机期间，8 架"猎人"飞行器被运抵阿尔巴尼亚驻马其顿地区，用于支援"联合力量行动"（针对塞尔维亚的空中战役）。整个任务期间，"猎人"共完成 281 次任务，2 架飞行器被严重损毁后运返美国。2002 年，美国陆军开始利用"猎人"飞行器试验投掷声响制导的"卓越反坦克弹药"（BAT），2002 年 10 月的试验中，"猎人"利用这种弹药击毁了三辆装甲车辆，其中一次甚至直接掀翻了目标坦克的炮塔。2003 年伊拉克战争期间，"猎人"飞行器也被部署到中东，到 2004 年夏时，陆军的"猎人"飞行器已累计飞行了 3 万小时。截

至 2009 年 10 月，在美国三军服役的"猎人"系统累计飞行时数超过 8 万小时，其中 5.3 万小时在作战行动中。当时，在伊拉克和阿富汗都部署有该型系统。

　　MQ-5B 是"猎人"的一种改型，它试飞于 2005 年 8 月，换装了柴油发动机并可装载更多燃料，此外还升级了航电设备（包括自动起降系统），其主翼下也加装了武器挂载点（最大可挂载 60 千克级武器）。之后，美国陆军和比利时军方采购了 MQ-5B 系统。2007 年 9 月，一架 MQ-5B 采用诺斯罗普·格鲁曼公司开发的 GBU-44/B"蝰蛇打击"（Viper Strike）武器系统击毁了一个伊军目标，这也是该机型第一次在实战中成功攻击目标。2008 年 11 月，陆军再次采购 12 架 MQ-5B 飞行器，外加 6 套第 2 批次型地面控制站以及 8 套战术通用数据链系统。

　　虽然通过不断改进，"猎人"无人系统的效能逐渐为军方所接受，但在大量使用过程中，也暴露出航程过短、续航能力有限的致命缺陷。2005 年，美国陆军决定以体型更大的 MQ-1C 替换老式的"猎人"系统，未来只保留 15 架飞行器用于搭载"绿镖"（Greendart）信号情报收集系统。

上图："猎人"无人飞行器在海军"埃塞克斯"号（LHD-2）两栖攻击舰甲板上进行试验。（美国海军）

"E-Hunter"

翼展：15.24 米

机身：长 7.52 米

起飞重量：954 千克（载荷 114 千克）

续航时间：约 25 小时

航程：约 200 千米

飞行速度：约 195 千米/时

实用升限：6100 米

"猎人 II"

翼展：16.8 米

机身：长 9.3 米

起飞重量：1495 千克（内部载荷舱 136 千克、外部载荷 318 千克）

续航时间：约 29 小时

最高飞行速度：300 千米/时

巡逻速度：110～147 千米/时

实用升限：约 8500 米

2009 年 10 月，诺斯罗普·格鲁曼公司称已为美国陆军装备的"猎人"系统换装了新的自动起降系统，替代了早期系统中用于起飞和降落的"外部驾驶"（EP）设备。

以"猎人"系统中最典型的 MQ-5B 为例。2006 年 2 月，其战斗飞行试验时续航时间达到 21 小时。由于"猎人"飞行器的数据链有效传输距离并不远，有时也会两架同型飞行器一并使用，其中一架作为另一架飞行器的数据传输中继。

2005 年 3 月 17 日，诺斯罗普·格鲁曼公司新开发的名为"持久猎人"（Endurance Hunter）的"猎人"最新改型成功试飞，它被称为"E-Hunter"，军用编号为 MQ-5C。这一项目也作为陆军与诺斯罗普·格鲁曼公司持续合作拓展"猎人"系列飞行器航程的一部分。新机型的主翼增长至 16 米、尾翼也进行大幅改动，其续航时间延长至 30 小时，最大升限也增高超过 6100 米。诺斯罗普·格鲁曼公司开发一套改装组件，普通"猎人"利用此组件可在 3 小时内完成转换成为续航能力更强的"持久猎人"。这套新的主、尾翼也是诺斯罗普·格鲁曼公司为陆军开发"猎人 II"飞行器所使用的主尾翼（后来，陆军并未选择"猎人 II"系统，而是选择了以"捕食者"为原型的"天空勇士"系列无人系统）。而且在"持久猎人"换用重油发动机后，其续航能力进一步延长至 40 小时，升限也提高到 7620 米。要注意的是，早在 1996 年，以色列航空工业公司和 TRW 公司也曾公布了一个"猎人"飞行器的改进计划，当时也称为"E-Hunter"，这款机型是将"猎人"飞行器的机体与"苍鹭"的机翼、尾翼等组合在一起而成。

与几十年前的"E-Hunter"相比，诺斯罗普·格鲁曼公司参与陆军竞标的"猎人 II"主翼下也具有硬挂载点，可挂载多种弹药，例如第 5 级航空弹药和武器。

　　根据以色列航空工业公司于 2009 年中期发布的一本 MQ–5B 手册称，以军装备的"猎人"系列飞行器截至当时已累计飞行超 6 万小时。考虑到它的设计特点，公司称"猎人"系统是一种相对安静的无人飞行器，并指出除了常规的光电传感器外，"猎人"还支持通信情报和电磁情报收集传感器或通信中继组件，虽然它采用视线内直线数据链传输模式，但通过空中（另一架无人机）或地面中继，也可有效拓展数据传输范围。

RQ–6A "警卫"

　　RQ–6 系列"警卫"（Outrider）无人系统是美国陆军及海军陆战队采用的"战术无人飞行器"（TUAV），或者也叫"机动无人飞行器"（MUAV），它由阿连特技术系统（Alliant Techsystem, ATK）公司研制开发。军方采购后主要用于配备陆军旅一级部队及海军陆战队空中 / 地面特遣部队使用。该飞行器起源于一项由 PEO 巡航导弹和无人飞行器公司资助的"先进概念技术演示"（ACTD）项目，它也是一项三军联合开发和采购的无人飞行器项目，相关交易备忘录签订于 1995 年 12 月 21 日。当时，军方要求开发商研制一款航程约 200 千米、采用 GPS 导航、配备光电 / 红外传感器组并且发现目标后能迅速上报的无人系统；还要求整套系统分拆后可由两辆通用悍马车输送，同时单套系统在不经准备时也能通过 C–130 战术运输机输送，在数据链失效的条件下飞行器可自动飞返发射地点。"警卫"飞行器的设计基于任务技术公司（Mission Technologies）的"地狱狐"（HellFox）飞行器，后者于 1995 年试飞。1996 年 5 月，阿连特技术系统公司获得陆军、海军陆战队及海军总共 6 套系统的采购合同。最初，样机完成开始的试验飞行显示，这套战术无人系统较为有效，但存在着无法满足不同军种不

"警卫"飞行器

翼展： 4 米

机身： 长 3.3 米

最大起飞重量： 超过 227 千克（载荷 27 千克）

最高飞行速度：（俯冲）221 千米 / 时

巡航速度： 约 166 千米 / 时

巡逻速度： 110 ~ 138 千米 / 时

失速速度： 约 59 千米 / 时

任务半径： 超过 200 千米

续航时间： 2 ~ 3.6 小时

最大升限： 4570 米

同需要的情况，例如，海军希望获得一套垂直起降的无人系统，空军又嫌它航程过短。事实上，军方曾希望用该系统替代先前采购的"猎人"系统，但在小规模试用过程中暴露出的种种缺陷和不足使各军种对它都不甚满意，最终该机型没有量产，并于1999年被终止。但是它所采用的联合翼技术却出现在后来的"破坏者"（Buster）飞行器上。

"警卫"飞行器采用联合型主翼（机身具有两副主翼，一前一后配置于机体两侧，其中后侧主翼安装位置低于前侧主翼，两副主翼翼端被连接固定）配合T形尾翼、三点式起降架的结构布局，发动机驱动的螺旋桨推进器位于机体后部，传感器组旋塔位于机首下侧。

RQ-7"阴影"

RQ-7型"阴影"无人系统是由美国AAI防务系统公司为陆军开发的旅级无人飞行器。早在1999年12月，AAI公司就得到军

下图："警卫"无人系统是一种并不成功的三军联合无人飞行器开发项目，其所采用的并不常见的前后联合翼设计后来也在少数飞行器上采用。（阿连特技术系统公司）

方首肯加速开发这种战术无人飞行器，陆军也将开发合同授予了 AAI 公司及其"阴影200"型无人系统。但实际上，"阴影"飞行器只是一种改进增强型的"先锋"飞行器。当时，陆军的性能需求要求"阴影"飞行器采用汽油发动机、配备光电/红外成像传感器，最小航程要超过 50 千米同时续航时间不得少于 4 小时。很快，陆军与 AAI 公司签订了小批量试生产合同，要求在 2001 年 3 月前向军方交付 4 套系统，2002 年 3 月前再交付一套；由于即将参与对伊拉克的大规模军事行动，2002 年 12 月 27 日，美国陆军与 AAI 公司签订了规模量产的合同，紧急生产这种战术无人系统。当年，RQ-7 是第 4 步兵师（驻胡德堡）率先配备的旅级无人飞行器，次年亦随该师部署到伊拉克。2006 年，海军陆战队也决定采购这种战术无人系统来替代老式的 RQ-2 无人系统，计划采购 6 套，第一套系统于 2007 年 10 月交付给海军陆战队。

每套系统含 4 架飞行器及相应的地面设备，2008 年陆军开始对现役"阴影"系统进行升级改造，升级包括为飞行器换装重油（JP8 航油）发动机，增加机体储油量，换用更长的主翼和尾撑。这使得"阴影"飞行器的载荷能力提升到 45 千克，续航能力也增加到 9 小时。任务载荷方面，换用了以色列航空工业公司开发的高分辨率光电/红外传感器，一些飞行器还安装了战术通用数据链，有的飞行器甚至还可空投 9 千克重医疗急救包。

现在美军中服役的"阴影"系统主要是 RQ-7B 系统，它是 2004 年 8 月后生产的产品，其主翼比原机型主翼长 0.9144 米，且机翼内部空间也可容纳燃油，这使整机的续航时间增加到 6 小时，载荷能力增加到 45 千克。其航电设备也得到提升，新的机翼除容

"阴影 200"（RQ-7A）

翼展：3.89 米

机身：长 3.41 米

起飞重量：149 千克（载荷 27.2 千克）

续航时间：超过 5 小时

最高速度：225 千米/时

实用升限：约 4570 米

RQ-7B 型飞行器

翼展：4.27 米

机身：长 3.75 米

起飞重量：170 千克（载荷 45 千克）

续航时间：5~7 小时

巡航速度：202 千米/时

巡逻速度：110~129 千米/时

实用升限：4570 米

数据链传输距离：125 千米

上图：一架部署于伊拉克的"阴影200"无人系统正在作起飞前准备，图片摄于2004年9月24日。（美国陆军）

"阴影400"

翼展： 5.15米

机身： 长3.82米

起飞重量： 211千克（载荷30千克、空重147千克）

续航时间： 约5小时

巡航速度： 约202千米/时

实用升限： 3660米

数据链传输距离： 200千米

纳燃油外还配备了高性能战术通用数据链。根据2009财年预算，陆军的目标是采购约83套"阴影"系统，海军陆战队则希望采购8套。

海军陆战队还在开发或采购新的无人系统来替代服役中的"阴影"系统。海军陆战队要求新系统能够携带武器，具有更高的速度（超过450千米/时）和更大的载荷（725千克）。据称海军陆战队希望新飞行器具有垂直起降或短距起降能力，甚至还要能遂行EA-6B"徘徊者"电子战飞机所执行的电子攻击任务。

2006年，波兰军方成为该系统的首个海外用户，根据联合国军备交易记录显示，美国曾以援助的名义向波兰军方提供了30套该系统，据估计可能是"阴影600"型系统。该系统也曾出售给土耳其和罗马尼亚军方（罗军方驻伊部队也配备3套"阴影"系统）。1997年，罗马尼亚采购了60套该型系统，

1998—2000 年交付，2000 年时追加定购了 5套（2001 年交付）。2010 年 1 月，美国国防部长盖茨宣称将向巴基斯坦军方提供 12 套"阴影"无人系统。

　　AAI 公司后来还开发过"阴影 1200"型系统，但军方和外国客户并未采用。

RQ-8/MQ-8 "火力侦察兵 /XM-157"

　　美国海军最早大规模采用了"先锋"无人系统，随着时间的推移也急需一种性能更好的产品来替代它，这也是海军采购 RQ-8 "火力侦察兵"无人系统的初衷。由于"先锋"不具备垂直起降能力，限制了它在中小水面舰只上的使用，对于新替代机型，海军强烈要求具有这种能力，此外还要求载荷达到 30 千克、航程约 200 千米，升限须达到 6100 米，续航时间要超过 3 小时；另外，由于上舰需要，新机型还要能在 46.7 千米 / 时的环境风速下正常操作，系统的平均故障时间不得少于 190 小时。最终，共有三家公司——贝尔、西科尔斯基以及瑞安—施韦策（Ryan-Schweizer）公司（后并入诺斯罗普·格鲁曼公司）参与海军的竞标，2000年春瑞安—施韦策公司击败另两家公司，成为海军新无人直升系统的开发商。RQ-8 系列无人直升飞行器是由瑞安—施韦策公司的三人直升机 330SP 型发展而来，330SP 最初又源自"休斯 300"型轻型直升机。RQ-8 飞行器除基本采用了 330SP 的设计外，为适应无人化的要求，还重新设计了机体、供油系统及机载航电设备，其原型机于 2000 年 1 月首飞完成自动飞行。虽然该机型研发进展令海军较为满意，但到 2001 年 12 月时，由于预算原因，其量产计划被暂时中止。但此时，开发工作仍然继续进行，到 2003 年陆军对

"阴影 600"

翼展：6.83 米

机身：长 4.8 米

起飞重量：265 千克（载荷 41 千克、空重 207 千克）

续航时间：12 ~ 14 小时

巡航速度：约 199 千米 / 时

巡逻速度：138 千米 / 时

实用升限：5120 米

数据链传输距离：200 千米

RQ/MQ-8 无人直升飞行器

旋翼直径：8.4 米

机身：长 7 米

起飞重量：1428.81 千克（载荷 272.16 千克）

续航时间：约 8 小时（携带基础载荷的条件下）

飞行速度：约 230 千米 / 时

任务半径：约 276 千米

最大升限：6100 米

上图：一架 MQ-8B "火力侦察兵"旋翼无人机的剖面图。（诺斯罗普·格鲁曼公司）

其表现出的技术性能也较感兴趣，遂采购了三架飞行器（MQ-8B型）用于评估试验。陆军的这一版本取消了原机型采用的三桨叶主旋翼，代之以四桨叶旋翼，这将利于减少飞行噪声并增加载荷能力。海军发现陆军采购 MQ-8B 后，遂也采购了 8 架 MQ-8B 型用于评估，新机型飞行性能和效果令海军非常满意，很快就开始大量采购。

　　海军在获得这批无人直升系统后，将其配备到新组建的濒海战斗舰（LCS）上。濒海战斗舰在装备无人直升飞行器后，将大大拓展其近海水域的反潜作战能力，在近海复杂水域反潜时，RQ-8B 将担负精确探测、定位敌方潜艇的任务，之后再用其携带的超轻型鱼雷实施对潜攻击，而濒海战斗舰将作为 RQ-8B 侦察数据融合、分析及整补的平台。在这一反潜构想指导下，海军很快展开海上试验。最初试验在海军"纳什维尔"号上进行，MQ-8B 成功完成了舰上自动起飞和着舰，接着 MQ-8B 又成功在更小些的"麦金纳尼"

号护卫舰上成功起降。2009 年，该舰正式配备 MQ-8B 系统，并立即将其用于近海反毒品行动。美国陆军在充分评估后，也认可了 MQ-8B 的性能，将它选取为陆军"未来战斗系统"中的第 4 级无人机；之后陆军为 RQ-8 系列飞行器指定了军种编号"XM-157"，当时陆军曾计划为其每个旅级战斗部队配备 32 架该飞行器，预计总共将采购 480～560 架飞行器，于 2014 年左右开始服役（但由于未来战斗系统遭削减，2010 年 1 月第 4 级无人机项目更被完全终止）。

　　RQ-8 系列飞行器也可能成为海岸警卫队采购的机种，海岸警卫队原本对贝尔公司的倾转翼无人机"鹰眼"较为满意，但后者在试飞中不断暴露出种种问题，使海岸警卫队转而开始评估 RQ-8。

MQ-9"死神"

　　"死神"（"收割者"为其曾用名）无人飞行器，以往也称为"捕食者 B"型，亦由通用原子公司开发生产，通常被人们认为是美军最典型的无人侦察—攻击飞行器。它虽脱胎于"捕食者"，但在经

下图：2005 年 7 月 25 日，一架"火力侦察兵"无人直升飞行器在犹马（Yuma）试验场发射 2.75 英寸口径火箭。（诺斯罗普·格鲁曼公司）

"死神"飞行器

翼展：20.1 米

机身：长 11 米

全重：4760 千克（载荷 1700 千克）

作战升限：15240 米

续航时间：约 28 小时

巡航速度：约 370 千米 / 时

过大量改装和重新设计后，除外形与前者相似外，几乎可算作是另一种飞行器，例如它的起飞重量 4 倍于"捕食者"，其载荷能力达到 1700 千克，与侧重于侦察的"捕食者"相比，"死神"更可看作是对地攻击无人系统。2007 年 10 月，美军开始将"死神"系统投入阿富汗战场，次年 7 月，伊拉克也开始进入其作战范围。值得注意的是，美军部署于中东的"死神"，以及英军操控的同类机型，其所有空中行动并未在中东前沿的控制中心进行，而是由无人机驾驶员们在美国本土内华达州的克里奇空军基地通过卫星数据链远程遥控完成。对于这种操作方式，很明显，无人机在战场获取的图像视频情报直接由驻中东的前沿控制中心处理，而且考虑到"死神"遂行的攻击性任务对操控的要求比"捕食者"更高，还不清楚这是否会对超远距离遥控驾驶产生影响。经过在战场上不断试用，空军也启动了多次升级计划，包括为

下图：MQ-9"死神"无人机从伊拉克巴拉德联合基地起飞。（美国空军，下士朱丽安·肖瓦尔特摄）

该飞行器加配诺斯罗普·格鲁曼公司的机载信号情报收集载荷（主要用于处理窄带宽无线电信号）和可发射的"戈尔贡凝视"（Gorgon Stare）宽域机载监视传感器，这些载荷可为控制中心同时提供 12 路视频信息传输，升级还包括提升飞行器载荷能力、加装除冰装置以及敌我识别器（Mode5）。

2008 财年，美国空军共采购了 18 架"死神"飞行器，当时称到 2013 年时采购总计 51 架该型飞行器，2009 年时空军继续追加采购了 9 架。2007 年，"死神"飞行器正式进入空军服役，而实际上空军并非该机的首个用户，在 2005 年 12 月时，海军就采购了一架"死神"用于评估和试验，但后续并未继续采购。此外，英国皇家空军于 2007 年 9 月至 2008 年 7 月期间，也紧急采购了 3 架"死神"无人机，用于支援在阿富汗作战的英军部队，但其中一架于 2008 年 4 月坠毁。皇家空军原本希望继续采购 10 架"死神"，但因预算原因被军方否决。意大利军方曾采购过两套"死神"系统（仅 2 架飞行器），之后又追加定购了 3 座地面控制站和 4 架飞行器。德国军方也提出了采购 3 座地面控制站和 5 架飞行器的申请。除军

下图：2007 年 10 月，一架"死神"无人飞行器抵达阿富汗前线机场。（美国空军）

方用户外，"死神"系统还被美国海关及边境巡逻部门所采用。

"死神"所拥有的 1700 千克载荷中，360 千克为舱内载荷、1340 千克为舱外载荷。通用原子公司提供资料显示，"死神"两侧主翼下各有 3 个硬挂点，其外部挂载点可配备 GBU-12/38 系列激光制导炸弹，内侧和中部的挂载点则可配备 4 枚"地狱火"导弹（4枚弹采用托架束捆在一起，整体挂载在机翼下）。

"雪雁"飞行器

机身：长 2.9 米

最大起飞重量：634 千克

空重：270 千克

最大载荷：272 千克

巡航速度：约 96.5 千米 / 时

最大升限：约 5500 米

航程：300 千米（载荷 34 千克时）

CQ-10 "雪雁"

CQ-10 "雪雁"（Snow Goose）无人飞行器由加拿大米斯特机动集成系统技术公司（CMMIST）开发，它也是唯一一种专用于空中物资投送的无人飞行器，主要由美国特种作战司令部采用。机体上配备有该公司专门开发的"夏尔巴"（Sherpa）GPS 导航侧衬投放系统。"雪雁"飞行器首飞于 2001 年 4 月，并于 2005 年 7 月正式进入特种部队服役。该飞行器起飞方式较为特别，既可由 C-130 在空中投放（一次可运载 4 架飞行器），也可从地面发射升空。该机机体结构也较为特别，机体悬挂在一对可膨胀的伞形翼下，其载荷还可挂载侦察传感器材。

RQ-11B "渡鸦"

RQ-11B "渡鸦"无人系统由航空环境公司开发，是一种超轻型的手持投掷发射的无人飞行器，它的前身是航空环境公司开发的"指示器"（Pointer）微型无人飞行器（美特种部队曾采购过这种飞行器）。它也是美军现役装备数量最大的无人飞行器。"渡鸦"系统的研究始于 1999 年，当时航空环境公司向美国陆军展示了"指示器"这类微型无人飞行器如何应用于未来的城市战战场。通过演示陆军接受了该公司的概念，并要求其开发一种更小的类似的无人飞行器，陆军最初称该项目为"闪光"（FlashLight）。之后，陆军将该项目申请为名为"探路者"小型无人飞行器的先进概念技术演示项目（ACTD）。在得到资金支持后，航空环境公司很快就完成样机研制，并进行了大量试验性飞行。虽说该项目是陆军支持开发的，但首先采用该系统的却是特种作战司令部，在其采购了 5 套系统（10 架飞行器后）后，陆军于 2003—2004 财年开始大规模采购，总计达 185 套系统。每套系统售价约 2.5 万美元，包括 3 架飞行器。到 2009 年中期，军方曾评估至少在未来 5 年内，"渡鸦"系统仍将继续保持生产。到 2009 年时，航空环境公司累计已向美国军方及外国客户交付了 9000 套"渡鸦"的各型系统。

从本质上看，"渡鸦"就是一架加装了模拟电子设备的模型飞行器，但美国军方后来为其换装数字式的电子设备，以提升控制品质和数据链传输距离。它既可在操控人员的遥控下飞行，也具有一定的自动飞行能力。其机体由凯芙拉复合材料制成，具有质量轻、抗冲击力强等特点。最初特种部队采购了 179 套"渡鸦"用于评估和试验（每套 3 架飞行器），之后陆军开始大规模采购用以支持在伊、阿战场的地面部队（包含海军陆战队和特种部队），至少使每个作战营都拥有 1 套"渡鸦"系统。陆军的"渡鸦"系统军种编号为 RQ–11B，于 2006 年进入部队；海军陆战队也于此后获得该系统，他们将其用于替换原先配备的 2.04 千克的 RQ–14A"龙眼"（DragonEye）系列无人机；特种作战部队则用其更换先前采购的"指示器"系统。"渡鸦 B"型是航空环境公司专为出口开发的型号，英国、丹麦、意大利和西班牙等国军方都采购了这种无人机。"渡鸦"系统的军方采购规模庞大，单美国陆军就拥有 2200 余架飞行器，其中早期采购的 1300 余架仍采用最初的模拟电子系统，其后的数百架则改装为数字式电子系统。整套系统（含遥控设备、3 架飞行器、3 套用于替换的传感器组）在分解后可装进两只手提箱中，具有极佳的便携性；传感器可根据实用环境和条件选用不同设备，如高分辨率昼间照相机、广角红外成像仪、夜间微光高分辨率照相机等（一架飞行器一次只能载荷一种设备）。由于其体积、

"渡鸦 B"

翼展：1.37 米

机身：长 0.9 米

起飞重量：1.9 千克（载荷 184 克）

续航时间：60～90 分钟（充电电池）或 80～110 分钟（一次性电池）

航程：约 10 千米（可能受限于数据链传输距离）

巡航速度：31～81 千米/时

最大升限：4300 米

作战使用高度：30～150 米

重量较小，易于大量采用，被广泛看作是连、排级无人系统。

除广泛为军方采用外，"渡鸦"系统还曾被美国陆军选作其未来战斗系统班、排级无人机的过渡解决方案。2005 年 6 月时，陆军共拥有 185 套该型系统，另定购了 270 套，据称在 2008 财年时，其生产达到了高峰，当年共生产 702 套系统。到 2009 年时，共有 5500 架"渡鸦"飞行器交付给陆军，其中 1000 余套在阿富汗和伊拉克服役。在反恐战争中，"渡鸦"也担负了重要的作战任务，例如在 2007 年间，"渡鸦"飞行器在伊、阿两个战场共完成 15 万小时的战斗飞行；到 2008 年，其战斗飞行时数更翻了一倍。根据美国国防部 2009 年《无人系统路线图》的规划，美国军方的采购目标是达到 3333 套系统（每套系统 3 架飞行器）。

以"渡鸦"系列中典型的 B 型为例，其载荷包括机鼻处具备前视和侧视能力的照相机（可更换为其他传感器），传感器采用电子平移 / 倾斜的稳定方式。

下图：2009 巴黎国际航展中展出的"渡鸦"无人飞行器。（作者收集）

YMQ-12A

YQM-12 的军用序列编号原来指派给"捕食者"的一种改型 YMQ-1C，但其开发商通用原子公司仍坚持使用原来的编号，故该编号分配后就未再使用。此外，Q-13 的序列编号也未使用。

RQ-14"龙眼"/"雨燕"/"进化"

RQ-14"龙眼"系列飞行器也是航空环境公司于 2001 年初设计并制造的微型无人飞行器。2001 年为满足海军陆战队为其"过渡型小规模部队遥控侦察系统"（I-SURSS）项目所提出的性能需求，在经海军研究实验室和海军陆战队战争实验室（MCWL）联合改造和完善后，当年 6 月，首架"龙眼"飞行器开始试飞。由于试验较为顺利，紧接在 7 月份就与 BAI 公司和航空环境公司签订了大规模生产采购合同。与其他类似的微型无人系统一样，"龙眼"系统也可装进背包大小的行李中背携，一个装配箱内除遥控设备外，还可携带 3 架飞行器。该飞行器的发动机为两部电动马达，每片机翼上各附有一个由马达驱动的螺旋桨推进器，马达采用电池供能，其续航时间约 60 分钟，有效活动半径约 10 千米。飞行器能够自动飞行，或者由操控人员周期性地调整其飞行状态（像无线电遥控的模型飞机）。该飞行器最初于 2002 年交付给海军陆战队对其进行作战评估，在 2003 年美军展开的"自由伊拉克"行动中，"龙眼"也是随海军陆战队第一批进入战区的无人系统，在战斗中主要用于侦察和毁伤评估。在使用过程中，配备部队反映最多的问题就是"龙眼"侦察照相机缺乏变焦能力，这使其很难快速可靠地识别拍摄到的目标；同时，由于并未为其配备夜视或微光侦察设备，它基本无法在夜间或恶劣天气条件下使用。2003 年 11 月，针对这些缺陷，对"龙眼"进行改进和升级的计划仍交由航空环境公司。当时，海军陆战队计划升级或采购新的"龙眼"总共 467 套系统

RQ-14B

翼展： 1.1 米

机身： 长 0.91 米

全重： 2.8 千克

最高飞行速度： 84 千米/时

巡航速度： 约 50 千米/时

实用升限： 约 300 米

续航时间： 约 80 分钟（RQ-14A 为 60 分钟）

（每套系统含 3 架飞行器）。航空环境公司按照要求完成改造后，新机型称为 RQ-14B "雨燕"（Swift），它采用航空环境公司标准化的地面遥控设备，也可对该公司以往生产的微型无人飞行器（如"指示器""渡鸦""美洲狮"和"黄蜂"等）进行遥控。除海军陆战队大规模采用外，特种部队至少也采购了 6 套该型系统。2009 年，根据美国国防部《无人系统路线图》规划，军方预计将采购 194 套"龙眼"系统（每套含 3 架飞行器）以及 33 套"雨燕"系统（每套含 4 架飞行器）。

下图：陈列在国家航空航天博物馆中的"龙眼"无人飞行器，图片下侧两个笔记本电脑是其地面遥控及侦察视频输出装置。这种无人系统曾广泛装备各军种地面部队，反恐战争中也曾大量参与各种行动。（作者收集）

此外，航空环境公司还对一个批次的"龙眼"飞行器进行了改动较大的升级，新飞行器称为 X-63，它拥有更大的翼展（1.6 米）、提升了电池及导航系统的性能，使其具有更长的续航时间、更精确的导航能力、新的载荷（红外及可变焦照相机）以及新的通信数据链（可提供 8 个数据传输通道，较原飞行器提升 2 倍）。

以"龙眼"系列飞行器中较典型的 RQ-14B 生产型为例，相比之下，RQ-14A 的翼展为 1.14 米，全重 2.7 千克。

美国海军也采购了"龙眼"系统，主要是 RQ-14A 型机，并称其为"海上机载测深索"（Sea ALL），海军研究办公室负责将其改造成适合海军使用的型号。

L-3 公司的"进化"（Evolotion）飞行器也是"龙眼"的一个分支，这是因为 BAI 公司也参与了初期"龙眼"的研制和设计，后来 BAI 公司被 L-3 公司并购，相应的技术也转移到 L-3 公司。该飞行器具有与"龙眼"类似的结构。"进化"飞行器最早出现于 2003 年，到 2005 年时，曾有美国军方机构采购过该系统，但数量并不大，也有推测认为特种作战司令部是其用户。美国国防部 2009 年的《无人系统路线图》中曾将该飞行器描述为"龙眼"系统的出口型号。

"进化"飞行器

翼展：1.14 米

机身：长 0.89 米

全重：2.95 千克（载荷 0.45 千克）

续航时间：2.5 小时

最高飞行速度：约 80 千米/时

失速速度：约 40.5 千米/时

航程：约 10 千米

实用升限：约 100 米

RQ-15 "海王星"

RQ-15 "海王星"（Neptune）无人系统由 DRS 公司开发，其初衷就是将其作为一种海上无人飞行器。2002 年 1 月，该飞行器首飞，同年 3 月，海军与 DRS 签订了首批生产并采购 15 架飞行器的合同。但是，直至 2007 年，军方才正式为其指定军用编号 RQ-15。与其他无人系统相比，"海王星"的最大特点是既能够在水面上降落，也能够利用陆上着陆装置降落于地面，至于升空前则只能从地面滑跑或弹射起飞。飞行器采用宽大后掠翼、双尾撑的布局，其动力装置采用一部安装在机体上部由活塞发动机驱动的螺旋桨推进器，整个动力部分与机翼融为一体。为克服在水面运用时，因水体反射造成无线信号的多路径反射，

"海王星"飞行器

翼展：2.1 米

机身：长 1.8 米

全重：36 千克

巡航速度：约 155 千米/时

巡逻速度：110 千米/时

实用升限：2400 米

航程：约 74 千米

续航时间：约 4 小时

上图:"海王星"无人飞行器。(美国海军)

飞行器的数据链采用超高频段,其自动驾驶采用 GPS 导航,具有自动航路点导航和跟踪模式。"海王星"主要用于海军特种作战部队,即"海豹"部队的作战行动。2005 年底,海军已拥有约 15 套系统,其计划采购共 27 套系统。与此同时,特种作战司令部也于 2008 及 2009 财年分别采购一套该型系统。

RQ-16"狼蛛鹰"/XM-156 排级无人机

RQ-16"狼蛛鹰"(Tarantula-Hawk)式涵道旋翼垂直起降微型无人飞行器,也称为"T-Hawk",它由 DARPA 于 2003 年资助,最初该飞行器也是作为先进概念技术演示项目获得了军方的支持,整套系统由霍尼韦尔公司负责开发和研制。不久之后,该系统被美国陆军选择成为其未来战斗系统中排级无人机(Class Ⅰ),并正式获得 RQ-16 的军用编号。陆军为该飞行器换装重油发动机,于 2015 年进入现役,其最初的设计性能要求为,飞行器作战半径须达到 16 千米,载荷能力不小于 0.453 千克,续航时间大于 90 分钟。

2008 年 1 月，项目开发、试验计划加速，11套第 0 批次系统亦在 7 月前陆续交付部队试用。所幸的是，2009 年中期国会对 FCS 系统项目的大肆删减并未影响 RQ–16 的后续完善和采购，它还是能按原计划于 2010 年前完成陆军所有 73 个旅级现役部队的装备，到 2025 年时完成对预备役陆军部队的装备。美国海军也采用这款微型飞行器，他们采用的是第一批次的版本，于 2007 年部署于驻伊、阿的海军部队。2009 年，"狼蛛鹰"的第 2 批次版本问世，与前作相比，其传感器组安装在万向节架上，可自由旋转到特别角度和方位，其发动机控制也改为电子

"狼蛛鹰"

涵道旋翼直径：0.33 米

机身：高 0.61 米

全重：7.7 千克（加载燃料后重 8.6 千克）

载荷：0.68 千克

最大飞行高度：3050 米

巡航速度：约 74 千米 / 时

续航时间：约 50 分钟

下图：2006 年 11 月，试验中的"狼蛛鹰"微型垂直起降飞行器。（美国海军）

G-MAV

全重： 7.48 千克（光电或红外载荷 1.36 千克）

涵道旋翼直径： 0.3556 米

续航时间： 约 45 分钟

作战半径： 约 14.7 千米

最大升限： 3048 米

系统。驻伊海军地面部队负责的爆炸物处置联合特遣小组曾采购了 25 套 RQ-16 系统，用于试验与评估；在海军系统，"狼蛛鹰"飞行器也被称为 G-MAV（汽油动力的微型飞行器）。考虑到伊拉克战场上的反 IED 装置需求，美国海军于 2008 年 11 月又紧急追加采购了 90 套"狼蛛鹰"系列第 2 批次飞行器（每套含 2 架飞行器）。除美国军方外，"狼蛛鹰"也被英国皇家陆军采用，用作对疑似简易爆炸装置进行抵近观察和检测。英军的采购始于 2009 年 2 月，当时只购买了 6 套系统，当年 11 月，英军部队开始训练使用该系统应对各类疑似 IED 装置，当时预计于 2010 年部署到驻伊、阿英国部队。2009 年中期，另有一个外国客户也采购了 RQ-16，但具体合同细节不详。

2009 年美国国防部发布的《无人系统路线图》中也开列了汽油动力的微型飞行器（G-MAV）的说明条目，这可能是陆军装备的 RQ-16 飞行器，当时美军共拥有 83 架飞行器及 41 套系统，此外还计划采购 166 套系统。最初，该项目作为先进概念技术演示项目，2005—2006 财年成功地进行了军用应用评估，随后该项目转变为常规项目，之后陆军开始批量采购，首先配备于第 25 步兵师。"狼蛛鹰"系统有数个改型，其中第 2 批次型（FCS 系统中排级第 0 批次）升级了传感器万向节架、无线传输设备；第 3 批次型系统升级了发动机控制组件、发动机电子起动器等。"狼蛛鹰"还有一种正在试验和开发中的型号，它整合了软件控制的联合战术无线电系统（JTRS），可与陆军 FCS 系统组网。在《无人系统路线图》中，G-MAV 这些数据与霍尼韦尔公司的产品性能数据略微不同，有据推测有可能是"狼蛛鹰"的另一种改型。

此外国防部《无人系统路线图》中还包括霍尼韦尔公司的另一种无人飞行器——XM-156 排级无人机，它也是"狼蛛鹰"飞行器的一种衍生型号，《无人系统路线图》中计划要为 FCS 系统的每个旅级战斗部队配备 90 套 XM-156 系统。FCS 系统中排级无人飞行器要在系统网络环境中为地面连、排级部队提供充分的侦察和态势感知情报。它在整个情报侦察搜集过程中采用完全自主的飞行和导航，无须地面人员过多控制。在其飞行过程中，遥控人员可动态更新飞行路线，飞行器获取的目标信息则实时传输到地面监视器中。整套系统可由单兵携带，其传感器组集成了光电、红外、激光测距仪，其动力装置采用 10 马力的内燃发动机，发动机采用重油燃料，工作时噪声极小。整套 XM-156 系统包括一部手持式控制器和一架飞行器，控制器与 FCS 系统网络通过战场宽带连接在一起。陆军在 2010 年第一季度对整套系统进行第一次风险缩量试验飞行，当年四季度对其设计进行审查评估，至 2015 财年第三季度，整套系统形成使用能力。《无人系统路线图》中也列举了该机型的样机图片，表明其原型机已完成制造。

XMQ-17A "间谍鹰 /T-20"

XMQ-17A "间谍鹰"（Spy Hawk）无人系统由 MTC 技术公司开发（该公司于 2008 年并入英国 BAE 系统公司），它原本是海军陆战队用于替代"蒂尔Ⅱ"过渡无人飞行器"扫描鹰"的产品，但最终开发失败，未能量产。2006 年，海军陆战队战争实验室授予 MTC 公司一项开发项目合同，合同要求飞行器的性能特征为：可回收的机腹传感器组旋塔，能够利用机腹着陆并且传感器要提供更好的侦察信息质量（具备超光谱成像功能或搭载多用途合成孔径雷达），同时其地面控制设备要基于商用游戏机 PlayStation 硬件平台，控制系统要具备三维绘图导航能力以及双显示屏（可同时监控侦察图像视频以及飞行器的运动状态）功能。海军陆战队之所以提出诸多较高的要求，主要是为满足未来"蒂尔Ⅱ"无人飞行器的项目要求。"间谍

XM-156 飞行器

圆柱形机体直径：0.9144 米（含涵道推进器外的着陆装置）

涵道直径：0.46 米

全重：14.74 千克（载荷 3.86 千克）

续航时间：约 60 分钟

作战半径：8 千米

最大升限：约 3350 米

"间谍鹰"

翼展：3.89 米

全重：39 千克

最高飞行速度：166 千米 / 时

巡航速度：84 千米 / 时

最大升限：3048 米

航程：约 92 千米

续航时间：约 16 小时

T-20

翼展：5.26 米

机身：长 2.87 米

起飞重量：超过 68.04 千克（载荷约 29.48 千克，空重约 36.29 千克）

续航时间：超过 16 小时

鹰"发射采用高压弹射装置，着陆则利用地面回收网。

与其要求的侦察监视性能相比，"间谍鹰"的机身设计就相对不重要了，它的机身采用了加州大角星公司（Arcturus）的 T-15/16 系列飞行器的机身。该公司也生产过一系列无人飞行器，这些飞行器的机身通常采用复合材料一次性中空铸模制成，其 T-15 飞行器的军用无人化版本 T-20 在 2008 年时曾获得过军方采购。T-20 机体燃料储存于两翼的空间中，为其机体载荷腾出更多空间。2009 年 5 月，T-20 在陆军达格韦（Dugway）试验靶场完成了首次军方试飞任务，在早前 2008 年，它也曾在空军爱德华兹空军基地进行过相关试飞。要注意的是，一般无人飞行器并不须到达格韦试验场进行试验，该试验场主要担负化学、放射性武器的试验，这意味着 2009 年 T-20 的试飞任务可能是进行空气取样以试验其挂载的有毒物质检测设备，或是监视实际的化学试验。

XMQ-18A（A160T "蜂鸟"）

XMQ-18A 飞行器最初名为 A160T，当时是作为 DARPA 的先进飞行器（AAV）项目进行开发，用以演示刚性旋翼无人直升飞行器的结构和机体设计。AAV 项目实际就是"蜂鸟勇士"（Hummingbird Warrior）开发项目，项目是要开发一种垂直起降的中空长航时无人直升飞行器，它具有极佳的续航时间（30～40 小时）和较远的飞行半径（5520 千米）。传统上来说，直升机主旋翼叶片都采用铰接方式与发动机转轴相连，当直升机飞行时旋翼旋转获得升力维持机体的重量。理论上看，这类结构限制了直升机的速度，因为当其速度达到一定程度后旋翼叶片就无法再维持必要的攻角，而且叶片外端的速度也不能超过音速，否则叶片内侧根部的铰接连接无法适应如此大的应力。刚性旋翼则更像固定翼飞行器的主翼，它的直径长度更长，所以在其旋转时可产生更大的升力，同时由于其并未采用铰接方式相连，各叶片根部也就能适应更大的应力，其转速就可以更快，其翼尖速度甚至可超过音速。这种刚性旋翼结构的直升机可以按照需要选择旋翼的角速度，例如需要减少噪声时可选择低速旋转，需要速度时则可调整旋转。理论上，采用刚性旋翼结构的直升机具有更大的航程、续航时间以及升限。DARPA 对这种结构的飞行器感兴趣主要在于它所拥有的高速性能以及垂直起降能力。

"蜂鸟"

旋翼直径：10.67 米

起飞重量：2267.96 千克（载荷超过 136.08 千克）

续航时间：超过 24 小时

巡航速度：约 258 千米／时

最大升限：约 9150 米

A160 亦由"捕食者"的主设计师亚伯·卡伦（Abe Karen）开发，它的尺寸也与"捕食者"相似。后来 A160T 型飞行器问世，其编号中的 T 代表将原飞行器中的活塞式发动机改为涡轮轴（Turboshaft）发动机。项目最初始于 1998 年，当时采用一架"罗宾逊 R.22"直升机改装成试验机以验证自动飞行控制系统。特种作战司令部也采购了两架这种改装后的试验直升机以进行评估，并取名为"小牛"（Maverick），但其中一架于 2002 年坠毁。A160 于 2002 年 1 月 29 日试飞，2004 年波音公司接手了数架 A160 样机继续 DARPA 的试验项目，并在其著名的"鬼怪"（Phantom）工厂里继续开发。鉴于刚性旋翼直升飞行器的独特性能，美国陆军和特种作战司令部对该项目也很感兴趣，他们希望为其配备可穿透地面植被伪装的合成孔径成像雷达，最终雷达的接收天线被整合进旋翼叶片中，其雷达发射天线则位于机体下侧，这种成像雷达是"叶簇穿透侦察监视跟踪交战"（FORESTER）项目研究的成果。其他可能的载荷还包括一个 450 千克重的专用货物荚舱以及"地狱火"导弹挂载发射系统。波音后来展示的"蜂鸟"（A160T）模型中，还为其配备了光电／红外传感器旋塔以及 8 枚"地狱火"导弹。

"蜂鸟"首飞于 2002 年 1 月 29 日，陆军当时准备在 2003—2005 财年对其进行试验。在 DARPA 表态要继续支持该项目后，该项目的预期完成时限也延长到 2007 年底。2008 年，为应对战争急需，美国特种作战司令部开始采购"蜂鸟"系统，据推测可能部署于阿富汗。2009 年 5 月，特种作战司令部称对这种飞行器性能较为满意，在 2010 财年又采购 20 架飞行器；而 2009 年中期，海军陆战队在经过评估和试验后也希望尽早在 2010 年 2 月获得这种飞行器，海军陆战队希望应用其出众的载荷能力为前线部队紧急投送物资和器材（其载荷可达到 910 千克）。

2005 年 8 月，美国海军也采购了 3 架"蜂鸟"飞行器，用于作战演示项目。同时在 2009 年 8 月—10 月间，"蜂鸟"成功试验安装了 FORESTER 合成孔径雷达。还是在 2009 年，海军陆战队战争实验室选择"蜂鸟"飞行器参与其"即速货运（Immediate Cargo）无人机演示项目"的试验。根据 2009 年美国国防部《无人系统路线图》的说明，军方现在共拥有 6 架采用涡轮轴发动机的"蜂鸟"飞行器，计划中还要采购另 7 架。

而在 2009 年《无人系统路线图》中，注明"蜂鸟"的载荷能力为 300 千克，最高飞行速度为 258 千米 / 时、巡逻速度为 92.1 千米 / 时，活动半径大于 1840 千米，续航时间约 20 小时（活动半径 920 千米，载荷 136.08 千克时），最大升限为 9144 米、实用升限为 4570 米。《无人系统路线图》还称，"蜂鸟"项目的最终目标是开发性能超越现有直升机的新型飞行器，其续航时间不得少于 24 小时、巡航速度要达到 260 千米 / 时，航程为 4625 千米，在载荷 454 千克时升限达到 9144 米（或者在载荷 136 千克时续航时间达到 20 小时）。这些数据更多表明的是未来发展目标，而非现实性能。2008 年，A–160 在飞行中也曾创造了无人直升飞行器的续航时间纪录，当时它连续飞行了 18 小时。

X–47B UCAS–D

人们普遍认为，诺斯罗普·格鲁曼公司潜心数十年研制的 X–47B 型无人空中作战飞行器，可算得上是第一款专为作战而开发的无人系统，它也极为可能在未来取代航母甲板上有人战斗攻击机（F/A–18）。它的前身是 X–47A，也就是为被废弃的三军联合无人空中作战系统（J–UCAS）项目而开发的原型机。当时，在美国空军废止了 J–UCAS 项目后，海军看到其原型机的潜力，接手继续资助后继的开发工作，又经过数轮竞争后，2007 年 8 月 8 日，该公司和他们的 X–47B 原型机赢得了海军的开发项目合同，X–47B 的时代便正式开始了。自 2000 年 6 月 30 日，DARPA 授予波音公司和诺斯罗普·格鲁曼公司竞争性的无人空中作战系统开发合同以来，这一延续至今的先进无人作战系统开发项目总算在 X-47B 出现后达到顶点。当年，DARPA 交由两家公司进行的竞争性招标，其实是想对开发航母搭载的无人空中作战飞行器，即 UCAV-N 进行可行性研究。直至 2003 年 4 月，由于陆、空军强烈要求，DARPA 才决定将其转变成三军联合开发项目 J-UCAV。2001 年 7 月 30 日，诺斯罗普·格鲁曼公司的 X-47A "飞马座"原型机正式露面（该机型首飞于 2003 年 2 月 23 日），之后不久，洛克希德·马丁公司也加入了诺斯罗普·格鲁曼公司的开发团队，与波音公司的开发团队展开竞争。之后，X-47A 击败了波音公司的 X-45 原型机，

X-47B

翼展： 18.9 米

机身： 长 11.6 米

续航时间： 达到 100 小时（有空中加油支持时）

航程： 超过 3868 千米（有空中加油支持时作战半径超过 2763 千米，转场航程超过 6450 千米）

作战升限： 超过 12200 米

下图：2008 年 12 月，公开展示的 X-47B 原型机。（诺斯罗普·格鲁曼公司）

赢得 DARPA 的工程制造设计阶段合同。

"飞马座"在取得第一阶段胜利后立即就展开下一阶段的密集试验，试验主要集中在验证它利用航母甲板起降的能力，诺斯罗普·格鲁曼公司在加州"中国湖"建立了模拟甲板，供"飞马座"进行试验。事实上，"飞马座"飞行器所采用的无尾翼设计也在试验中展现了利用甲板起降的可行性，但并未真正进行甲板试验。2005 财年时，情况发生了变化，由于预算原因，诺斯罗普·格鲁曼公司原来计划制造的多架 X-47B 型原型机被削减，最后只得制造两架 B 型原型机，第一架无隐形能力且只携带有限的任务装备，主要用于航母甲板适用性试验；第二架则直接用于各类试验飞行。诺斯罗普·格鲁曼公司原计划在 B 型后继续开发的 X-47C 型原型机，C 型机比前两种机型更大，将是量产前所有开发工作的集大成者。但不幸的是 2006 年 2 月，整个 J-UCAS 项目都被取消（其预算被挪用于开发基于航母的持续情报、侦察和监视项目上）。之后该项目如同上文所说的那样，被美国海军接手，整个项目也转变为只有海军投资的项目。接着在海军举行的竞标中，诺斯罗普·格鲁曼公司以其 X-47B 原型机赢得了海军的青睐，在调整了一系列性能指标以便适应海军需求后，新的 X-47B 原型机于 2008 年 12 月 16 日完成，原本预计于 2009 年 11 月 11 日进行试飞，但几经拖延后直至 2010 年才得以完成。配合 X-47B 的第一部舰载弹射器及舰上回收装置于 2011 年完成。X-47B 在这一阶段的试验任务最核心的就是要表明其能够应用于航母作战环境，包括舰上着陆、舰载机空中加油（海军于 2008 年初步批准进行此类试验，无人系统真正展示在空中全自动完成加油的能力将在 2015 年前完成）等能力。据悉，X-47B 所具有的空中加油能力，既包括海军飞行器常用的软管加油能力，也包括空军飞行器常用的硬杆式加油能力。

根据现有资料，机体共有两个内置式武器舱，每个舱内可携带 6 枚小直径炸弹（SDB），武器舱也可改装为储备额外燃料。飞行器最大武器载荷能力约 2041 千克，其动力装置采用一台普惠公司生产的 F100-PW-220U 型涡扇发动机。相比之下，参照 X-47B 的前身 X-47A "飞马座"的性能参数，可更清楚地看到两者的差别。"飞马座"翼展 8.47 米、机身长 8.50 米，动力系统采用普惠公司 JT15D-5C 涡扇发动机。最初，J-UCAV 项目计划是开发一种作战半径 2400 千米、载荷能力约 2041 千克的飞行器，可在距基地 1800 千米外的战区持续徘徊 2 小时。

MQ-X

　　MQ-X 是美国空军为其下一代无人飞行器指定的试验性编号，该项目启动于 2010 年，根据美国空军计划，竞标胜出公司将在 24 个月内提交原型机的初步作战性能。2009 年 9 月空军协会展上，洛克希德·马丁臭鼬工厂展出其关于 MQ-X 的设计方案及大致的性能参数。根据美国空军的说明，未来将采用 200 ~ 250 架 MQ-X，加上替代损耗的"捕食者"和"死神"无人机，实际采购将更多。美国空军在给出的技术性能指标中要求这种飞行器具有不少于 24 小时的续航时间，俯冲最高速度达到 0.8 倍音速，具有在恶劣、危险战场环境下的高生存能力（意味着对雷达的隐身性能）等。而臭鼬工厂在展出中公布的照片，显示该公司的 MQ-X 原型机采用具有雷达低可探测性机身、后掠角度不大的主翼，机体后部垂直尾翼上设置有安装螺旋桨推进装置的动力荚舱，机体后部下侧还有两片倒 V 形的腹鳍，动力系统进气口位于机尾处。据称，该无人飞行器采用混合动力配置，它装有两套动力系统，其一是增压柴油机驱动的螺旋桨推进器，它主要用于长航时持续飞行；其二是喷气式发动机，于高速飞行时使用，两套动力系统在其最大升限飞行时都可使用。同时，机体还采用模块化机翼设计，可根据不同任务要求换用不同翼形的机翼。例如，主要执行攻击任务时采用短主翼，而遂行长航时侦察监视任务时则换用长翼形主翼。现在还不清楚这种混合动力配置的飞行器是否会对其成本及使用维持复杂性造成不利影响，而且考虑到高速俯冲时其螺旋桨推进器会带来巨大的阻力，有可能其螺旋桨推进器在高速飞行器能够折叠，其进气口也可能同时支持两套动力系统。

　　除洛克希德·马丁公司外，通用原子公司也对赢得 MQ-X 信心十足，他们提出的竞标飞行器是"捕食者 C"型飞行器。类似地，波音公司也可能提供一种基于其 X-46 航母无人攻击飞行器（该项目已终止）的衍生型参与竞标。

AD-150

AD-150无人飞行器由美国动力飞行系统（DFS）公司研制，该公司原本希望这种具有垂直起降能力的飞行器能够参与海军陆战队为替换"蒂尔Ⅲ""阴影"无人系统的竞标，并获得军方的采购。这种飞行器采用与V-22"鱼鹰"类似的机体和倾转翼配置。AD-150机体呈梭状，机体两侧粗短主翼翼端各安装有一部涵道风扇推进器。之所以采用这样的设计，是为了满足海军及海军陆战队对竞标机型提出的性能要求，即能以不低于370千米/时的速度飞行，其速度最好达到442千米/时（动力飞行系统公司称AD-150的速度可达到550千米/时），飞行器起飞重量为1020.58千克（载荷不低于226.78千克）。完成设计后，AD-150飞行器动力装置采用一台普惠公司的PW200型涡轮轴发动机。2007年8月，AD-150的全尺寸模型在华盛顿举办的国际无人系统协会（AUVSI）展览上展出。但之后的竞标中，由于AD-150除速度令军方满意外，其他不少性能指标都与军方要求有差距，故并未如愿胜出。

下图：美国动力飞行系统公司的ADA-150倾转翼无人飞行器。（动力飞行系统公司）

"航空探测 Mk4"

正如其名称所暗示的，"航空探测 Mk4"型无人飞行器是一种用于气象探测监视的超长航时低成本小型无人飞行器。它最初由两家澳大利亚公司于1995—1998年开发，澳大利亚气象部门、美国英西图公司以及海军研究办公室对其开发提供了技术支持和援助。1998年8月，一架"航空探测"飞行器在首次长途试飞中就飞越了大西洋（航程超过3220千米，续航时间约26小时45分）。为在北美市场推广这种飞行器，1999年澳大利亚航空探测专利有限公司（Aerosonde Pty）及北美航空探测公司成立。

2009年，美国军方及不少民事机构采购了该机型，用于大气科学研究。例如，NASA 在阿拉斯加巴罗岛（Barrow）以及沃洛普岛（Wallop）部署了这种飞行器，美国空军"天气探测合作试验"

"航空探测 Mk4"

翼展：2.9 米

机身：长 2.1 米

全重：15.2 千克（载荷 5 千克）

实用升限：4570 米

续航时间：约 30 小时

下图：2009 年巴黎国际航展上，AAI 公司展台上陈列的"航空探测"系列无人飞行器，展台上标示的"阴影200"是指附近陈列的飞行器。（作者收集）

项目也使用了该飞行器。

"航空探测 Mk4"飞行器采用常规机体布局、双尾撑结构，"航空探测 Mk4"飞行器还曾与 AAI 公司共同竞标海军陆战队的小型战术无人空中系统（STUAS）。2009 年 1 月"航空探测 Mk5"型飞行器也完成试飞。

MQM–171 "宽剑"

MQM–171 "宽剑"（Broad Sword）无人飞行器由格里芬宇航公司（Griffin Aerospace）开发，主要为美国陆军所采用。美国陆军利用它评估无人飞行器的各类组件，如传感器组、载荷、推进器等，有时也称它为 "UAV–T"，用于评估和验证陆军所需无人飞行器的性能，其最后的字母 "T" 亦表明其试验性角色。2006 年陆军公布了 UAV–T 招标的性能需求，要求飞行器翼展在 5 米（±5%）、机身长 4 米（±5%），最大巡航速度 212 千米 / 时（最好达到 320 千米 / 时），最小巡航速度 110 千米 / 时，最低作战高度小于 300 米、最高升限超过 3657 米（最好达到 7000 米），最小可遥控距离大于 25 千米（最好达到 50 千米），在任务区域徘徊巡航超过 1 小时。

"宽剑"飞行器以格里芬宇航公司的 MQM–170 "歹徒"（Outlaw）飞行器为原型，两者采用相同的螺旋桨推进器配置、传统的主翼和 V 形尾翼，只是前者的尺寸比后者更大。2007 年 4 月，格里芬宇航公司称该飞行器完成了螺旋发展第一阶段的试飞任务，并预计于 2008 年进入陆军服役。2007 年，格里芬宇航公司亦开发"宽剑"飞行器的另一种型号——"宽剑 XL"，并将其作为观察监视平台，或者像"宽剑"一样作为试验 / 评估平台。

"破坏者" / "黑光"

"破坏者"无人飞行器由任务技术公司开发，它也是一种采用联合翼结构的微型无人飞行器，其外形与早前并不成功的 RQ–6A "警卫"飞行器非常相似（RQ–6A 未被

"宽剑 XL"

翼展：6.86 米

机身：长 4.51 米

全重：250 千克（最大载荷 54 千克）

实用升限：4300 米

续航时间：4～6 小时

飞行速度：约 203 千米 / 时

巡航速度：110～166 千米 / 时

军方采用后，开发商阿连特技术系统公司将其推向市场，并注册了发明专利）。从 2003 年 8 月美国陆军定购了第一架"破坏者"飞行器起，到 2009 年时，陆军总共已拥有 9 套"破坏者"无人系统（每套系统含 3 架飞行器），陆军主要利用该型飞行器进行各类评估和试验，例如，自 2007 年起"破坏者"就一直参与陆军在迪克斯（Dix）堡进行的各类自动化指挥系统试验和演习以及本宁堡进行的空中攻击试验演习，此外，它还广泛参与海军在达格瑞进行的联合演习。根

"破坏者"

翼展：1.26 米

机身：长 1.04 米

全重：4.5 千克

升限：3050 米

续航时间：4 小时

航程：为 10 千米

巡航速度：65 千米／时

据美国国防部 2009 年《无人系统路线图》，军方计划继续采购 5 套该系统（每套含 4 架飞行器）。相关文件表明生产商曾于 2007 年向军方交付了 9 套系统，至于"破坏者"无人系统的外国客户则包括英国国防部，英国将其用于联合无人作战系统的试验项目，皇家陆军、皇家空军等军种皆有采用。目前，"破坏者"无人系统主要作为陆军夜视实验室（Night Vision Lab）的传感器试验平台。任务技术公司还开发了"破坏者"的衍生型号，即"E- 破坏者"，其改动主要是换装了新的螺旋桨推进器；而另一种改型称为"黑光"（Black Light），出现于 2009 年 8 月，主要是加装了纳米合成孔径雷达。要注意的是，英国称将其开发的"渡鸦"飞行器的改型——"背包无人监视目标指示和强化侦察"无人机，也称为"破坏者"（BUSTER）。

"鸬鹚" / "变形"

"鸬鹚"飞行器是洛克希德·马丁公司开发的喷气式鸥形翼（gull-wing）无人机，其开发目的是研制一种可利用海军"俄亥俄"级战略导弹核潜艇进行发射和回收的无人飞行器，如此该型核潜艇便能更好地支援特种作战行动。为利于在海上环境中使用，整个飞行器采用钛合金制成（抗腐蚀）。根据构想，它可由潜艇在潜航状态下发射，发射时飞行器通过导弹发射筒经浮标漂出水面，到达水面后飞行器助推器点火升空，待到达空中且飞行器达到一定速度

ZK 009-03

上图：2009年7月4日沃丁顿航空展上，英国皇家陆军炮兵展示的"破坏者Mk1"型无人飞行器。（南威尔士航空集团）

后，助推器脱离飞行器发动机点火，实现起飞；完成预定任务后，飞行器在预定设定的海域着陆，潜艇再浮起进行回收。2005年末，DARPA将开发合同授予洛克希德·马丁公司，并预计在2010年左右再将其转交由海军继续完成。在DARPA资助下，2006年9月该公司决定制造出一架可用于试飞的样机。2007年秋，因预算问题，该项目被取消。流传的一段洛克希德·马丁公司发布的视频显示，"鸬鹚"飞行器可配载"低成本自动攻击系统"（LOCAAS），这是一种可在空中徘徊的弹药系统，这表明该项目已进展到实用阶段。根据现有资料显示，飞行器拥有一块较大的三角形呈折叠状的主翼，其机身下方有一块三角形垂直腹鳍，进气口也呈三角形且位于机体前方中央。发射时，助推火箭将其垂直从海面送入空中，就像发射导弹一样；至于其回收则分为两步，首先利用降落伞平稳落于海面，然后潜艇再利用水下无人载具将其捕获带回潜艇。

有时"鸬鹚"无人飞行器也被称为"变形"（Morphing）无人机，因为它在从潜艇发射筒离开，经水体和助推火箭到达空中的过程中，其主翼形状可以变化。这应用了洛克希德·马丁公司的主翼"变形"专利技术，飞行器旋转于潜艇的"三叉戟"弹道导弹发射筒内，此时其主翼被折叠缩成一团，以适应狭窄的管状环境；需要发射时，它与浮标一起离开发射筒到达海面，在水中时，其主翼便完全舒展开，到海面时则由助推火箭直接送入空中，为防止海水渗入飞行器造成损坏，在水中时飞行器的关键部件都用高压氮气保护着。这项机翼变形专利使传统上并不具备常规对地灵活攻击能力的战略核潜艇，也拥有了灵活的对地支援能力。例如，战略核潜艇在完成特种作战人员输送任务后，即可发射这样的飞行器用于作战区域的侦察监视，发现敌情后，飞行器将图像视频信息通过浮标传输到潜艇内，潜艇再根据需要发射其他具有攻击能力的潜射无人飞行器进行支援。正是由于"鸬鹚"所具有的独特的性能，一段时间里 DARPA 曾对这类可改变主翼形状的飞行器非常感兴趣，该飞行器也曾成为 DARPA "变形飞行器结构"项目的重要部分，因为飞行器的这种

"鸬鹚"飞行器

翼展： 4.877 米（主翼展开后）

机身： 长 5.8 米

起飞重量： 4082.33 千克（载荷 453.59 千克）

续航时间： 约 3 小时

任务半径： 640～800 千米

实用升限： 10660 米

下图："鸬鹚"变形翼无人飞行器。（洛克希德·马丁公司）

能力提供了很有潜力的战术价值，例如，主翼变形使同一架飞行器在同一次飞行任务中，可针对整个飞行过程中的不同任务需求，选择不同的主翼翼形以便更好地完成任务。在需要进行长航时的侦察监视时，其主翼可完全舒展开以提高升力；而发现目标需要攻击时，则可收缩起主翼减少阻力提升速度。2004 年，公司制造了一架缩小比例的样机准备进行首飞试验，但故障机样严重损坏，经修复后准备于 2005 年再次进行试飞。在其后的研制中，"鸬鹚"飞行器似乎已改进了最初的"鸥式主翼"，而应用了更为成熟的"弯曲式主翼"。2006 年 4 月，公司还获得一份应用于变形无人飞行器飞行控制系统开发的合同。

虽然变形飞行器广泛地吸引了军方关注，但该项目还是被终止，然而美国海军仍对这种可由潜艇发射、回收的无人机技术非常关注，因此在"鸬鹚"项目取消后，仍要求公司保留了相关技术资料和样机，不排除未来技术成熟后，再重新启动的可能。

DP-5X"黄蜂"/DP-5XT"短鼻鳄"

蜻蜓图像（Dragonfly Pictures）公司位于宾夕法尼亚州埃斯林根，成立于 1991 年，主要研制生产小型无人直升飞行器，其产品大多以"DP"系列编号。该公司虽并不出名，但其开发小型无人直升飞行器仍颇具特色，其产品在 2008 年更获得美国国防部的采购（106 万美元），2009 年又获得 290 万美元的开发合同用于增加其生产的几种无人直升飞行器的起飞载荷。该公司认为无人直升飞行器由于其飞行特性，不仅适应商业用途，在军事领域也有很大空间。

DP-5X"黄蜂"（Wasp）无人直升飞行器采用常规直升机的机体布局，除旋翼外，机尾还有水平扭转副旋翼。其主旋翼直径为3.2 米（不含旋翼机身长 3.36 米），起飞重量约 215.46 千克（载荷34.02 千克），续航时间约 5.5 小时，巡航速度约 184 千米 / 时，升限约 3048 米，其动力装置采用一台 97 马力的重油涡轮轴发动机。2006 年 9 月底，DARPA 将最先由澳大利亚发明的"金属风暴"（Metal Storm）连射枪械配载到 DP-5X 机身上，由其在空中进行实弹射击试验，试验在美国空军警卫队沃伦试验靶场进行，这也是美国军方首次对这种新发射机理自动枪械进行正式机载试验。

相较而言，DP-5XT"短鼻鳄"（Gator）则采用串列双旋翼结构设计，其机体一前一后配置有两副旋翼，飞行时，两副旋翼以相反的方向旋转以抵消旋转时产生的反向力矩。在外形上，DP-5XT 和微缩型 CH-46 直升机较为相似。其机翼可折叠，加之体积较小，运输非常方便，例如，单个 6 米集装箱可装载 4 架机体；通用战术直升机 UH-60 一次可运输 2 架；CH-47 直升机一次可运输 4 架；C-130 战术运输机一次可装载 8 架。DP-5XT 机鼻下也安装有光电 / 红外传感器旋塔，还配备有自动起降系统。

电动驱动型 DP-6"低语"（Whisper）也采用与 DP-5XT 双旋翼类似的设计，但其机体更小，起飞重量约 22.68 千克。

DP-5XT

旋翼直径：0.71 米

机身：长 3.81 米

全重：395.53 千克（载荷 97.52 千克）

续航时间：约 6 小时

最高飞行速度：（俯冲）298 千米 / 时

航程：约 976 千米

DP-7"蝙蝠"/DP-10X"飞镖"/DP-11"刺刀"

蜻蜓图像公司还开发过其他概念性的无人飞行器，如 DP-7"蝙蝠"（Bat）飞行器。该飞行器采用飞翼式机体，两具 3 叶片螺旋桨推进器位于机体主翼前缘，机体后侧有两片垂直尾翼（不仅充当垂直安定面的作用，还作为起降时的支架）。它的起降及飞行方式较为特别，起飞和降落时利用机体和垂直尾翼稳定住机身，此时两具螺旋桨推进器以垂直的方式驱动飞行器起飞或降落；在空中时，飞行器则倾转机体像常规飞行器一样改为水平飞行，此时飞行器则能以远超同类无人直升飞行器的速度飞行。这种结构非常像 20 世纪 40 年代被取消的 F5U 战斗机项目。"蝙蝠"飞行器的这种飞行特性被认为非常适合中小型舰艇使用，例如，现役美国海军小型水面舰只的 UH-60 机库，一次可容纳 6 架

"蝙蝠"

翼展：5.94 米（折叠后 2.74 米）

机身：长 2.07 米

起飞重量：272.15 千克（载荷 90.72 千克）

续航时间：约 12 小时

活动半径：约 203 千米

最高飞行速度：（俯冲）174.3 千米 / 时

任务半径：约 203 千米

实用升限：9144 米

下图："蝙蝠"无人飞行器。
（蜻蜓图像公司）

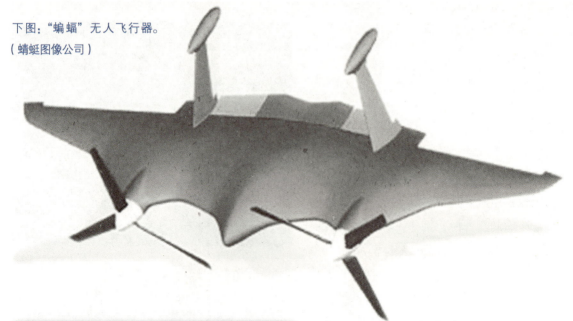

DP-10X "飞镖"

翼展： 7.315 米（折叠后 3.66 米）

机身： 长 2.286 米

旋翼直径： 2.44 米

起飞重量： 861.82 千克（载荷 136.08 千克）

续航时间： 21~23 小时

实用升限： 10670 米

最高飞行速度：（俯冲）543.4 千米 / 时

航程： 约 7100 千米

DP-11 "刺刀"

起飞重量： 约 56.70 千克

最大航程： 882 千米

最高飞行速度：（俯冲）206 千米 / 时

巡航速度： 约 125.3 千米 / 时

"蝙蝠"飞行器，据称，该飞行器也极可能参与海军濒海战斗舰舰载飞行器的竞标。"蝙蝠"配备有自动起降系统，其生产公司亦称，它适用于所有能搭载飞行器的海军船只，甚至一些无法搭载飞行器的小型船只也能配备。

根据军方提供的资料，其搭载的载荷包括一部合成孔径雷达和任务管理数据链，后者主要由小型舰只采用，作为大型"宙斯盾"战舰所采用的具备"协作式交战"（CEC）能力数据链的代替品。

DP-10X "飞镖"（Boomerang）飞行器机体结构与"蝙蝠"类似，只是机体更大，载荷、航程等相应较大，除必备合成孔径雷达、任务管理数据链等载荷外，该飞行器还可搭载最新开发的"长钉"轻型导弹，此外，它也可以搭载地雷探测装置。

DP-11 "刺刀"（Bayonet）飞行器则与"飞镖"相反，虽也采用类似机体结构，但它的尺寸更小。2008 年后，蜻蜓图像公司开始为其 DP 系列无人飞行器提供模块化可更换载荷，并希望其 DP-11 小型飞行器能够为海军采用，用于保护港口设备等用途。

"达科他"

"达科他"（Dakota）无人系统由位于德州的阿狄森日内瓦宇航（Geneva Aerospace of Addison）公司开发，但该公司主要开发无人系统的控制技术，而非无人飞行器，因此这种飞行器极可能是该公司用于演示其控制技术的样机。该飞行器采用的最重要的控制技术就是其可变自动控制系统（VACS），它可以使没有驾驶能力的控制人员也能轻松控制飞行器，也可使一名操控人员同时控制数架飞行器，由于此控制系统较具价值，DARPA 亦曾资助过它的试验。此外，VACS 控制系统还曾在海军放弃的"可担负武器系统"项目（一种低成本巡航导弹）、海军研究办公室"传感与避免碰撞"项目（军用无人飞行器在民用空域环境中自主控制以避免与民用飞行器发生碰撞）中应用。该公司于 1997 年由 6 名前德州仪器公司的工程师建立，最初其资金主要来源于空军研究实验室的项目开发，其项目领域主要集中在无人飞行器控制与相关技术。1998 年 7 月，美国海军利用诺斯罗普·格鲁曼公司提供的"协作式集中任务管理系统"（CAMMS），配合该公司开发的自动控制系统，由一名操控人员同时对 4 架"达科他"飞行器进行了控制，当时取得较好的效果。目前，该公司已被 L-3 通信公司并购，其公司宣传手册中也添加了有关超精准过程控制以及网络化高带宽通信的内容。

"达科他"飞行器采用上单翼常规机体结构。"达科他"飞行器首飞于 1994 年，其主要客户目前看来就只有海军研究实验室，他们利用"达科他"飞行器来演示和验证先进无人飞行器控制技术。

"沙漠鹰"

"沙漠鹰"无人系统是洛克希德·马丁公司开发的微型飞行器，主要被美国空军采购用于保护其驻阿富汗空军基地的安全，目前，该机型正逐步被性能更强的"渡鸦"无人系统取代。根据公司的介

"达科他"

翼展： 4.57 米

起飞重量： 180 千克（载荷 40 千克）

续航时间： 超过 2 小时

任务半径： 110 千米

"沙漠鹰"飞行器

翼展：1.32 米

机身：长 0.86 米

全重：3.2 千克

实用升限：300 米

续航时间：约 1 小时

巡航速度：约 91.7 千米 / 时

绍，"沙漠鹰"是一种专在高海拔、强风及高温环境下应用的可靠飞行器。2002 年，第一批共 18 套"沙漠鹰 I"系统交付给美国空军（总共 96 架飞行器，当时空军计划总共采购 21 套系统）。2001 年，空军提出需采购一批便携式的无人飞行器用于 FPASS 需求，在比较了多种微型无人飞行器后，最后经竞标选中了"沙漠鹰"，2002 年 2 月双方正式签订采购合同，首批生产的 2 套系统于当年 7 月就交付给空军。至 2002 年 11 月时，"沙漠鹰"已随军方部署到阿富汗，之后也被部署到伊拉克。2006 年 2 月，美国空军已拥有 21 套该系统（共 126 架飞行器）。采用 RQ-11B "渡鸦"替代它的工作始于 2007 年 10 月，根据当时美国国防部《无人系统路线图》中的说明，空军仍拥有 18 套该系统（共 108 架飞行器）。洛克希德·马丁公司先前曾参与过 DARPA 关于微型无人飞行器（所有飞行器的尺寸皆小于 15 厘米）的开发项目，当时得出的结论是，任何翼展小于 60 厘米的飞行器在地面

下图：2009 年国际防务系统及装备展（DSEi）上的"沙漠鹰"微型无人飞行器。（作者收集）

风力过强的条件下都无法稳定飞行。基于这些研究成果，其开发的"沙漠鹰"也具有一些并不常见的特性，它能围绕指定地点盘旋飞行，同时将其传感器始终指向目标，它监视的地点既可以预先设定，也可在飞行途中指定。飞行器具备自动飞行能力，故其操控者无须过多干预其飞行动作，可将注意力集中于其传回的图像及视频上。此外，为适应新的需求，"沙漠鹰Ⅰ"型机也升到"Ⅰ+"型，2006 年重新设计的"沙漠鹰Ⅲ"完成，它缩小了机体体积，可靠性更高，军方于 2007 年也采购了该型机。

除美国军方外，15 套"沙漠鹰"无人系统还提供给了在伊、阿部署的英国第 47 皇家炮兵团，英军于 2007 年完成了这些"沙漠鹰"的部署。2008 年，英国还为其升级了通信系统，当年较老式的"沙漠鹰Ⅰ/Ⅰ+"也退出了现役，取代它们的是"沙漠鹰Ⅲ"系统。2008 年 8 月时，据称英国国防部准备定购 187 套"沙漠鹰Ⅰ"系统，全面为驻中东英国地面部队配备。而截至 2008 年初，共有 27 架"沙漠鹰"飞行器坠毁。

后来，"沙漠鹰"系统还完成了飞行控制系统的升级，升级提高了飞行器自动驾驶的能力，使一名操控人员可同时控制数架飞行器。2009 年，该公司还为"沙漠鹰"飞行器配载了信号情报收集载荷及换装了新的主翼，当年 5 月，改装后的新飞行器完成了试验飞行；年底，公司还演示了安装可旋转全向扫描红外传感器的"沙漠鹰"飞行器。

"鹰眼"

"鹰眼"无人系统由贝尔直升机公司开发，其机体结构与 V-22"鱼鹰"相似，都采用倾转翼设计，在其问世的一段时间里被认为极可能成为海岸警卫队的标准舰载无人飞行器，在海岸警卫队的广域海上监视项目"深水"中担负极重要的角色。该飞行器首飞于 2006 年 1 月，但原型机在之后 4 月的一次试飞中坠毁，由于始终未能解决一些技术问题，2008 年海岸警卫队宣布放弃该

"鹰眼"

翼展： 4.63 米

机身： 长 5.46 米

起飞重量： 1500 千克

续航时间： 约 8 小时

实用升限： 6100 米

上图："鹰眼"倾转翼无人飞行器。（美国海岸警卫队）

项目。之所以仍在此提及这种飞行器，主要是由于它的性能极为突出，其设计很可能未来也会再次采用（就像韩国航空航天研究院开发的 SMART 飞行器一样）。后来，贝尔公司还联合法国萨基姆公司联合向法、德等国推销"鹰眼"，但取得突破的可能不大。

"亚瑟王神剑"

"亚瑟王神剑"（Excalibur）无人飞行器由美国极光飞行科学公司（Aurora Flight Sciences）开发，它是一种可垂直起降、用于近距离空中支援的作战型无人系统，项目由美国陆军航空兵应用技术委员会负责管理和资助。最初，计划设计制造一架 325 千克的概念验证飞行器，其动力系统较为复杂，一台可倾转的涡轮发动机位于其机身中部重心所在位置，其余电动螺旋桨推进器则位于主翼翼尖和机鼻处。在完成概念验证样机后，制造商随即展开全尺寸原型机的研制，最终设计和制造了 1815 千克重的飞行器，

"亚瑟王神剑"

翼展： 6.4 米

机身： 长 7.01 米

起飞重量： 1179.34 千克（载荷 181.44 千克，空重 317.51 千克）

续航时间： 约 3 小时

最高飞行速度： 847 千米/时

巡逻速度： 184 千米/时

最大升限： 12200 米

可携带 4 枚"地狱火"导弹，在低海拔其最高速度仍可达到 560 千米 / 时。其武器配置方式较为特别，不像其他飞行器武器挂载在机翼或机腹下，"亚瑟王神剑"的武器挂载在机翼上方，这样防止低飞或起飞时杂物对武器造成损坏；在需要发射武器时，飞行器则翻转机身使武器处于正常位置。原计划该机挂载武器的试飞在 2007 年进行，但由于开发进度拖延，挂弹试飞推迟到 2009 年 6 月 24 日。

"亚瑟王神剑"初期研制的试验飞行器翼展为 3.048 米、机身长 3.96 米。注意，此处两组翼展及机身长数据并不包括翼尖及机鼻处推进器叶片的长度。

除设计了这种较为奇特的飞行器以及"黄金眼"（Golden Eye）飞行器外，极光飞行科学公司还主要从事航空器的制造，例如"全球鹰"外部结构的 1/3 就由该公司完成。

BQM-147 "可消耗无人机"

与航空环境公司开发的"指示器"无人飞行器类似，由约翰·霍普金斯大学应用物理实验室开发的"可消耗无人机"（Exdrone）也是一种微型无人飞行器，研究方对其的定位是低成本、

下图："亚瑟王神剑"垂直起降近距离空中支援无人飞行器。（极光飞行科学公司）

"可消耗无人机"

翼展：2.5 米

机身：长 1.62 米

全重：41 千克

升限：3048 米

续航时间：2.5 小时

最高飞行速度：184 千米 / 时

巡逻速度：120 千米 / 时

下图："可消耗无人机"微型
飞行器。（NASA）

可消耗，主要用于通信干扰和阻塞，这也是该机名称的由来（expendable drone），该型无人飞行器首飞于 1986 年。1988 年，美国陆军曾从 BAI 公司（现已并入 L-3 通信公司）采购了 14 架该飞行器，BAI 公司从 1989 年开始向军方交付。由于军方需要大量采购，一家公司生产能力无法满足军方采购，军方又选定了加拿大 RPV 工业公司作为该飞行器的生产商，生产合同也于当年签订。但 1990 年，由于加厂方产品控制系统问题，生产合同被取消，最终所有飞行器仍由 BAI 公司生产。当时，海军陆战队也对"可消耗无人机"较感兴趣，看中了它的侦察监视能力。在 1991 年"沙漠风暴"行动中，海军陆战队利用该飞行器监视伊拉克布设的障碍及雷区。1998 年，海军陆战队将其拥有的 40 余架"可消耗无人机"升级为"龙无人机"（Dragon Drone），新机型配备有新的自动驾驶装置及增强型的传感器，军方总共采购量达到 400 余架。

巴林军方也拥有一套"可消耗无人机"系统。

"可消耗无人机"采用三角飞翼式设计，尾部有一片垂直尾翼，

由一部 8.5 马力的单缸二冲程发动机驱动螺旋桨推进器（位于机首）驱动。机体还可携带一个副油箱，可将其航程由 120 千米提升至 360 千米。机体配备的常规传感器是前 / 下视电视摄像机，它也能换装激光测距仪、红外成像仪、电子干扰 / 阻塞设备或者通信中继设备等。可对其飞行路线进行预编程设定，也可在飞行过程中临时调整，其自动驾驶仪还集成一部 GPS 接收机，可对机体进行定位。

"发现者"

"发现者"（Finder）无人飞行器是由美国海军研究实验室开发的小型飞行器，它主要在空中进行发射并操作。最初，它作为国防威胁降低局（DTRA）"防扩散 II"项目下的先进概念技术演示子项目进行开发（2004 年该演示项目结束），主要用于自动搜寻、探测化学战剂。"发现者"是"可消耗的飞行插入式侦察探测系统"的英文首字母缩写。1998 年 5 月，海军研究实验室获得了这份为期 3 年的开发

"发现者"

翼展： 2.62 米

机身： 长 1.60 米

全重： 26.8 千克（载荷 6.1 千克）

续航时间： 约 6.5 小时（最大 10 小时）

最高飞行速度： 160 千米 / 时

巡航速度： 129 千米 / 时

巡逻速度： 约 112 千米 / 时

任务半径： 约 80 千米

最大航程： 约 960 千米

实用升限： 4600 米

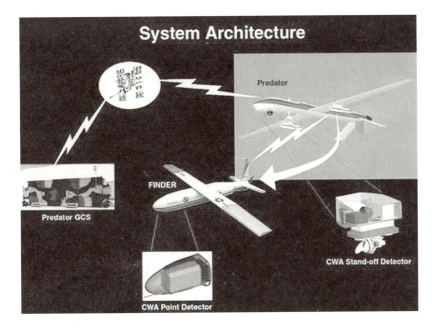

左图："发现者"飞行器作战概念图，它可由"捕食者"携带在空中发射。（海军研究实验室）

"全球观察者 –2"（GO–2）

翼展： 78.94 米

机身： 长 25.4 米

起飞重量： 4127 千克

载荷： 450 千克

续航时间： 超过 168 小时（公司称其续航时间可达到 400 小时，意味着可在空中持续飞行一周之久）

最大升限： 20000 米

最高巡逻速度： 202 千米／时

任务半径： 达 19800 千米

合同，随即展开研制，其原型机样机于 2000 年 3 月首飞成功。

"发现者"飞行器采用传统的单翼机体布局，其螺旋桨推进器由电动发动机驱动，位于机尾，与"捕食者"无人机较为相似。最初为它配备的载荷是一个点状离子光谱仪，它能在"发现者"飞行途中对沿途大气进行取样和分析。2007 年，陆军为其采购的两架"发现者"配备了红外成像仪和激光指示器。最初的设想是，"发现者"将由"捕食者"吊挂在后者主翼下硬挂点，携带到空中发射，吊挂时"发现者"的主翼向内折叠 90 度与机身平齐，发射后主翼再展开伸直。目前，美国军方还保有 8 套"发现者"无人系统（共 16 架飞行器），2007 年军方也曾试验用 AC–130 空中炮艇发射"发现者"无人机。

下图："全球观察者"超长航时无人飞行器。（航空环境公司）

"全球观察者 GO–1"

"全球观察者"（Global Observer）无人系统是航空环境公司研制的电动无人飞行器，DARPA 也对其提供了资助，其目标是开发

一种实用的超长航时无人侦察飞行器。该机型开发商航空环境公司一直以来专注于微型无人系统的开发，如 RQ-11"渡鸦"等，逐渐也开始涉足大型无人系统的开发。"全球观察者"的设计概念最早由该公司提出，公司自筹开发资金启动了开发项目，第一架"全球观察者"样机——"奥德修斯"（Odyssey）于 2005 年成功首飞。它是全球第一架采用氢动力的大型无人飞行器，整机采用传统的上单翼、箱体机身和衍架式尾撑布局，6 台由氢燃料电池电动马达驱动的螺旋桨推进器分布在主翼前缘。航空环境公司指出氢燃料电池的能量输出转化效率较高，这也是其动力系统能支撑机体超长航时、超高升限巡航的重要原因（公司称传统动力飞行器无法在 10000 米高空续航超过 2 天）。在向军方演示该系统的性能后，军方深信其未来军用潜力，便于 2007 年批准将其作为一项联合概念技术演示（JCTD）项目进行资助，第一阶段开发出的样机称为"全球观察者 -1"（GO-1）。2007 年，航空环境公司获得开发合同，制造出数架 GO-1 飞行器用于评估。GO-1 的性能参数具体为：翼展 53.4 米，起飞重量 1800 千克（载荷 160 千克），续航时间约 168 小时。按计划，GO-1 样机已于 2010 年试飞。

第二阶段开发出的样机称为"全球观察者 -2"（GO-2）。

"黄金眼 80/50"

"黄金眼"系列飞行器由美国极光飞行科学公司开发，公司开发这种涵道风扇（位于桶状机身头部）垂直起降飞行器原来是为参与 DARPA 的"基本飞行器 Class II（OAV II）"项目的竞标，项目最终由极光飞行科学公司与通用动力、机器人系统及诺斯罗

"黄金眼 80"

机身： 高 1.65 米

机体： 直径 0.91 米

翼展： 2.92 米

全重： 81.7 千克（载荷 11.3 千克）

续航时间： 约 3 小时（以 110 千米 / 时的巡航速度计）

最高飞行速度： 166 千米 / 时

实用升限： 4570 米

"黄金眼 50"

机体： 高 0.85 米

机身： 直径 0.46 米

翼展： 1.37 米

起飞重量： 7.7 千克（载荷 0.9 千克，也有资料称为 1.4 千克）

续航时间： 约 0.75 小时

最高速度： 110.5 千米 / 时

实用升限： 1500 米

普·格鲁曼公司组成的开发团队与霍尼韦尔公司为首的团队进行最后的竞争。2006 年 6 月，该飞行器被选取进行项目第三阶段的开发，在最后的竞标中，霍尼韦尔公司的"狼蛛鹰"尽管赢面甚大，但"黄金眼"飞行器仍在 DARPA 的支持下继续开发。"黄金眼"系列飞行器的第一个型号"黄金眼 100"于 2003 年 9 月 8 日试飞，该机型也是 DARPA "机密"无人机项目的概念验证机；该系统下一个型号是"黄金眼 50"，其桶状机身两侧附有两片可倾转的翼面（计划也要将可动翼面设计应用到"黄金眼 80"上），机体以垂直方式升空和降落，到达空中后利用倾转翼面使机体改为近水平飞行状态。公司总共制造了 12 架"黄金眼 50"原型机，其首飞于 2004 年 7 月。目前，该机型已有未被披露的客户。

下图："黄金眼 80"涵道风扇垂直起降无人飞行器。（极光飞行科学公司）

"黄金眼 80"首飞于 2006 年 11 月 6 日，但直至 2009 年 8 月 10 日，该机型才公开展示。与 STA、法国伯蒂（Bertin）及意大利赛莱克斯·伽利略公司制造的类似采用涵道风扇垂直起降的无人

飞行器相比，"黄金眼"系列的体积明显要大一些，它的高度接近成人身高，载荷配置在机身四周的舱室内。极光公司发布的一段视频显示，该飞行器垂直升空后，其机体倾斜一定角度水平飞行，而非完全翻转成水平状态。据称，"黄金眼80"机体在设计时还注重了降噪措施，以降低其飞行噪声，它的载荷包括激光指示器/测距仪、光电/红外传感器等。飞行器动力为一台采用重油的内燃式发动机。目前，DARPA仍在持续资助该系列飞行器的开发。

上图：垂直飞行试验中，极光的"黄金眼"80爬升到较高处。（极光飞行科学公司）

"高升限飞艇"

　　"高升限飞艇"（HAA）由洛克希德·马丁公司研制，该项目由美国国防部导弹防御局（MDA）资助，旨在开发一种可持续滞空的远程导弹预警平台。2002年第三季度，美国国防部将该项目列为先进概念技术演示目标，洛克希德·马丁公司于2003年9月赢

右图："高升限飞艇"无人飞
行器。（洛克希德·马丁公司）

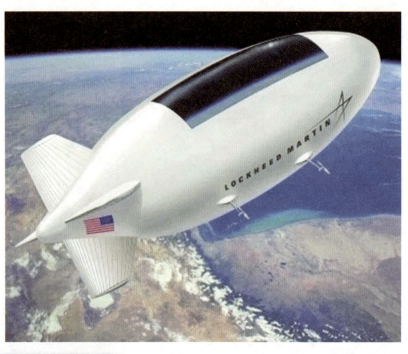

"高升限飞艇"（HAA）（2007年9月公布的原型艇）

艇身：长 122 米

直径：36.5 米

推进器叶片：直径 7.62 米

最大载荷：227 千克

续航时间：约一个月

最高速度：130 千米/时

升限：18300 米

据洛克希德·马丁公司称，未来生产型
飞艇的性能参数将达到：

艇身：长 152 米

直径：45.7 米

最大载荷：500 千克

续航时间：超过一年

最大升限：20000 米

得开发合同。军方提出的性能要求包括，可携带 1814.37 千克载荷在 2 万米高空长期滞留。2004 年 10 月，军方对项目设计进行了审查，对洛克希德·马丁公司的开发进展较为满意。2005 年 7 月，由于军方对此飞艇的载荷需求戏剧性地降低，项目也随之进行了调整。在新需求的基础上，洛克希德·马丁公司与军方签订了新的开发合同（于 2010 年 11 月 30 日到期）。飞艇采用太阳能电池供能，样艇的太阳能电池板可提供超过 3 千瓦的功率（生产型将达到 10 千瓦），为包括雷达在内的各种艇载载荷供能。样艇的动力系统采用两台电动马达配合锂离子充电电池，驱动大直径叶片螺旋桨推进器（马达及推进器位于艇身两侧）。

"混合动力无人飞行器"

"混合动力无人飞行器"（HUAV）也称

为"持续滞留侦察监视情报无人系统"（PERSIUS），也是一种由洛克希德·马丁公司开发的混合动力高升限飞艇，原型艇于 2009 年 12 月发布，也是当年军方资助的联合概念技术演示项目。根据现有资料显示，该飞艇可携带 1133.98 千克载荷在 18300 米高空滞留 21 天以上。据称，它将成为一种成本可控、可浮动的高空侦察、监视和情报平台，其载荷配置较为灵活。其项目名称强调飞行器的"混合动力"，这可能意味着它既可利用低密度气体爬升，也能利用动力及其气动外形爬升。

"猎人—杀手"

2004 年夏，美国空军公布了对"猎人—杀手"（Hunter-Killer）无人空中作战飞行器项目的性能需要，它要能携带 1360 千克重的作战载荷（6 枚 225 千克级航弹）在 10700 ~ 15240 米的空中续航 16 ~ 30 个小时；除作战载荷外，它还要能携带常规侦察载荷（具有动态目标指示功能的合成孔径雷达、光电 / 红外传感器以及激光指示器），根据其性能要求可看出，空军所要求的性能与"死神"系统的性能参数差不多。

当时，参与竞标的包括多家公司，其中诺斯罗普·格鲁曼公司提供了 395 型无人系统较详细的资料，该飞行器以比例复合公司的双尾撑结构的"普罗特斯"（Proteus）飞行器为原型，对其进行了军事化改造。该机型机鼻下载有一个传感器荚舱，其武器主要配置于机腹下的整体弹舱中，而非主翼下的硬挂点，这也使它能挂载单一的大型武器，如 2267.96 千克级的"地堡毁灭者"（Bunker Buster）。其他参与竞标的还有洛克希德·马丁公司（竞标机型不详）、极光飞行科学 / 以色列航空工业公司团队（竞标机型为"苍鹭 Ⅱ"）以及通用原子公司（竞标机型为"捕食者 B"），后来，美国空军选中了"捕食者 B"，也就是后来大量采用的"死神"无人攻击系统。

"杀手蜂" / "蝙蝠"

"杀手蜂"无人系统由美国雨燕工程公司开发，这是一种低升限长航时攻击飞行器，2009 年 5 月，整套系统设计及生产被出售

"杀手蜂"/"蝙蝠"飞行器

翼展：1.98 米

载荷：3.18 千克时可续航 30 小时（载荷 9.07 千克时可续航 8 小时）

巡航速度：约 110 千米 / 时

实用升限：4560 米

下图：2009 年巴黎国际航展上，雷声公司展出的"杀手蜂"无人飞行器。（作者收集）

给诺斯罗普·格鲁曼公司，后者称其为"蝙蝠"。该项目也曾授权给雷声公司生产，后者制造后称其为"杀手蜂 –4"（意即该机型的第四种版本）。后来因为该系列产品的设计及归属问题，还曾引起雷声公司与诺斯罗普·格鲁曼公司的争执。雷声公司称其获得了此无人系统的生产授权，有权将其尺寸缩小或放大后生产，而诺斯罗普·格鲁曼公司则拒绝前者对此无人系统的任何设计上的修改，此后"蝙蝠"无人系统就取代了原"杀手蜂"成为诺斯罗普·格鲁曼公司的产品（也是雨燕工程公司直系生产的产品），而"杀手蜂"则成为授权雷声公司生产的版本。"杀手蜂"初始设计的作战概念是由作战飞机大量布撒 3 架、5 架，甚至是 10 架飞行器组成

Global ISR

机群集群作战。按照军方构想，飞行器的翼展 2 ~ 5.33 米，起飞重量 19.50 ~ 163.29 千克（载荷 3.18 ~ 54.43 千克），续航时间可达到 12 ~ 14 小时，巡航速度约为 108 千米 / 时，升限 5500 ~ 6100 米。

后来，雷声公司还是自行修改了原机型的设计，生产出"杀手蜂 –4"用于海军陆战队小型战术无人空中系统（STUAS）"蒂尔 II"的竞标。雷声公司明确希望用其专利的两段式雾化技术以及特定点火器来改造其发动机，使其能在不更换高压缩比的柴油机的前提下使用重油燃料。雷声公司在推广此飞行器时也称，该飞行器采用混合的翼身结构设计，使其载荷容积达到 0.096 立方米，而传统机身同尺寸的无人飞行器只能提供约 0.015 立方米的载荷容积；并强调了其设计未来进一步修改的潜力，包括为其配备 5 千克武器，使其具备攻击能力等。

"翠鸟 II"

"翠鸟（Kingfisher）II"无人飞行器由沃特（Vought）公司开发，它可使用滑橇从水面上起飞和降落。最初沃特公司希望"翠鸟"能赢得海军濒海战斗舰支援飞行器的竞标，但后来败给了 RQ–8 系列"火力侦察兵"无人直升飞行器。"翠鸟"飞行器名称与第二次世界大战时期海军使用的"翠鸟"水上侦察飞机名称相同。要注意的是，沃特公司开发无人水上飞行器就直接称为"翠鸟 II"，并没有"翠鸟 I"飞行器。整个飞行器采用常规单翼布局、双尾撑结构，由于要在水面操作，其进气口位于机体上方。

"合成者"

"合成者"（Integrator）飞行器是波音公司和英西图公司联合开

"杀手蜂 –4"

翼展： 3.1 米（有资料认为是 3.04 米）

机身： 长 1.92 米（有资料认为是 1.8 米）

全重： 74.4 千克（有资料认为是 77 千克）

载荷： 22.3 千克（有资料认为是 30 千克，可能包括了油料装载后的重量）

实用升限： 3050 米

续航时间： 约 15 小时

巡航速度： 约 100 千米 / 时

"翠鸟 II"飞行器

翼展： 12.5 米

机身： 长 11.58 米

起飞重量： 4309.12 千克（载荷 1133.98 千克，空重 1197.66 千克）

实用升限： 约 13700 米

最高飞行速度： 635.5 千米 / 时

巡航速度： 460.5 千米 / 时（7620 米高度）

"合成者"

翼展： 4.8 米

机身： 长 2.1 米

起飞重量： 59 千克（载荷 23 千克）

实用升限： 6100 米

续航时间： 约 24 小时

巡航速度： 110 千米 / 时

发，准备参与海军陆战队小型战术无人空中系统（STUAS）"蒂尔 Ⅱ"竞标的飞行器。该飞行器于 2007 年 8 月由波音公司公布，采用双尾撑结构，螺旋桨推进器驱动。

"ISIS 高空飞艇"

2004 年，DARPA 启动了一项"高空传感器一体化开发项目"（ISIS），计划要求研制一种电动力推进的超长航时高空飞艇，能携带大型超高频段、具备地面动态目标指示功能的合成孔径雷达，飞艇要在 21300 米的高空，发现 290 千米以内地面部队的活动以及 600 千米以内低空飞行的巡航导弹。整个飞艇预期操作使用寿命为 10 年，整个项目的关键在于开发轻质量天线以及太阳能储能技术。2009 年，DARPA 获得了能实现上述探测能力的雷达阵列（超高频段及 X 波段），但这些设备体积过大，导致能与其配合的飞艇体积更加庞大。为了能在现有飞艇上使用这些设备，现在开发的重点在于大大缩减设备的质量。

下图：ISIS 电动推进超长航时飞艇。（DARPA）

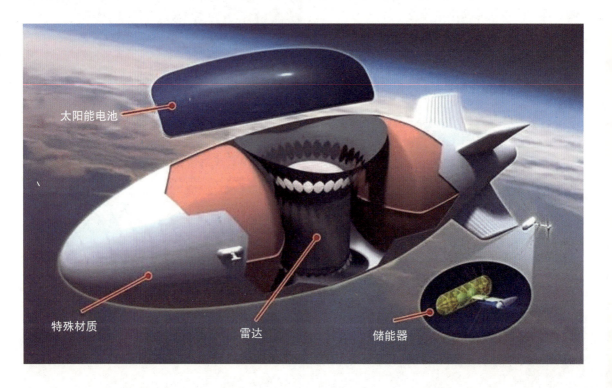

太阳能电池

特殊材质

雷达

储能器

飞艇系统的能源采用太阳能电池供电，目前设想的储能方式是利用太阳能发电将水分解成氧气和氢气，需要耗能时则将这种气体在燃料电池中氧化放电，供载荷使用。2009 年时，负责开发这一技术的洛克希德·马丁公司已展示了相关技术，该公司同时也期望最快将于 2012 年秋组装出一架原型飞艇用于试验，但后来一直没有消息。

"L15 高空监视飞艇"

L15 型飞艇是由飞艇监视公司（Airship Surveillance）开发的高空长航时监视侦察飞艇，该飞艇于 2008 年 3 月完成首次自主飞行试验。整个飞艇下方未设计吊舱，其螺旋桨推进器位于艇尾，此外，艇尾还有三片尾鳍。L15 飞艇也是该公司组建以来开发的首款产品，它具有搭载 453.59 千克载荷在 4570 米执行各类监视任务的能力，续航时间约 50 小时，平飞速度约 92 千米 / 时。飞艇监视公司称，整个飞艇在飞行时从其头部会产生一层均匀覆裹整个艇身的层流，这样可最大程度地减少飞行阻力，提高动力效能。

"长航时多情报收集飞行器"

"长航时多情报收集飞行器"（LEMV）是一种概念性的长航时情报收集平台，2009 年美国国防部发布了关于该项目的性能需求，包括能够在 6100 米中空连续滞空 3 周以上，可携带共 1133.98 千克重的多种广域传感器（光电 / 红外、合成孔径雷达 / 地面动态目标指示雷达、探地雷达以及信号情报收集分析及处理设备等）载荷。显然，军方急于开发这种平台正是为了应对反恐战场上越来越频繁出现的简易爆炸装置。利用长航时多传感器平台持续监视特定区域，对于防止恐怖组织利用夜间埋设爆炸物收效明显，这也是在阿富汗战场上验证过的。这种滞空平台在具体应用时，利用其搭载的多种传感器持续探测同一片区域的不同变化，例如，电子信号情报收集该地区的无线通信，光电及红外传感器探测地面的细微变化，探地雷达则用于对可疑地面进行渗透探查，通过综合多种探测方式，使各类爆炸物无法遁形。该飞艇除采用无人驾驶模式外，也可搭载操作人员进行操作。2009 年，美国国防部预期将于 18 个月

上图：LEMV 长航时飞艇，它既可由人员驾驶，也可无人使用。（洛克希德·马丁公司）

内向阿富汗部署 LEMV 原型艇用于实地试验，2010 财年更为该项目列编 8000 万美元预算。

2009 年 9 月初，在美国国防部公布开发事宜及性能需求后，数家防务企业已陆续提交了自己的设计方案，包括洛克希德·马丁公司臭鼬工厂设计的 76.2 米长的飞艇，它采用氦气作为升力气体提供其升力的 80%（剩余 20% 由动力系统提供），安全性较高。另外，它采用三体式柔性外壳而未采用刚性艇壳设计，使其无法利用其他刚性飞艇发射和回收时的基础设备。主艇艇身下方为载荷吊舱，吊舱长 12.2 米、宽 4.57 米、高约 2.13 米，整个系统由三组螺旋桨推进器驱动，推进器位置可倾斜调整，飞艇在起飞和降落时，推进器位于垂直位置提供升力，到达空中需要机动时则改平产生水平推力。除洛克希德·马丁公司外，英国的混合飞行器也将参与竞标，目前该项目仍未进入原型艇制造阶段。

XPV-2 "灰鲭鲨"

"灰鲭鲨"（Mako）是纳夫玛（Navmar）应用科学公司开发的低成本长航时微型无人飞行器。目前，美国特种作战司令部共拥有30余架该型飞行器，并在"自由伊拉克"行动中多次成功运用这种飞行器。在纳夫玛应用科学公司的网站上，公司称包括美国空军、海军空中系统司令部、水面系统司令部，海军研究办公室、空间和电子战司令部等多家军方机构都采用了"灰鲭鲨"无人系统。该飞行器采用传统结构和双尾撑机体布局，由一具螺旋桨推进器驱动，利用弹射装置可从多类平台上起飞。

"灰鲭鲨"

翼展：3.86 米

机身：长 3.02 米

全重：64 千克（载荷 13.6 千克）

实用升限：3048 米

航程：约 74 千米

续航时间：超过 7 小时

最高飞行速度：129 千米 / 时

巡航速度：83 千米 / 时

"游侠"

"游侠"（Maveric）飞行器是皮奥里亚（Prioria）机器人公司开发的类似鸟类的微型无人飞行器，目前已在军方特种作战部队服役。该机型的生产始于 2008 年 2 月。平时，飞行器贮存于直径为 15.24 厘米的管状发射筒中，其主翼采用柔性材料制成，可折叠后包裹在机身上，这样便于贮存进发射筒。飞行器的动力采用电动马达驱动的螺旋桨推进器，推进器叶片可折叠，设备载荷（可见光照相机）安装在机鼻部及机身两侧。

这种飞行器极可能是美国国防部 2009 年《无人系统路线图》中所称的"战术微型无人飞行器"（TAC-MAV）。2004 年末，美国陆军快速装备部队（REF）通过空军与生产商的合同获得了 TAC-MAV。在经过评估和试验后，陆军也采购了 78 套系统用于配备驻伊、阿陆军部队。每套系统单价约 3.6

"游侠"

翼展：0.75 米

机身：长 0.67 米

全重：1.13 千克（载荷 100 克或 300 克）

续航时间：超过 50 分钟

数据链传输距离：约 5 千米

最高飞行速度：103 千米 / 时

巡航速度：48 千米 / 时

失速速度：33.2 千米 / 时

飞行器最大升限：4880 米（理论升限 7620 米）

上图："游侠"微型无人飞行器。（皮奥里亚机器人公司）

万美元，之后就再未见陆军订购。该飞行器的地面控制采用标准的空军便携式飞行计划系统，通过该系统可对飞行器进行任务规划，飞行途中也可对任务进行调整，或者通过其手动遥控飞行器。该飞行器主要配备排、班及火力小组一级战术部队，根据《无人系统路线图》中的说辞，由于前线士兵抱怨该飞行器对使用环境的天气状态较为敏感，缺乏稳定性，提供图像质量较差，且没有红外成像设备不具备全天候使用能力，显示屏上没有方格坐标不易定位目标等问题，目前原型号已停产。据称，后来生产商针对前线反馈的问题进行了重新设计，包括新增一部可选的红外传感设备，以及延长飞行滞空时间等。

"走狗"

2003 年 9 月，洛克希德·马丁公司臭鼬工厂宣称将开发一种可由 F-22 这类战斗机挂载并发射的无人飞行器，该飞行器挂载在战斗机翼下，其结构和外形与英法联合开发的"风暴阴影"（Storm Shadow）巡航导弹较为相似，该导弹发射重量 3400 千克，射程为 1850 千米。与"风暴阴影"相比，"走狗"（Minion）机体上明显有载荷舱段，可容纳各类载荷（一部微波干扰机或 4 枚 100 千克 GPS 制导小直径炸弹）。理论上，使用这种攻击性无人飞行器须两架战机配合，一架担负掩护任务随时应对各类威胁，另一架发射无人机，控制其向目标发动攻击。发射后，无人机在完成任务后，也能自动返航并以常规方式着陆回收。就作战方式上看，该飞行器与洛克希德·马丁公司开发的 AGM-158 "联合防区外空地导弹"（JASSM）有一些共通之处。

目前该项目的具体情况仍不得而知，有消息称这种与巡航导弹类似的飞行器曾在臭鼬工厂进行开发，2003 年前就已完成制造并进行大量试验；也有消息称，这种飞行器在 2003 年时已用于伊拉克战争。

"奥德修斯"

"奥德修斯"飞行器是由极光飞行科学公司开发的超长航时无人机，该项目的开发获得了 DARPA 的资助，飞行器采用模块化 "Z" 形翼，由太阳能电池板供能的无刷式电动马达驱动。每侧主翼配备两部由马达驱动的螺旋桨推进器。在飞行过程中，飞行器主翼可根据太阳光照射情况自动变化形状和位置，以便最大程度地获取太阳能。飞行器主翼配置有多个十字形控制舵面，控制舵面安装在每个长度固定的翼弦模块中央点向后延伸的桁架上。该飞行器的起飞升空也与常规飞行器不同，计划构想是将整个机体分为三个部分，各部分分别升空后，在空中三段机身完成对接组合成整个飞行器。2012 年完成一架小比例原型机的制造，但直到 2019 年都没有首飞。

"奥德修斯"飞行器项目是 DARPA 主导下更大的 "秃鹰" 项目下的一部分，后者是为了开发一种超长航时的无人飞行系统。2008 年 4 月，DARPA 与极光飞行科学、波音以及洛克希德·马丁公司签订了 400 万美元的开发合同，由几家公司对概念设计提出具体的方案，其目标是要能在 20000 米高空可持续地获取高分辨率战场图像。波音和洛克希德·马丁公司提出的方案翼展都超过 91.5 米，能够携带 450 千克载荷（载荷能源输入功率约 5 千瓦），在空中连续滞留达 5 年以上，飞行器升限在 19800～27500 米。

> **"奥德修斯"**
>
> **翼展：** 约 152.4 米
>
> **机身：** 长约 24.4 米
>
> **起飞重量：** 3084.43 千克（载荷 453.59 千克）
>
> **续航时间：** 可达到 4.4 万小时（4 年）
>
> **实用升限：** 约 20000 米
>
> **巡航速度：** 在昼间为 226 千米/时，夜间为 155 千米/时

项目第 1 阶段（2008—2009 年）属于概念设计和完善阶段，在完毕前 DARPA 将对系统设计需求进行审查，以确保可行性和可靠性；第 2 阶段（2009—2012 年）进行原型机制造和开发，计划制造一架小比例的验证样机，它要能连续滞空 3 个月以上；项目的第 3 阶段将制造一架全比例原型机，它要能连续滞空 12 个月，其间要完成机载载荷设备的调试和完善。

为了验证各自的设计方案，波音提出的第 2 阶段试验样机是"西风"太阳能无人飞行器，它的翼展达到 30 米（全重仅 30 千克）。洛克希德·马丁公司提出的样机则要大一些（据称其小比例验证机机长超过 90 米，且从一艘软式飞艇上发射），它的尾部可以旋转（用以优化捕捉太阳光）。"西风"太阳能无人飞行器原产自英国，此次由波音联合参与 DARPA 的项目，但该飞行器同时也在参与美国其他防务机构的开发项目，其英国开发公司在 2009 年 5 月时就称，一家美国机构已采购了一套地面控制站和 7 架"西风"飞行器。

另外，一家加州新成立的飞行器设计制造公司——AC 推进力（AC Propulsion）公司也希望凭借其自行开发的"索隆"（SoLong）太阳能飞行器竞标 DARPA 的"秃鹰"项目。AC 推进力公司的"索隆"飞行器早在 2005 年前就进行了试飞，它采用太阳能和锂离子电池组成的动力设计方案，白天由太阳能电池板为发动机提供动力，同时为锂电池充电，夜间由锂电池供能。在其早期试飞过程中，曾连续在空中飞行了数天。"索隆"飞行器体型较小（翼展 4.76 米、全重 12.8 千克，电动马达功率约 1 马力），研制公司希望将其作为技术验证平台，未来还将开发制造更大的飞行器。

由于"秃鹰"项目更多强调飞行器的超长航时特性，对飞行器速度以及反应能力的性能并未特别要求，因此为弥补这一不足，DARPA 构想了"快速眼"（Rapid Eye）项目。"快速眼"项目更强调反应速度，项目采用弹道导弹来运载无人飞行器，在需要时将导弹射向需要监视区域，导弹到达目标区域后释放出其弹头中的无人飞行器，飞行器目标区高空点火启动利用其机载传感设备遂行任务。根据其构想，要求作为载荷的飞行器必须能够折叠以适应窄小的导弹再入舱，而且飞行器要能在 20000 米左右的高空连续滞空 7～15 小时，其动力装置必须要能在缺氧的高空立即启动。

"猎户座 HALL"

　　"猎户座（Orion）HALL"飞行器是极光飞行科学公司开发的高空长航时飞行器，它采用上单翼、单垂尾、水平尾翼及三点式起降架的常规飞行器结构布局，一部大直径螺旋桨推进器位于机首。该飞行器比较特别的是其机体较为肥大。"猎户座 HALL"中的"HALL"意即高升限、长航时。目前，包括美国陆军、空军等多个军方机构都对这种飞行器表现出兴趣，虽然它外表极为普通，甚至可算是"粗陋"，但它最特别之处在于应用新型燃料发动机，成为验证未来新能源飞行器极佳的平台。与平常使用汽油、柴油等燃料的内燃式发动机不同，"猎户座 HALL"采用液态氢作为燃料。极光飞行科学公司称，飞行器大量采用商用现货及系统，具有较高的可靠性，美国陆军空间和导弹防御司令部主要资助了该飞行器的研制和两架样机的制造，这两架原型机的制造始于 2006 年，当时预

下图："猎户座 HALL"高空长航时无人飞行器。（极光飞行科学公司）

"猎户座 HALL"

翼展：40.2 米

机身：长 17.4 米

起飞重量：约 3175 千克（载荷 181 千克）

续航时间：约 100 小时（以 100～136 千米/时的速度在 20000 米高层飞行时），如果飞行高度在 13700 米时，续航时间将进一步增加到 160 小时

计第一架原型机首飞于 2009 年底或 2010 年初进行。

波音公司也是整个项目中的开发伙伴，极光公司在描述"猎户座 HALL"飞行器时称，极光公司与波音公司在大型长航时双发动机无人机的概念研究方面共同进行开发和试验，这意味着项目可能也借鉴了波音公司早年开发的"秃鹫"（Condor）项目的成果，后者也是一种长航时双发动机飞行器。"秃鹫"飞行器本身也是美国第一种真正意义的高空长航时飞行器，它主要由波音公司自筹资金开发，美国国防部只提供了有限经费。当时"秃鹫"开发时，为了获得高升限、长航时性能，飞行器采用了极不常见的超长主翼（其翼展达到 61 米，几乎和波音 747 翼展相当，机身长 20.7 米），为减轻结构重量，机身大量采用一次成型的箱形桁架结构。它的起飞重量达到 9071.8 千克（20000 磅），但其重量的 60% 都由燃料组成，载荷能力只有约 816.47 千克（不计飞行控制系统重量），其动力装置采用两台 175 马力的二段式涡轮增压活塞发动机，驱动两具叶片直径为 4.877 米的螺旋桨推进器。由于机体体积过于庞大，为了便于运输，"秃鹫"飞行器还被设计成可快速拆卸和装配，如此才能塞进 C-5 战略运输机的机舱。从另一个侧面也能看出"秃鹫"飞行器结构重量之轻，通常衡量飞行器结构重量的一个指标是翼载荷（每单位翼面积上承载的机身重量），普通客机的翼载荷通常在 20 磅/平方英尺左右，而"秃鹫"的翼载荷只有 2 磅/平方英尺。考虑到"秃鹫"本身有限的动力，飞行时它不得不花费 2～3 小时爬升到 20000 米的飞行高度，其巡航速度约 370 千米/时。1988 年 10 月 9 日，"秃鹫"飞行器首飞，在首飞时它就创下了活塞式飞行器的升限纪录和滞空时间纪录，分别为 20430 米和 58 小时 11 分，其航程估计可达 35000 千米，而且在首飞中它还第一次搭载了卫星数据链天线。事实上，"秃鹫"飞行器当年的成功及其一个个飞行纪录也激发了后来众多高空长航时航空器不断向更高、更长挑战。当年，DARPA 曾配合过"秃鹫"的试验飞行，之后也利用该飞行

器进行了多次试验。

　　虽说新的"猎户座 HALL"飞行器可能从"秃鹫"身上获得灵感，但它本身也采用大量的新技术，2009 年中期，波音和极光公司希望能在 2010 年第三季度对原型机进行 48 小时连续滞空试飞。而且与"秃鹫"相比，"猎户座 HALL"飞行器最大的革新就是采用氢燃料电池，它的动力装置采用福特公司的液态氢燃料电池技术，与以往利用氢气作动力的飞行器相比，将氢转化为液态利于储存并提高发动机使用时间（但以液态储存氢气也需要复杂的高压冷却装置，而且富含氢气的环境对防爆也有很高要求）。据称"猎户座 HALL"飞行器最大升限约 20000 米，在载荷为 910 千克时可续航 168 小时，如果载荷减少到 225 千克时续航时间可延长至 240小时。

下图：CLMax 公司的 PAWS作战使用概念，图片截取自该公司网站。（CLMax 公司）

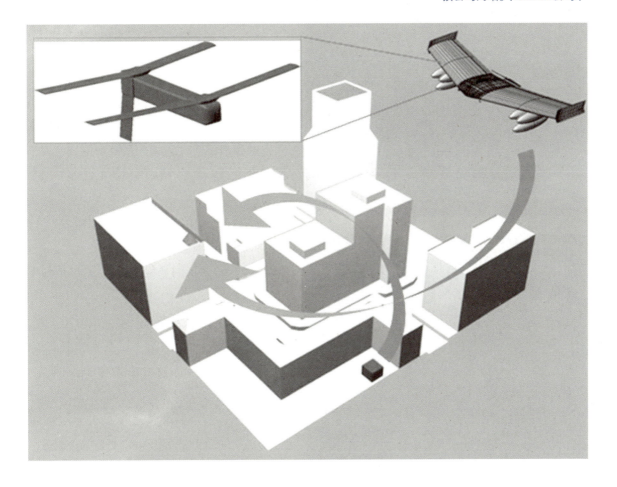

"精确（目标）获取武器系统"

2009 年 11 月，美国空军研究实验室宣布将开发"精确（目标）获取武器系统"（PAWS），该项目是专为特种作战司令部开发的"联合概念技术演示"（JCTD）项目。系统采用佛罗里达州 CLMax 工程公司开发的微型无人飞行器作为系统飞行器。该公司网站上显示这种微型无人飞行器采用飞翼式结构，可由一架更大的无人飞行器携带，其本身亦搭载有小型弹药。PAWS 联合概念技术演示项目的开发目标是为特种作战力量提供一种可在多种作战环境中使用的（特别是视线受阻的复杂城市战环境）、具有多目标攻击能力的支援性火力平台，它要能尽量避免造成附带毁伤和误伤，在使用该飞行器进行攻击时，操作人员还要能从飞行器视角监控整个攻击过程。空军研究实验室称目前已完成设计开发工作，2009 年已进行系统制造，在 2010 年进行了试验。

"幻影射线"

2009 年 5 月 8 日，波音公司公布了其自行开发的"幻影射线"（Phantom Ray）无人空中作战系统，该无人系统采用波音原来为联合无人空中作战系统（J-UCAV）项目（该项目后来被取消）开发的 X-45 飞行器的机身，于 2010 年 12 月进行试飞，并在 6 个月时间内进行数十次飞行试验，作为波音参加 MQ-X 项目的竞标机型。"幻影射线"的不少设计继承自之前的 X-45 系列飞行器。2000 年 9 月 X-45A 型飞行器完成样机试制，2002 年 5 月后该机进行了一系列地面试验，2004 年 3 月 X-45A 首次在试验中投下武器，当年 4 月它首次投掷的 GPS 制导炸弹准确命中目标，整个试验进度于 2005 年 7 月前完成，其间总共进行了 64 次飞行。最后一

X-45A

翼展：10.3 米

机身：长 8.08 米

全重：5530 千克

飞行速度：马赫数约 0.75

实用升限：10700 米

任务半径：约 921 千米

X-45C

翼展：14.9 米

机身：长 11.9 米

全重：16600 千克

飞行速度：约 0.85 倍音速

实用升限：12200 米

任务半径：约 2400 千米

左图："幻影射线"无人飞行器，与波音早期开发的X-45C飞行器较为相似。（波音公司）

次试验包括在复杂空中环境中探测、监视和识别目标，并从多个模拟的威胁目标中选择威胁最大的目标实施攻击；在地面操控人员更改目标打击优先顺序后重新规划飞行计划，之后在另一架同类飞行器（试验中不止一架原型机）的配合下完成攻击。X-45A被视作技术演示平台，在完善了设计后，形成了新的X-45B型飞行器，之后则是X-45C型，也正是C型作为最终原型机参与J-UCAV的竞标（最后诺斯罗普·格鲁曼公司的X-47B型飞行器在竞标中胜出）。在J-UCAV项目被终止后，美国海军发布了其舰载无人空中作战系统的招标，波音公司便开发了X-46系列飞行器用于竞标。从目前仅有的"幻影射线"飞行器图片来看（极可能是模型照片），该飞行器仍采用全飞翼式设计，与X-45A飞行器的后掠式主翼完全不同，而与X-46甚至后来的X-45C有些相似。

　　考虑到波音公司曾称"幻影射线"飞行器是一种X-45的衍生型飞行器，那么通过下面X-45A和C型飞行器的性能参数就可一窥"幻影射线"的端倪了。

"指示器"飞行器

翼展：2.74 米

机身：长 1.83 米

全重：4.3 千克

飞行速度：约 80 千米 / 时

实用升限：300 米

续航时间：约 1 小时（配备标准电池时），如采用充电式电池，续航时间约 20 分钟

下图："美洲狮—全环境型"是一种全新的微型飞行器，它采用不同的设计，图中士兵准备手持投掷发射该飞行器。（航空环境公司）

"指示器" /FQM-151A/ "美洲狮"

"指示器"微型无人飞行器由航空环境公司于 20 世纪 80 年代开发，也是第一种实用化的手持投掷发射的无人系统。"指示器"的问世源于航空环境公司于 1986 年的一次风险投资，在将原创设计实体化后，1988 年公司将 4 架飞行器送给美国陆军用于试验和评估。美国陆军也是首次接触类似的单兵使用无人系统，在经过评估和试验后于 1989 年与海军陆战队一起追加定购了 24 架飞行器用于扩展评估。评估完成后，陆军和海军陆战队都表现出采购意愿，并很快与航空环境公司签订了采购合同。1990 年初，第一批"指示器"无人系统（共 50 套）交付军方。紧接着在 1991 年的"沙漠风暴"行动中，陆军和海军陆战队都大量使用了刚装备的"指示器"飞行器。最初，军方主要利用它来检查己方部队的隐蔽和伪装效果，后来也用于对作战效果进行评估以

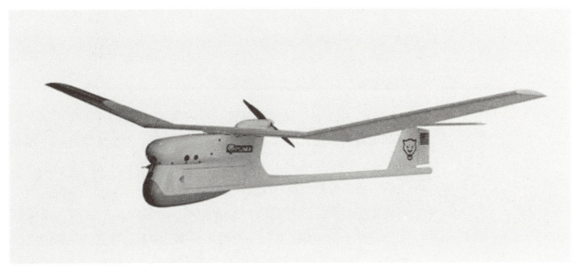

上图："美洲狮"无人飞行器是原"指示器"飞行器的最新型号。（航空环境公司）

及战场监视。"指示器"是一种手持投掷发射的飞行器，任务完成或丧失动力后利用其机腹在地面滑行着陆。该飞行器采用上单翼、无水平尾翼、单垂直尾翼常规结构布局，螺旋桨推进器由电动马达驱动，位于机翼中部后侧，其主翼外侧略上翘，动力装置为电池驱动的 350 瓦马达。在第一次海湾战争期间，"指示器"在战场也进行过升级，主要是加装基于 GPS 的自动导航装置，这极大减少了遥控人员的工作量。由于该飞行器几乎可算是美军首先大量采用的微型无人系统，对后来类似微型无人飞行器的开发影响较大，例如航空环境公司后来开发的 RQ-11 "渡鸦"系列微型飞行器就直接继承自"指示器"。

后来随着"指示器"飞行器性能逐渐不能满足军方需求，航空环境公司也曾对其进行了重要的升级，改装项目称为"指示器升级项目能力"（PUMA），亦简称"美洲狮"（Puma），希望利用新"美洲狮"微型飞行器替换陆军连一级部队广泛配备的 FQM-151A "指示器"无人系统。"美洲狮"的全重为 6.35 千克，远高于原来的 4.3 千克，它主要分为两个版本（分别是陆上使用型号和水上使用型号），但在 2008 年，航空环境公司综合以上两种使用环境的机型，重新设计了

"美洲狮—全环境型"飞行器

翼展：2.6 米

机身：长 1.8 米

全重：4.5 千克

最高飞行速度：96.5 千米 / 时

巡航速度：24～49 千米 / 时

最大升限：3810 米

航程：约 15 千米

续航时间：约 4 小时（采用标准电池时）

或 3 小时（采用充电电池）

新的"美洲狮—全环境型"（Puma–AE）飞行器，它后来被美国特种作战司令部选取为标准的小型无人空中系统（SUAS）。

"扫描鹰"/"洞察力"/"夜鹰"

2002 年 2 月，美国海军将一项为期 15 个月的开发合同授予波音和英西图公司，由两家公司对其"扫描鹰"手持式微型飞行器进行完善。2002 年 1 月 19 日，"扫描鹰"飞行器首次完成全自主自动飞行，该飞行器由英西图公司的"海扫描"（Sea Scan）微型无人飞行器衍生而来，后者最初于 20 世纪 90 年代末开发，主要用于渔船探测海洋金枪鱼群。这种飞行器被军方看中后，演变为后来的"扫描鹰"，同时，该飞行器也吸收了英西图公司"洞察力"（Insight）飞行器的一些设计特点。在海军举行的"巨人阴影"演习中，"扫描鹰"发挥了通信中继平台的功能，获得了军方的好评，同时在这次演习中，海军陆战队的无人潜水载具也展示了其功能。2004 年 7 月，海军陆战队与波音公司签订合同，采购两套移动式"扫描鹰"系统，每套系统含 8 架飞行器，之后陆续为驻伊、阿地面部队配备

下图：在海军陆战队 2006 "沙漠魔手"演习中，海军陆战队士兵在尤马靶场准备"扫描鹰"的发射。（美国海军陆战队）

了这种飞行器。自 2005 年以来，海军也开始在其舰只上配备并使用这种飞行器。截至 2009 年中期，"扫描鹰"已完成 1.5 万余次舰上操作和使用。2009 年 4 月，由美国海军"班布里奇"（Binbrdge）号驱逐舰配备的"扫描鹰"无人机，监视到货船"马士基·阿巴拉马"（Maersk Alabama）号上的海盗活动（当时这艘货船已被索马里海盗劫持），为后继解救行动提供了至关重要的情报。当月，加拿大军方也采购了这种飞行器为其驻阿富汗部队配备。

美国国防部 2009 年《无人系统路线图》中资料显示，海军陆战队目前在伊拉克共部署了 6 套"扫描鹰"无人系统，用于基地监视和安全；海军舰只上共部署了 12 套系统，其中 4 套用于支援地面作战行动；空军则部署有 2 套系统。

"扫描鹰"飞行器采用无尾设计，主翼略微后掠，主翼翼尖上翘成垂直安定面，机尾动力采用螺旋桨推进器。传感器由高分辨率相机或红外成像设备组成，传感器组位于机鼻下方，操作人员可遥控传感器的指向。该飞行器发射采用滑轨和助推装置，其回收更是与众不同，当飞行器降低速度靠近回收位置时，由一支长杆以近乎垂直的角度迅速夹住飞行器后段机身。

为了提高"扫描鹰"的侦察能力，军方也曾试图将 0.9 千克重的微型合成孔径雷达装载在机身上。

2003 年，波音以"扫描鹰"原型机为基础，开发出系列飞行器，其中"扫描鹰 A"具有 15 小时的续航能力，"扫描鹰 B"型加大了机体和燃料储量，其续航时间进一步延长到 48 小时；"扫描鹰 II"换装了使用重油的发动机，提升了输出功率，使机体载荷能力和续航时间都获得了提升（续航时间为 24 小时）；"扫描鹰 IV"型

"扫描鹰"

翼展： 3.05 米（有资料称为 3.10 米）

机身： 长 1.19 米

全重： 18 千克

最大升限： 5800 米

续航时间： 约 20 小时（速度为 120 千米/时）

"洞察力"飞行器

翼展： 3.11 米

机身： 长 1.22 米

全重： 20 千克（燃料和载荷共重 6.58 千克）

续航时间： 超过 20 小时

最高飞行速度： 138 千米/时

巡航速度： 88.5 千米/时

升限： 约 5800 米

"小直径炸弹"

翼展：3.7 米

机身：长 1.2 米

巡航速度：约 147 千米 / 时

最高飞行速度：（俯冲）212 千米 / 时

续航时间：约 14 小时（如果不装载弹药，续航时间将延长至 24 小时）

机体增大，载荷能力提升到 27.22 千克，续航时间仍为 24 小时；"扫描鹰 XS" 则是一种可缩进管状发射筒的版本，它的运输和部署较为方便，续航时间为 12 小时。波音公司在该系统的宣传手册中称，如果载荷降至最低，飞行器的续航时间可进一步延长至 60 小时。另一份资料来源称，"扫描鹰 A" 的最高飞行速度约 121.5 千米 / 时（巡航速度 90 千米 / 时、巡逻速度 75.5 千米 / 时），续航时间约 16 小时，机身重约 3.67 千克，航电设备（可能含传感器）重约 3.18 千克，动力系统重 2.4 千克，机体空重为 10.98 千克，机体可携带 6.99 千克燃料。

2009 年末，波音宣布开发"折叠式'扫描鹰'"（SECC）项目，并预计于当年 12 月试飞。这是波音自筹资金开发的项目，其目的是角逐美国空军的"统治者"（Dominator）计划。空军希望该项目开发出一种可由其他大型无人机或有人战机（如 F-22、P-8）在空中发射的无人飞行器，它可携带侦察设备或小型弹药，其回收可在地面或海面上进行。由于使用方式发生较大变化，新的"扫描鹰"在外形上将显著不同于原来的型号，但仍大量采用与后者相同的系统和技术，此外，还采用了不少波音公司开发的"小直径炸弹"（SDB）的设备及技术。该飞行器在发射时，其机翼、前置鸭翼、推进器将全部折叠起来，发射后才打开。计划为其搭载的弹药是 3 枚智能 BLU-108 "飞靶射击"（Skeet）弹药，也可搭载其他制导弹药或火箭。新飞行器的光电 / 红外传感器组也比现在"扫描鹰"搭配的体积更大，如不配光电 / 红外传感器，也可换装合成孔径雷达、激光指示器以及一部核化探测设备。2009 年 11 月，波音宣布"折叠式'扫描鹰'"项目的各项技术都已成熟，可在未来 6 个月内进行概念样机演示，如果顺利的话 18 个月内可量产部署。

同样在 2009 年底，英西图公司公布了其"夜鹰"飞行器的开发项目，这也是一种"扫描鹰"的改型，它搭载着一部中波红外成像载荷，修改了机鼻传感器组的设计，可同时携带光电和红外载荷，同时机体中部也增设了一个腹鳍。英西图公司在无人机开发方面也极富经验，至 2007 年中期，其生产的无人飞行器已累计完成 4 万余作战小时的飞行，在其"扫描鹰"参战的第一年，共执行了 5000 余小时飞行任务。

"圣甲虫"（324 型）

"圣甲虫"（Scarab）无人系统是由特里达因·瑞安（Teledyne Ryan）公司为埃及军方开发的无人侦察飞行器，该公司现已并入诺斯罗普·格鲁曼公司。据称埃及军方之所以对此类无人飞行器感兴趣，是由于以色列军方在 1982 年黎巴嫩战争时成功地运用无人机给其留下了深刻印象。由于自身缺乏相关开发能力，埃及军方便委托该公司进行开发，考虑到"圣甲虫"开始于 20 世纪 80 年

"圣甲虫" 飞行器

翼展：3.66 米

机身：长 6.10 米

全重：1134 千克（载荷 113.4 千克）

航程：约 3130 千米

飞行速度：马赫数约 0.85

最大升限：13700 米

下图：美国空军 BQM−145A 型中航程无人侦察飞行器由原为埃及军方开发的"圣甲虫"飞行器演化而来，两者外观和配置基本相同，图中飞行器为摄于 1991 年 10 月 1 日的一架正在进行试验的 BQM−145A 型飞行器。（诺斯罗普·格鲁曼公司）

"哨兵"

翼展：1.9 米

机身：长 2.57 米

起飞重量：150 千克（载荷 35 千克）

续航时间：约 6 小时

实用升限：3050 米

代，它主要采用模拟控制技术也就不足为奇了。由于特里达因·瑞安公司本身曾开发过"火蜂"无人侦察系统，所以在"圣甲虫"飞行器上也采用了类似的高速喷气发动机。特里达因·瑞安公司总共为埃及军方提供了 56 套该型系统（两个中队），到 2008 年时，埃及军方还每个月进行一次该系统的试用飞行，以保持训练和系统的运行状态。2005 年时，埃及军方还曾造访过诺斯罗普·格鲁曼公司，希望对"圣甲虫"系统进行现代化改装。

"哨兵"

"哨兵"（Sentry）无人系统是由 DRS 公司开发生产的一种轻型无人作战飞行器，它可配备小型的"长钉"导弹（在加州"中国湖"开发的轻型导弹，而非以色列的反坦克导弹）。飞行器主翼和机身下有四个挂载点，每个挂载点可担负 11.34 千克重量（全机载荷能力小于 45.36 千克）。DRS 公司称，该飞行器采用模块化设计和制

下图："哨兵 HP"型飞行器，其翼下挂载着微型火箭。（美国海军）

造技术，使用时可以很方便地进行拆装和改装升级，它也由螺旋桨推进器驱动。

"寂静眼"

　　"寂静眼"无人系统由雷声公司开发，这是一种滑翔空中发射的无人飞行器，它由雷声公司早期开发的"微型滑翔机"（Microglider）飞行器演化而来。"微型滑翔机"是雷声公司 1999 年 4 月在美国空军资助下完成的项目，当时共制造了 8 架原型机，当年 9 月，"微型滑翔机"成功试飞，并在试验过程中将拍摄到的战场图像传输到附近 RC-135 侦察机上。2002 年，空军构想将这种飞行器缩小，使其可由另一架大型的无人飞行器挂载并发射，这样在天气恶劣、载机传感器无法发挥作用时可将其发射，由后者抵近目标在低空进行侦察监视。该项目继续交由雷声公司开发和完善，经过两年的开发，2004 年新飞行器"寂静眼"完成制造，并与"捕食者 B"型机搭配进行训练。试验发射于 2004 年 5 月和 6 月进行，当时由"捕食者 B"搭载"寂静眼"在爱德华兹空军基地进行。试验中"寂静眼"获得的信息以"捕食者"为中继传输到后方基地。除无人机可搭载外，一些大型飞机也可使用，当从 6100 米空中发射后，它可滑翔约 170 千米的距离。其性能参数如下。

"银狐" / "蝙鲼"

　　"银狐"（Silver Fox）无人系统是由美国先进陶瓷（Advanced Ceramics）公司开发的微型飞行器，美国海军曾将其部署于驻伊拉克内河部队。2009 年中期，BAE 系统公司收购了先进陶瓷公司，该无人系统也转为 BAE 系统公司的产品。该飞行器可选配电动马达或汽油机为发动机，其研制过程获得海军研究办公室和海军空中系统司令部的协助。飞行器采用常规布局：上单平直主翼、水平尾

"哨兵 HP"

翼展：3.9 米
机身：长 3.35 米
起飞重量：190.51 千克（载荷 34.02 千克、空重 81.65 千克）
续航时间：超过 6 小时
巡航速度：约 140 千米/时
实用升限：3050 米

"寂静眼"

翼展：0.7 米
机身：长 0.5 米
全重：3 千克
滑翔速度：147~184 千米/时

上图："银狐"微型飞行器。
（先进陶瓷公司）

翼和单垂尾，螺旋桨推进器位于机体头部，它具有 8～10 小时续航时间，载荷为 2.27～3.63 千克，具备自动起降功能，其翼展为 2.4 米，整套无人系统由 3 架飞行器和相应的地面设备组成。"银狐"的开发始于 2001 年，当时是为满足海军搜寻和监视鲸鱼的活动而开发，海军启动这样的项目在外人看来可能莫名其妙，但实际上这是为了各类舰只在和平时期尽管少使用低频高能量的主动声呐来探测海中大型生物，比如鲸鱼，因为这些声呐发射的探测声波会对鲸鱼造成烦扰，致使后者经常做出反常的举动。而有了"银狐"这样的系统后，就能在发现鲸鱼在军舰附近活动时减少主动声呐的使用。"银狐"真正转为军用始于 2003 年，当年 1 月为了马上就要进行的伊拉克军事行动，海军陆战队请求海军办公室尽速提供一些微型飞行器用于战术侦察和监视用途。这样，数套该型系统交付给海军陆战队（第一批 6 架飞行器在两个月内交付），参与了 2003 年的"自由伊拉克"行动。当年，研制机构还改装出一种使用重油发动机并增大油箱储量的版本，其续航时间延长到 21.5 小时。由于战争急需，相继具有多飞行器飞行能力和自动控制巡航的地面控制站也开发出来。2004 年，一些"银狐"系统提供给加拿大国防部，而海军陆战队在解决了初期急需的使用后，也开始对其进行延长评

估。到 2005 年，进一步改进的"银狐"第 4
批次型问世，它能提供更长的续航时间，其
机载数据链传输距离也增长到 32 千米，这
一版本的着陆方式也有所改变（采用腹部着
陆）；当年，陆军运输司令部也完成了对此
系统的评估，准备将其用于公路输送时的警
戒和监视用途。在执行运输车队监视和警戒
任务时，飞行器还可自动采用"护航监视"
模式，在这种模式下，飞行器自动飞行在控
制车辆的前方数百米外，其续航时间也长达
20 小时。2006 年"银狐"飞行器加装了采
用惯性稳定的传感器万向节架，强化了飞行
器在跟踪、监视目标时的稳定性，同时还升
级了系统软件和重油发动机。

> **"银狐"飞行器**
>
> **翼展：**（最大）2.39 米
>
> **机身：**长 1.47 米
>
> **全重：**12 千克（最大载荷 1.8 千克）
>
> **最大升限：**3660 米
>
> **实用使用高度：**150～360 米
>
> **续航时间：**约 10 小时
>
> **巡航速度：**130 千米 / 时
>
> **最大航程：**290 千米（减少载荷并预编
> 飞行程序后）

根据美国国防部《无人系统路线图》中的资料，2010 年后计
划为军方配备 17 套"银狐"系统（共 54 架飞行器）。

"蝠鲼"（Manta）无人系统亦由先进陶瓷公司于 2002 年开发，
其主要目的是研制一种比"银狐"飞行器具有更大载荷能力的系
统（与"银狐"飞行器改进后才具有 2.3～3.6 千克的载荷能力相比，
新飞行器可载荷 6.8～8.2 千克）。"蝠鲼"飞行器也采用"银狐"的
机身和机翼，但机翼方面作了重点改进，提升了机翼升力区域的面
积，同时改进的还有其搭载的传感器。海军特种清理队（NSCT）
正是由于"蝠鲼"可搭载超光谱成像及其他先进摄像机载荷，而对
其产生兴趣。海军特种清理队最初于 2002 年组建，其前身为海军
浅水清除分队，成立后担负港口清理和警戒、排除水雷等保障性任
务，清理队共有四种作战力量，分别是水下哺乳动物（受过特殊
训练的海豚，用于港口警戒和反蛙人）、无人潜水器、无人空中飞
行器以及潜水蛙人。在"自由伊拉克"行动期间，该小组担负了清
理伊拉克乌姆卡斯尔（umm qasr）港口的任务，其间曾广泛使用过
"银狐"飞行器，主要利用其探测港口水域的漂浮物。特种清理队
也希望借助"蝠鲼"系统更长的滞空时间和更强的监视能力，来取
代"银狐"飞行器。

"天空"

翼展：9.75 米

机身：长 6.1 米

起飞重量：1814.37 千克（载荷 149.69～453.59 千克）

续航时间：20～30 小时

最高飞行速度：（俯冲）322 千米/时

巡航速度：202.6 千米/时

任务半径：约 184 千米

最大升限：7315 米

"蝠鲼"飞行器也采用模块化设计，具有多副主翼，使用者可根据任务需要（如滞空时间、搭载载荷轻重）来选择相应的主翼，便于以最优化的配置执行任务。

"天空"系列

"天空"系列（Sky Series）无人系统是由代理航空系统公司（Proxy Aviation）开发的一系列无人飞行器（也可采用有人驾驶模式），它们分别是"天空力量"（Sky Force）、"天空入侵者"（Sky Raider）和"天空观察者"（Sky Watcher），这三种飞行器都采用前置鸭翼配合主翼及后部尾翼的结构，动力为内燃发动机驱动的螺旋桨推进器。代理航空公司开发这三种飞行器主要是为验证其无人飞行器分布式管理系统（DMS），DMS支持飞行器的协作式飞行控制和自动起降功能。据该公司介绍，采用 DMS 系统后，单个地面控制管理设备可同时对 12 架飞行器进行控制，如果在少量其他地面控制设备的配合下，可同时控制的飞行器数量将进一步增加到 20 架。这三种飞行器的几何尺寸和性能都大同小异，只是飞行控制系统方面存在着差别，其中，"天空观察者"的起飞重量较小，只有 1315.42 千克（载荷 149.69～294.83 千克），续航时间也只有 8～15 小时，但其机体尺寸仍和另两种相同。

"天空之眼"

"天空之眼"（Sky Eye）无人系统目前是 BAE 系统公司的产品，其多种型号 R4E-30/40/50 和 R4E-100 都采用常规机体布局，上单翼（主翼略后掠）、双尾撑、双垂直尾翼，螺旋桨推进器由活塞式发动机驱动，位于机体后侧尾翼前部。该飞行器最初由美国发展科学公司（Developmental Sciences Corp）于 1980 年开发，后来，该公司成为利尔航天（Lear Astronics）公司的一部分，而后者之后又被 BAE 系统公司兼并。1981 年，美国陆军也曾评估利用 R4E-30 携带无控火箭作为战场支援无人飞行器。次年，美国向泰国皇家空军提供了一个中队的"天空之眼"（6架飞行器）。之后 R4E-40 飞行器问世，它换装了功率更大的发动机，机内油料储量也增加了。在 1984—1986 年期间，美国陆军中央司令部采购过该无人机，用于监视中美洲尼加拉瓜和洪都拉斯边境，这些飞行器配备有昼间电视摄像机、前视红外成像仪、低光全景像机等载荷，由美国驻洪都拉斯的基地起飞，沿两国边境飞行，监视走私和毒品交易。1986 年，R4E-50 飞行器试飞，它加装了 GPS 导航仪，能搭载更重的载荷。1988 年，该机型开始大规模生产，并出口到多个国家，包括埃及（48架飞行器）、摩洛哥等国，用于战场监视和侦察。1989 年，当时的麦道公司以 R4E-50 为基础，开发出一种改进型号，称为"天空猫头鹰"（Sky Owl），该飞行器首飞于 1991 年，主要用于陆军和海军的短程无人侦察飞行器的竞标，但后来被"猎人"飞行器击败。而军方的 PQM-149 和 PQM-150 两个编号再未使用，估计当初准备分配给这两种竞标的飞行器的，但后来这两个编号都未使用（"猎人"飞行器使用了 BQM-155 的编号）。

R4E-50

翼展：7.3 米

机身：长 4.1 米

全重：566 千克

续航时间：超过 12 小时

巡航速度：202 千米 / 时

实用升限：4880 米

"天空之眼" R4D 飞行器

翼展：3.78 米

机身：长 2.12 米

全重：99.3 千克（载荷 36.3 千克）

续航时间：约 6 小时（带副油箱为 8 小时）

最高飞行速度：240 千米 / 时

失速速度：71.8 千米 / 时

实用升限：6100 米

2005 年，埃及曾向 BAE 系统公司询问，希望后者能对"天空之眼"无人系统进行现代化改造，BAE 系统公司建议埃方另行采购其他飞行器或更多新型号的"天空之眼"，但埃及拒绝了提议，仍希望对现有的飞行器进行改进。之后，这项拟议中的改装就不了了之了。

"天空之眼"飞行器也曾用于农业领域，比如对作物进行喷洒作业。

发展科学公司也曾将"天空之眼"飞行器的技术用于其早期飞翼型飞行器以及涵道推进器飞行器的开发，后者类似于当时洛克

上图:"天空之眼" R4E-50
飞行器,在 1990 年时还是
一种新型的短程无人飞行器。
(麦道公司)

希德公司的"天鹰座"(Aquila)飞行器,当时发展科学公司参与了洛克希德的"天鹰座"开发计划。事实上,发展科学公司开发"天空之眼"始于其在 1973 年 2 月启动的"远程遥控驾驶飞行器"(RPA)项目,从这一日期推断,该项目极可能是 DARPA 地面作战无人机项目的一部分。1973 年 4 月 26 日,"天空之眼 1-A"首飞,其增大尺寸的型号 R4D 飞行器于 1978 年试飞,其中一些 R4D 还被出售给外国客户。这些飞行器的几何尺寸和配置与洛克希德公司的"天鹰座"飞行器有相似之处。

"空中山猫"

BAE 最初为达到海军和海军陆战队的小型战术无人空中系统(STUAS)中"蒂尔Ⅱ"飞行器的性能需求,开发了"空中山猫Ⅱ"(Skylynx Ⅱ)无人系统。2006 年 8 月,该机在陆军尤马试验场完成试验。飞行器采用传统机体结构布局，双尾撑，由一具螺旋桨推进器驱动。

"丛林狼" / "探秘者"

2004 年，美国海军研究办公室公布一项开发计划，需要研制一种由声呐浮标发射的小型无人飞行器，即 SL-UAV（SL 意即声呐浮标发射），办公室构想一种可供消耗（价格要低廉）的飞行器，可由 P-3 系列反潜机或其他海上预警机携带和投掷使用，SL-UAV 就是在这种背景下开发出来的。据估计，这可能是由于受到在伊拉克和阿富汗利用 P-3 巡逻机进行侦察监视的启发。项目开发由海军空中系统司令部具体负责，飞行器的尺寸和重量受声呐浮标最大重量（17.69 千克）及其降落伞的限制。使用时，飞行器由声呐浮标中弹出，在空中利用降落伞缓慢下降，下降过程中飞行器原本折叠起的推进器叶片、主翼和尾翼相继展开，接着发动机自动点火抛离降落伞，机体飞行控制系统开始运转，完成升空。为配合这种一次性消耗飞行器，海军还开发了低成本可消耗的网络数据链系统，将获取的信息传输至发射平台。现有的几种小型飞行器适用数据链因成本、体积以及加密能力等方面的因素无法应用到 SL-UAV 上，因此海军要开发的数据链除了成本要低外，还要能与发射平台双向传输数据，传输距离要达到 36.8 千米（最终传输距离须达到 92 千米）。同时，为了提高探测效率，尽可能同时探测较宽阔的区域，设计要求每架发射飞机要同时操作 6 架 SL-UAV。

项目初期阶段，P-3 飞机为 SL-UAV 提供集中化的控制和数据处理功能；之后，在近中期，类似功能将扩展到其他大型飞机和平台上；而远景目标（5 年以后）则是所有发射出的 SL-UAV 要能互相通信，如此它们便可在空中构成具有广域侦察探测能力的集群，也即是说，这样一个多个飞行器构成的集群将无须外部对其中具体某个飞行器进行控制，它们将具有相当的智能化作业能力。根据设想，SL-UAV 飞行器最大升限须达到 7620 米（在这一高度操作

"空中山猫 II"

翼展：5.6 米

机身：长 4.24 米

起飞重量：149.69 千克（载荷 31.75 千克、空重 93 千克）

续航时间：约 16 小时

任务半径：221 千米

飞行速度：83～202 千米/时

实用升限：5500 米

时，SL-UAV 发射后可以再次回收），航程应达到 92 千米，续航时间为 1.5 小时。SL-UAV 在执行侦察监视任务时典型的飞行高度在90～150 米，在这一距离上它们将探测各类船只，判断它们的敌我性质（此高度下才能提供足够高分辨率的可判断船只是否携带武器的图片、视频），此外，飞行器的传感器载荷也须具备多种备选光电、红外或合成孔径雷达等。

第一种 SL-UAV 备选机型是先进陶瓷公司的"丛林狼"（Coyote），它采用传统飞行器结构和布局，但其主翼有一前一后两对、双垂直尾翼，由一部螺旋桨推进器驱动，飞行器传感器安装在机鼻透明的整流罩内。在投放前，既可由载机飞行员预先规划其飞行计划，也可由专职操控人员通过载机声呐浮标操纵界面对其进行控制。

美国海军研究办公室原计划于 2006 年春进行载机投放声呐浮标并发射的试验，但由于开发进度拖延，据称到2008 年第三季度才进行了实用试验。2007 年 4 月，"丛林狼"飞行器才进行第一次机载试验。到 2009 年后，BAE系统公司收购了先进陶瓷公司，该项目亦全部转由 BAE公司继续进行。

美国海军空中系统司令部还选择了莱特机器（Lite Machines）公司的"探秘者"（Voyeur）作为备选机型。与"丛林狼"不同，"探秘者"是一种微型直升式飞行器，它的主旋翼可折叠，展开后直径为 76.2 厘米，整个飞行器重 1.36 千克，机身长 69 厘米。采用旋翼式飞行模式使

下图："丛林狼"声呐浮标发射无人系统，图中左侧圆筒即为装载容器。（先进陶瓷公司）

其具备在水面悬停的能力，飞行器也采用电动马达，可爬升到 2130 米。此后，随着项目的展开，军方发现利用声呐浮标弹射发射飞行器较为困难，项目最终改为由发射筒来发射。2008 年，海军对改由发射筒发射的 SL-UAV 飞行器进行了试验，其续航时间达到 30 分钟，速度为 55 千米/时；当年夏，莱特机器公司接到海军 1000 万美元的合同，进行该项目第三阶段的、名称改为"声呐管状发射无人飞行器"的后续开发，这意味着海军已比较倾向于莱特公司开发的"探秘者"飞行器。

> **"丛林狼"**
>
> **翼展：** 1.47 米
>
> **机身：** 长 0.79 米
>
> **全重：** 6.4 千克
>
> **最大升限：** 6100 米（通常任务飞行高度 150 ~ 360 米）
>
> **飞行器指挥控制范围：** 约 37 千米
>
> **续航时间：** 约 1.5 小时
>
> **最高飞行速度：** 约 148 千米/时
>
> **巡航速度：** 100 千米/时

2008 年，海军提及了第三种 SL-UAV 飞行器的备选择方案，它由 L-3 公司开发，但具体型号不详。

此外，采用类似概念的还有陆军航空兵应用技术委员会于 2004 年提出的利用 M260 火箭炮发射的无翼直升飞行器，它与俄罗斯合金精密仪表（Splav）设计局设计的 R-90 型多管火箭炮发射无人机更为相似，但到 2005 年，该项目的开发就慢了下来。

"追捕者"

"追捕者"（Stalker）无人系统由洛克希德·马丁公司臭鼬工厂开发，2007 年这款微型手持投掷发射的无人飞行器还曾参与在华盛顿举行的展览。据开发公司称，该系统已进入小批量试生产阶段，但其具体的军方用户因安全原因并未透露，据称最有可能的是特种作战司令部，用于更换原有"渡鸦"系统。"追捕者"的开发始于 2006 年，当年中期飞行器进行了首次飞行。根据公司的介绍，飞行器重 6.4 千克，比大多数手持发射飞行器都要重，其搭载的传感器组装配在机首的两轴转向架塔上，由于采用模块化设计和制造，飞行器的重要功能组件（如传感器组、机翼、发动机等）具备"即用即插"的能力。

> **"追捕者"**
>
> **翼展：** 3 米
>
> **全重：** 6.4 千克（载荷 1.4 千克）
>
> **最大升限：** 4500 米
>
> **续航时间：** 约 2 小时

飞行器起飞采用手持抛掷，着陆时其机首传感器塔架则缩回机体内，飞行器凭借其腹部摩擦着陆。"追捕者"飞行器采用常规飞行器箱式机身及衍架尾翼结构和布局，上单翼、电动马达驱动的螺旋桨推进器位于机首。值得一提的是，飞行器发动机采用静音马达，螺旋桨推进器也经过特别设计和处理，飞行时噪声极低，据称其马达和推进器之间设计有降噪缓冲装置，推进器也采用低速设计。飞行器起飞完成任务后，可自动飞返发射地点数米范围内，利用其经过减震的机腹着地。

"鹰爪"

主旋翼：直径约 7.62 米

机身：长约 6.7 米

续航时间：约 6~8 小时

最高飞行速度：210 千米 / 时

巡航速度：177 千米 / 时

最大升限：4570 米

"鹰爪"轻型攻击和监视直升飞行器

"鹰爪"（Talon）飞行器是由全球航空监视公司开发的"轻型攻击和监视无人直升飞行器"（LASH），飞行器最大载荷约 362.87 千克（空载约 353.80 千克）。它采用单主旋翼加尾部副扭转旋翼的常规直升飞行器结构。

"燕鸥 /XPV-1"

"燕鸥"（TERN）无人机是由 BAI 公司开发的微型无人系统，该公司最初于 1993 年曾开发过"H- 勒马绳"（H-Curbed）无人机，20 世纪 90 年代末，该无人系统亦被美国军方所采用，用于搜索、监视等用途。后来陆军为其加配光纤制导设备后，将其改装成用于替代光纤制导导弹的一次性飞行器。2001年，"燕鸥"被改装为 XPV-1 型战术无人飞行器，主要用于特种作战。据称，美国军方累计采用过 65 套各类"燕鸥"系列飞行器。"燕鸥"（TERN）意即"战术损耗型远程遥控导航器"，这表明该飞行器价格须尽量低廉，便于补充和消耗，也便于平时训练使用；而"XPV"意即"可损耗载荷飞行器"。2001 年，海军第 6 舰队曾在阿拉伯海针对阿

"燕鸥"飞行器

翼展：3.45 米

机身：长 2.71 米

全重：59 千克

最大升限：3050 米

航程：约 74 千米

续航时间：约 4 小时

最高飞行速度：125 千米 / 时

巡航速度：84 千米 / 时

富汗的军事行动中使用过"燕鸥"飞行器，主要用于无人值守侦察监视用途。

上图："燕鸥"微型无人飞行器。（国际无人机系统协会）

"虎鲨" / "狐车"

　　"虎鲨"（Tiger Shark）飞行器由勃兰登堡工具（BTC）公司开发，它采用传统布局，单发、上单翼、双尾撑结构，最初专门为特种作战司令部开发，由于战事急需，该飞行器从概念设计到样机试制和定型只用了不到 60 天时间，它在 2002—2005 年间交付部队（据称于 2004 年交付）。该飞行器除了由特种作战司令部采用外，还有不少提供给纳夫玛应用科学公司，由其用于无人机演示试验用途。在"虎鲨"飞行器之后，BTC 公司还开发过一款以其为比例原型的更大的飞行器——"狐车"（FoxCar）。BTC 公司原计划用"狐车"飞行器竞标特种作战司令部的飞行器采购项目，但后来败给了 L-3 公司的"海盗 400"无人系统。"狐车"飞行器采用了"虎鲨"的机身、主翼、尾撑和尾翼等主要部分的结构，但比例和尺寸都更大，其主翼翼展为 6.4 米，续航时间为 9.5 小时，载荷约为 45.4 千克。

"虎鲨"飞行器

翼展： 5.33 米

机身： 长 4.72 米

全重： 136 千克（载荷 22.7 千克）

续航时间： 约 10 小时

巡航速度： 120 千米 / 时

"警戒者 502"

主旋翼：直径约 7 米

机身：长 6.07 米

起飞重量：498.95 千克（载荷 104.33 千克，空重 294.83 千克）

续航时间：约 7 小时

任务半径：390 千米

最高飞行速度：（俯冲）215 千米 / 时

巡航速度：92 千米 / 时

实用升限：3660 米

"海盗 400" 飞行器

翼展：6.1 米

机身：长 4.5 米

起飞重量：240.40 千克（载荷 34.02 ~ 45.36 千克）

续航时间：8 ~ 12 小时

航程：超过 130 千米

飞行速度：110~166 千米 / 时

"警戒者 502"

　　"警戒者 502"（Vigilante 502）飞行器由科学应用国际（SAIC）公司开发，是一种无人直升飞行器，美国陆军曾采购该飞行器用于试验和评估，2005 年初曾在尤马试验场利用其搭载 2.75 英寸口径制导火箭进行打靶试验。

"海盗 400"

　　"海盗（Viking）400"飞行器由日内瓦航空公司（现为 L3 通信公司下属子公司）开发，2009 年 9 月，特种作战司令部与 L-3 公司签订了一份为期 5 年的开发合同，美国特种作战力量的远征型无人飞行器将采用这种全部由复合材料制成的飞行器。自 L-3 公司收购日内瓦航空公司后，凭借着后者开发的"海盗 400"飞行器进入了军用无人系统市场，在其公司产品定位中，将"海盗 400"看作陆军"阴影"无人机和"捕食者"无人机的过渡型机种。虽然 L-3 公司只是将其视为载荷 45.36 千克军用无人机市场的敲门砖，但特种作战司令部显然更喜欢该飞行器模块化的结构，这使其非常容易拆装，比如，数名操作者可在几分钟内将其拆卸并打包，一架 C-130 运输机一次装载 6 架拆卸后的飞行器和 2 部地面控制设备。此外，特种作战司令部也要求飞行器具备良好的静音性能，"海盗 400"飞行器采用了大量降噪技术和措施，其螺旋桨推进器也是经过特别设计的慢速低噪声叶片。

　　"海盗 400"飞行器为便于特种力量在敌后使用，它可分解成部件进行输送，在使用前进行装配和安装，而且飞行器的起降部分也经过特别强化，可在简易机场或公路上起降。飞行器采用常规机身、双尾撑结构，动力装置由一台 38 马力的活塞式发动机驱动螺旋桨推进器。飞行控制系统采用 GPS 导航，具有航路点导航控制模式，可在飞行前或飞行过程中进行更新。其载荷包括可见光相机、红外成像设备、信号情报和电子情报的收集分析、核生化探测设备以及激光雷达等，特别是后者具备穿透地面植物伪装和遮障的侦察能力。飞行器的所有传感器都搭载在机鼻处的传感器舱及其下方的传感器旋转架上，根据生产商的介绍，其传感器组具有自动对准并跟踪其所探测到的目标的功能。

除了"海盗 400"无人系统外，L–3 公司后来还开发了载荷为 45.36 千克的"海盗 100"以及 136.08 千克的"海盗 300"无人系统，这一系统的飞行器结构和配置都大同小异，差异仅在载荷拦截能力上。

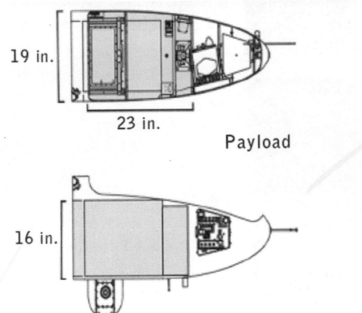

左图："海盗 400"型无人飞行器。（L3 通信公司）

对页图："黄蜂"飞行器采用手持弹射器发射，并且在发射时，须倒置飞行器。（美国海军）

"黄蜂"/BATMAV

"黄蜂"飞行器是由航空环境公司较早开发的微型无人飞行器，研制项目由 DARPA 资助和管理，其研发背景是 20 世纪 90 年代电子信息系统的成熟，使电子设备及动力系统的小型化成为可能，为了开发出比现有飞行器更小型化的系统，DARPA 资助了一系列小型无人机开发项目，"黄蜂"无人系统正是这样诞生的。该项目于 1998 年正式启动，其原型基于 DARPA 早期秘密的"黑寡妇"（Black Widow）计划。"黄蜂"飞行器全重 340 克，可搭载两台微型摄像机，续航时间为 60 分钟（在试验时曾达到续航 107 分钟），航程约 3.7 千米。为尽可能设计出足够的机上空间，其电动马达的电池电源被集成到主翼上。2007 年 11 月，海军陆战队定购了一批"黄蜂"飞行器（最终采购了 21 套系统，每套 4 架飞行器），作为较大型的"渡鸦 B"飞行器的补充。"黄蜂"飞行器有几种版本，其中第 1 批次型是发展型，其翼展为 30.5 厘米；第 2 批次型的全重较重，主翼比原型机长，发动机也换装了功率更大的马达；第 3 批次的翼展进一步增长到 72 厘米，载荷也增加了一部前视红外传感器。"黄蜂"飞行器执行任务时，既可由机上控制系统自动控制飞行，也可由操作人员利用航空环境公司开发的标准地面设备手动操纵，同时此地面控制设备也可控制该公司生产的其他微型飞行器，如"渡鸦"系列飞行器。

2006 年，美国空军采用"黄蜂Ⅲ"飞行器作为其"战场空中目标指示微型无人机"（BATMAV）。2008 年 1 月，美国空军开始大批订购该系统，共大批量生产了 314 套，陆军随后也采购了 100 套系统用于评估和试验。目前，该系统至少已出口了一个国家，但具体用户情况仍不明确。在"黄蜂"飞行

"黄蜂"系列第 2 批次型飞行器

翼展： 41 厘米（也有资料称 35 厘米）

机身： 长 15 厘米

全重： 275 克

续航时间： 40～60 分钟

航程： 4 千米

飞行速度： 40～60 千米/时

"黄蜂"系列第 3 批次型飞行器

翼展： 72 厘米

机身： 长 38 厘米

全重： 430 克

续航时间： 约 45 分钟

航程： 5 千米

飞行速度： 40～64 千米/时

器基础上，航空环境公司还开发了 SP2S 无人系统。据称，海军陆战队在评估和试验了"黄蜂"系统后，将其描述为"渡鸦"的 1/3 缩减版，因其尺寸较前者大为减少。海军陆战队将其作为排级分队的无人系统（"渡鸦"用于配备营级部队）。此外，特种作战司令部也采用"黄蜂"系统作为其背包无人机。根据美国国防部 2009 年《无人系统路线图》资料显示，特种作战司令部准备为其每个任务小组都配备一架"黄蜂"无人机，总计至少需 200 余架飞行器。据悉，空军特种作战司令部也想采购这种飞行器用于其任务部队的战场态势感知。从目前情况看，除美国空军外，大量采用"黄蜂"无人系统的还有海军和海军陆战队。

WBBL-UAV "猫头鹰" / "图瑞斯"

下图："猫头鹰"无人飞行器。（敏锐技术公司）

WBBL-UAV，意即"翼下 / 弹舱发射无人飞行器"，该项目由海军最初提出概念，之后海军便与皮亚斯基（Piasecki）航空公司

和敏锐技术（Acuity Tech）公司签订了概念项目研制合同。根据军方需求，前者提出了"图瑞斯"（Turais）系统，后者则提供了"猫头鹰"（AT-3）飞行器。美国海军要求，这两类飞行器的重量须达到 453.69 千克，可搭载多种载荷（包括 10 枚声呐浮标或其他传感器），续航时间达到 8 小时，具备从空中发射后返回指定地面机场降落回收的性能。其中，"图瑞斯"飞行器由涡轮喷气发动机驱动，机体主翼采用剪形翼设计，除可在地面降落回收外，还可通过降落伞在水面回收；飞行器载荷约 90.72 千克，最高飞行速度约 368 千米 / 时，续航时间超过 6 小时。"猫头鹰"飞行器则具有更大的载荷能力，其载荷容积也较大，飞行器采用无尾翼、后掠式主翼设计，由一台 36 马力的涵道风扇发动机驱动，翼展 4.18 米、机身长 2.26 米，全重 186.43 千克（载荷 90.72 千克，空重 68.04 千克），可携带 10 枚声呐浮标，飞行器续航时间约 8 小时，航程达 1290 千米。美国海军计划 WBBL-UAV 项目第二阶段将由两家公司分别制造出全尺寸的原型机，当时预计于 2008 年 5 月完成，据称"图瑞斯"飞行器已于 2009 年中期进行了试验飞行。

上图："图瑞斯"飞行器作战使用时展开概念图。（皮亚斯基航空公司）

图书在版编目（CIP）数据

作战无人机系统和全球作战无人机/（美）诺曼·弗里德曼著；毛翔，杨晓波译. —上海：上海三联书店，2024.6

ISBN 978-7-5426-8475-2

Ⅰ. ①作… Ⅱ. ①诺… ②毛… ③杨… Ⅲ. ①军用飞机—无人驾驶飞机—介绍—世界 Ⅳ. ①E926.3

中国国家版本馆CIP数据核字（2024）第080721号

作战无人机系统和全球作战无人机

著　　者 / ［美］诺曼·弗里德曼
译　　者 / 毛　翔　杨晓波

责任编辑 / 李　英
装帧设计 / 千橡文化
监　　制 / 姚　军
责任校对 / 王凌霄

出版发行 / 上海三联书店
　　　　　（200030）中国上海市漕溪北路 331 号 A 座 6 楼
邮购电话 / 021-22895540
印　　刷 / 固安兰星球彩色印刷有限公司

版　　次 / 2024 年 6 月第 1 版
印　　次 / 2024 年 6 月第 1 次印刷
开　　本 / 787×1092　1/16
字　　数 / 550 千字
印　　张 / 36.5
书　　号 / ISBN 978-7-5426-8475-2/E·30
定　　价 / 186.00 元（全两册）

敬启读者，如发现本书有印装质量问题，请与印刷厂联系 0316-5925887